Spring Cloud
微服务架构实战派

龙中华◎著

電子工業出版社
Publishing House of Electronics Industry
北京•BEIJING

内 容 简 介

本书针对 Spring Cloud Greenwich.SR2 版本+Spring Boot 的 2.1.x.RELEASE 版本。在编写过程中，不仅考虑到在企业任职所需的技能，还考虑到求职面试时可能会遇到的知识点。

本书采用“知识点+实例”形式编写，共有“39 个基于知识点的实例 + 1 个综合性项目”，深入讲解了 Spring Cloud 的各类组件、微服务架构的解决方案和开发实践，以及容器、Kubernetes 和 Jenkins 等 DevOps（开发运维一体化）相关知识。

本书介绍每一个知识点的主脉络是：它是什么、为什么用、怎样用、为什么要这样用、如何用得更好、有什么最佳的实践。

本书适合具备 Java 基础的开发人员、对微服务架构和 Spring Cloud 感兴趣的读者、了解 Spring 或 Spring Boot 的开发人员自学之用。

图书在版编目（CIP）数据

Spring Cloud 微服务架构实战派 / 龙中华著. —北京：电子工业出版社，2020.4
ISBN 978-7-121-38625-1

Ⅰ. ①S… Ⅱ. ①龙… Ⅲ. ①互联网络－网络服务器 Ⅳ. ①TP368.5

中国版本图书馆 CIP 数据核字(2020)第 034594 号

责任编辑：吴宏伟
印　　刷：三河市龙林印务有限公司
装　　订：三河市龙林印务有限公司
出版发行：电子工业出版社
北京市海淀区万寿路 173 信箱　　邮编 100036
开　　本：787×980　1/16　印张：23　字数：552 千字
版　　次：2020 年 4 月第 1 版
印　　次：2022 年 1 月第 6 次印刷
定　　价：89.00 元

凡所购买电子工业出版社图书有缺损问题，请向购买书店调换。若书店售缺，请与本社发行部联系，联系及邮购电话：（010）88254888，88258888。

质量投诉请发邮件至 zlts@phei.com.cn，盗版侵权举报请发邮件至 dbqq@phei.com.cn。

本书咨询联系方式：010-51260888-819，faq@phei.com.cn。

前言

写作初衷

本人的《Spring Boot 实战派》收到了很多极好的评价和非常有价值的反馈，很多读者希望本人能出版有关 Spring Cloud 的实战图书。

Spring Cloud 是企业进行微服务架构开发的极好选择，也是笔者工作中常用的框架。因此，笔者决定编写这本微服务架构的书，以期待提升读者对微服务架构的理解能力和实战能力。

本书特色

版本点新：针对Spring Cloud Greenwich.SR2版本+Spring Boot的2.1.x.RELEASE版本。

体例科学：采用“知识点+实例”形式编写。

实例丰富：39 个基础实例 + 1 个综合项目。

技术全面：讲解了可以通过 Docker 容器实现无侵入的服务治理组件 Consul、Spring Cloud 官方推出的第二代网关框架 Spring Cloud Gateway、Alibaba 的组件 Nacos 和 Sentinel、微服务安全框架 Spring Cloud Security、用于 DevOps 实践的 Docker、Kubernetes(K8s)和 Jenkins。

简明上手：通过一步步的引导来让读者理解并实现复杂的微服务系统。

深入剖析：对于各知识点，通过实例和源码深入剖析原理。

适用读者

本书适合所有具备 Java 基础的开发人员、对微服务架构和 Spring Cloud 感兴趣的读者、了解 Spring 或 Spring Boot 的开发人员。对尝试选择或实施微服务架构的团队来说，本书具有极大的参考价值。

致谢

感谢吴宏伟老师和电子工业出版社老师们的辛苦奉献。特别是吴老师不光承担了编辑工作，更从高维度和多视角对本书的撰写作出了许多有价值的前瞻性指导。

建议读者加入本书 QQ 群：1002068281（仅限技术交流）。

Spring Cloud 技术博大精深，限于本书篇幅、本人的精力和技术以及本书的定位，书中难免纰漏，敬请批评指正。

龙中华

2019 年 12 月 09 日

读者服务

- 轻松注册成为博文视点社区用户（www.broadview.com.cn），扫码直达本书页面。
- 下载资源：本书如提供示例代码及资源文件，均可在 下载资源 处下载。
- 提交勘误：您对书中内容的修改意见可在 提交勘误 处提交，若被采纳，将获赠博文视点社区积分（在您购买电子书时，积分可用来抵扣相应金额）。
- 交流互动：在页面下方 读者评论 处留下您的疑问或观点，与我们和其他读者一同学习交流。
- 页面入口：http://www.broadview.com.cn/38625

目录

第1篇 入门

第 2 篇 基础

第 3 篇 进阶

第 4 篇 项目实战

第 5 篇 开发运维一体化（DevOps）

第 1 篇　入门

第 1 章 进入微服务世界

本章首先介绍系统架构演变的几个阶段；然后介绍微服务框架 Dubbo 和 Spring Cloud，以及服务网格 Istio；最后介绍 Dubbo、Spring Cloud、Istio 三者之间的区别。

1.1 系统架构的发展阶段

很多人认为好的解决方案是设计出来的，的确有很多优秀的解决方案是根据设计稿或优秀论文指导而实现的，但也有很多解决方案并非是最初设计的那个，而是由业务、技术、需求等因素驱动发展而成的。

现在让我们首先来了解一下系统架构的几个发展阶段。

1.1.1 单体应用阶段

在互联网发展的初期，用户数量少，一般网站的流量也很少，但硬件成本较高。因此，一般的企业会将所有的功能都集成在一起开发一个单体应用，然后将该单体应用部署到一台服务器上即可满足业务需求。图 1-1 所示是一个简单的单体应用。

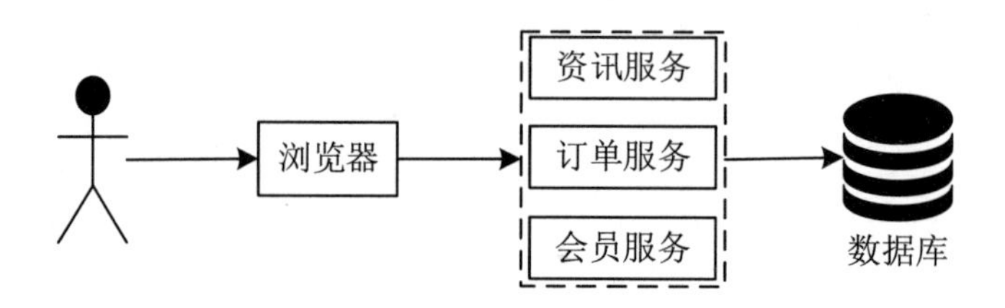

图 1-1 单体应用

以前应用开发技术不够成熟，大部分功能都需要复杂的编程才能实现，于是最常用的数据操作框架（ORM）成了影响项目开发快慢的关键。在相当长的一段时间里，开发人员都是在对系统中的数据进行增加、删除、修改、查询等操作，甚至现在也有很多公司的业务系统也是大量地基于数据进行增加、删除、修改和查询操作。

虽然单体应用是最初的架构，但目前它并没有消失，还在不停发展和演进，依然拥有巨大的市场。例如，现在有些采用 MVC、MVP、MVVM 开发的单体应用程序依然火爆，仍能够满足实际业务需求。

1. 单体应用的优点

- 易于集中式开发、测试、管理、部署。
- 无须考虑跨语言。
- 能避免功能重复开发（相对微服务）。

2. 单体应用的缺点

- 团队合作困难。
- 代码的维护、重构、部署都比较难。
- 稳定性、可用性（停机维护）、扩展性不高。
- 需要绑定某种特定的开发语言。

当用户规模越来越大时，单体应用可以通过集群来应对。比如，可以通过 DNS、Nginx 或硬件（F5）分配集群中的服务器来提供服务。但是，它的缺点（开发效率低、可维护性差、稳定性差）导致需要对单体应用进行拆分，比如做垂直拆分。

1.1.2　垂直应用阶段

为了应对更高的并发、业务需求和解决单体应用的缺点，需要根据业务功能对单体应用的架构方法进行演进，比如，可以将 1.1.1 节中的单体应用的 3 个功能拆分为 3 个系统来提供服务，如图 1-2 所示。

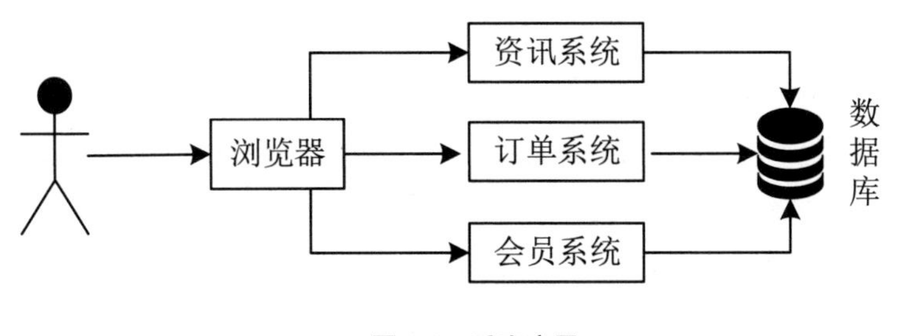

图 1-2　垂直应用

乍一看可能感觉区别不大，但实际上相当于 1 个单体应用被拆分成了 3 个单体应用。这样做的好处是：

（1）拆分后的系统可以解决高并发、资源按需分配的问题。

（2）可以针对不同的模块进行优化和资源分配，便于水平扩展、实现负载均衡、提高容错性，实现了系统间的相互独立。

拆分应用有两种方式：水平拆分和垂直拆分。

1. 水平拆分

水平拆分是指根据业务来拆分应用。例如，原应用中包含订单、会员两个部分，如果水平拆分则可以将其拆分成订单系统和会员系统。

其优点是：拆分后保证业务之间的相互影响较小，能合理地分配硬件资源（不同的业务对流量和性能的要求是不一样的）。但是这样可能会导致整个系统存在“重复造轮子”的问题，而且难于维护。

2. 垂直拆分

垂直拆分是根据调用方法对系统按进行拆分。比如，会员系统可以垂直拆分为普通用户和企业用户。

这样做的优点是：①能按需分配资源和流量，各个垂直调用之间互不影响；②可以通过配置进行上游调用的升级或降级。

缺点是：几乎完全“重复造轮子”。

对于垂直应用我们需要把握一个原则——分层，即“分层”设计和开发。例如，用于加速前端页面开发的 MVC 分层模式等是关键。

垂直应用除“重复造轮子”这个的缺点外，还会增加系统之间的调用管理。如果某个系统的端口号或者 IP 地址发生了改变，则需要手动修改调用方的配置信息。而且，在系统拆分后，通过搭建集群来实现负载均衡是比较复杂的。所以又演进出了分布式系统。

1.1.3 分布式系统阶段

在分布式系统中，各个小系统之间的交互是不可避免的，此时可将核心业务作为独立的服务抽取出来，逐渐形成稳定的基础服务，这样可以使前端的业务系统能更快速地响应复杂多变的市场需求。图 1-3 所示是一个分布式系统。

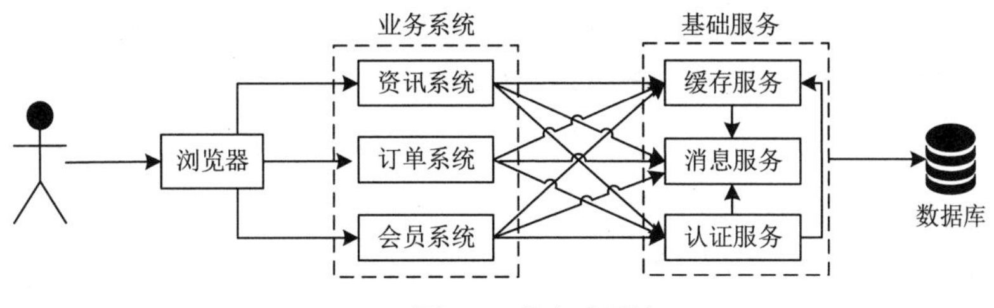

图 1-3　分布式系统

其优点是：对基础服务进行了抽取，服务之间可以相互调用，从而提高了代码复用和开发效率。此时，提高业务复用和整合分布式调用（RPC）是关键。

其缺点是：业务间耦合度变高；调用关系错综复杂；系统难以维护；在搭建集群后，很难实现负载均衡。

针对分布式系统存在的问题，可以通过治理基础服务来解决。

1.1.4　服务治理阶段

随着服务数量的不断增加，服务中的资源浪费和调度问题日益突出。此时需要增加一个调度中心来治理服务。调度中心可基于访问压力来实时管理集群的容量，从而提高集群的利用率。

在服务治理（SOA）架构中，需要一个企业服务总线（ESB）将基于不同协议的服务节点连接起来，它的工作是转换、解释消息和路由。服务治理架构如图 1-4 所示。

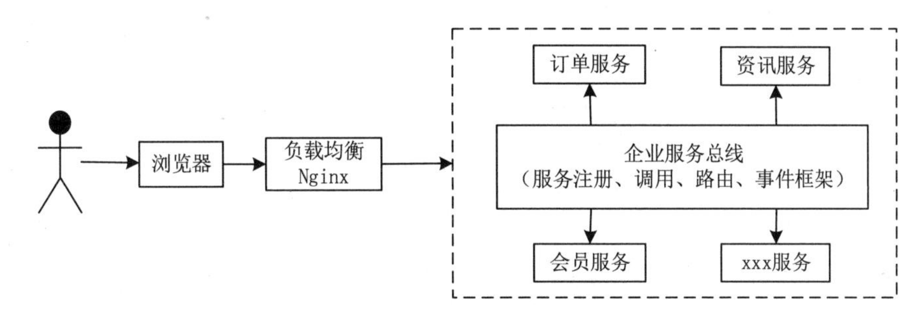

图 1-4　服务治理架构

SOA 解决了以下问题。

- 服务间的通信问题：引入了 ESB、技术规范、服务管理规范，从而解决了不同服务间的通信问题。
- 基础服务的梳理问题：以 ESB 为中心梳理和规整分布式服务。
- 业务的服务化问题：以业务为驱动，将业务单元封装到服务中。
- 服务的可复用问题：将业务功能设计为通用的业务服务，以实现业务逻辑的复用。

随着业务复杂性、需求多变性和用户规模的不断增长，敏捷开发和 DevOps（一种过程、方法的统称，用于促进开发、运维和质量保证部门之间的沟通、合作和整合）变得特别重要。

敏捷开发和 DevOps 在尽可能满足需求的同时，保证了良好的软件质量、系统的可用性。敏捷交付和 DevOps 的要求催生了微服务架构的出现。

微服务采用的是服务（治理）中心，而不是在 SOA 架构中“中心化”的 ESB。因此，服务的调用不再需要知道“服务提供者”的 IP 地址、端口号，而只需要知道在服务中心中注册了的服务名即可。

1.1.5 微服务阶段

从 2016 年开始，微服务架构和容器技术一起成为新的技术热点。同时，Spring Cloud 成了主流的微服务开发框架。

微服务（Microservices）架构是指：将系统的业务功能划分为极小的独立微服务，每个微服务只关注于完成某个小的任务。系统中的单个微服务可以被独立部署和扩展，且各个微服务之间是高内聚、松耦合的。微服务之间采用轻量化通信机制暴露接口来实现通信。

图 1-5 是一个简单的微服务系统架构（此图根据第 3 章的实例所绘）。图 1-5 中的 Service Provider1 和 Service Provider2 就是在“服务中心”注册的微服务（服务提供者），供“服务消费者”（Service Consumer）调用。

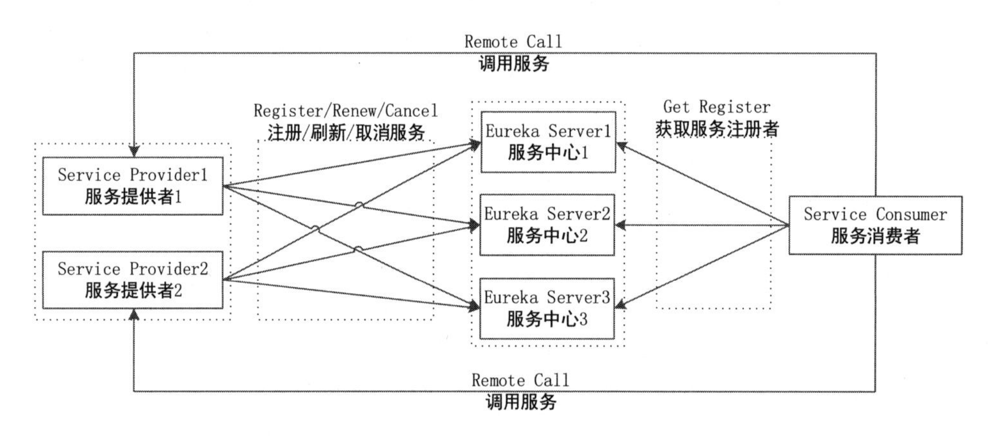

图 1-5 一个简单的微服务架构

1.1.6 服务网格阶段

1. 什么是服务网格

服务网格（Service Mesh）独立于服务之外运行，是服务间通信的基础设施层。服务网格类似于在每个服务上粘贴的功能模块。图 1-6 所示是服务网格的架构图。

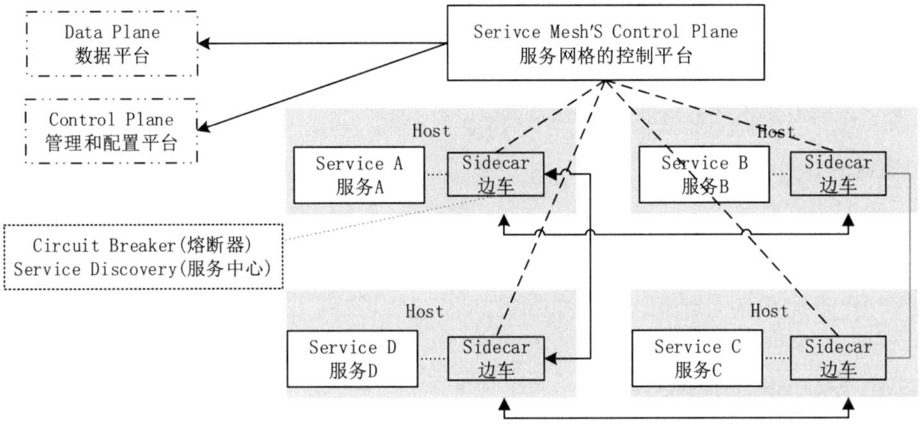

图 1-6　服务网格的架构图

从图 1-6 中可以看出，服务之间通过 Sidecar（边车）进行通信，所有 Sidecar 和网络连接就形成了 Service Mesh。Sidecar 主要负责服务发现和容错处理。

服务网格主要由数据平台（Data Plane）和控制平台（Control Plane）组成。

- 数据平台：处理服务间的通信，并实现服务发现、负载均衡、流量管理、健康检查等功能。
- 控制平台：管理并配置 Sidecar，以执行策略和收集数据。

通常，应用程序的开发人员不需要关心 TCP/IP 层。同样，在使用服务网格时，开发人员也不需要关心服务的熔断、限流、监控等，这些都由服务网格来处理。

服务网格架构和微服务架构非常相似，那么它们之间的区别是什么呢?

（1）侧重点不同。微服务架构主要关注服务间的生态，例如服务治理等；而服务网格架构则更加关注服务之间的通信，以及与 DevOps 的结合。

（2）侵入性不同。微服务架构实现了服务间的解耦，服务网格则实现了服务框架与服务之间的解耦。在微服务架构中，服务提供者和服务消费者需要配置“服务中心”的 IP 地址和端口号等配置信息（在使用 Consul + Docker 时，则不需要添加 IP 地址和端口号）。

服务网格是在服务之外独立运行的模块，它提供了微服务框架功能，服务不需要在代码和配置中添加相应的依赖库和依赖配置项。

2. 特点

服务网格具有以下特点：

- 对服务没有侵入性。
- 是应用程序间通信的一个中间层。
- 是一个轻量级的网络代理。
- 应用程序对服务网格无感知。
- 能够解耦应用程序的重试、监控、追踪和服务发现。

3. 主流的开源项目

目前流行的 Service Mesh 开源软件有：Linkerd、Envoy、Conduit（由开发 Linkerd 的公司开发）、Istio、nginMesh、Kong、Linkerd2（不同于 Linkerd，它基于 Rust 和 Go，没有 JVM 等大内存的开销）。其中 Istio 较为流行和著名。

1.2 主流的微服务框架

1.2.1 主流微服务框架一览表

国内外有很多非常优秀的微服务框架，其中比较有影响力的主流框架见表 1-1。

表 1-1 主流微服务框架

框架名称	说明
Dubbo	阿里巴巴开源的 RPC 框架
Dubbox	当当基于 Dubbo 开源的 RPC 框架
Spring Cloud	Pivotal Software 公司开源的微服务框架
Motan	分布式远程服务调用（RPC）框架。它支持通过 Spring 配置方式集成；支持集成 Consul、Zookeeper 等配置服务组件；支持动态自定义负载均衡、跨机房流量调整等高级服务调度功能
Thrift	用来进行可扩展且跨语言服务开发的软件框架，结合了软件堆栈和代码生成引擎
MSEC	QQ 后台团队开源的框架，集 RPC、名字发现服务、负载均衡、业务监控、灰度发布、容量管理、日志管理、Key-Value 存储于一体
Hessian	轻量级的 RPC 框架，基于 HTTP 协议传输，使用 Hessian 二进制序列化
Service Fabric	微软开发的一个微服务框架
Lagom	用于在 Java 或 Scala 中构建响应式微服务系统
Steeltoe	使得.NET 开发人员可以利用 Steeltoe 构建弹性微服务系统
Apollo	Spotify 的 Apollo（非百度和携程同名的 Apollo）用于编写可组合微服务的 Java 库
Netflix OSS	Netflix 为大规模解决分布式系统问题而编写的一组框架和库
Kubernetes	可以用它的注册发现功能来构建微服务系统。更多的时候，它被用作 DevOps 的运维自动化工具

1.2.2　Dubbo

1. Dubbo 简介

Dubbo 致力于提供高性能和透明化的远程服务调用方案和 SOA 服务治理方案。

Dubbo 也是采用了 Spring 的配置方式。它基于 Spring 的可扩展机制（Schema）可透明化接入应用，对应用没有 API 侵入，支持 API 调用方式（官方不推荐）。只需用 Spring 加载 Dubbo 的配置即可。

2. Dubbo 核心功能

（1）面向接口的高性能 RPC（远程调用，使得用户可以像调用本地方法那样调用远程机器上的方法）调用。

提供了高性能的、基于代理的远程调用功能，服务以接口为粒度，为开发人员屏蔽了远程调用的底层细节。

（2）智能负载均衡。

内置了多种负载均衡策略，能智能感知节点的健康状况，可以有效地减少调用延迟，提高系统的吞吐量。

（3）服务的自动注册与发现。

支持多种注册服务方式，能对服务实例的上下线进行实时感知。

（4）高度的可扩展。

遵循“微内核+插件”设计原则，所有的核心功能（如 Protocol、Transport、Serialization）都被设计为扩展点。

（5）运行期流量调度。

内置了条件、脚本等路由策略。通过不同的路由规则，可以方便地实现灰度发布、同机房优先等运行期的流量调度。

（6）可视化的服务治理与运维。

提供了丰富的服务治理、运维工具，可以随时查询服务的元数据、服务的健康状态和调用统计信息，实时下发路由策略，调整配置参数。

1.2.3 Spring Cloud

1. Spring Cloud 简介

Spring Cloud 是基于 Spring Boot 的一个快速开发微服务的框架。它提供了以下开发微服务所需的一些常见组件。

- 服务发现（Service Discovery）。
- 断路器（Circuit Breakers）。
- 智能路由（Intelligent Routing）。
- 微代理（Micro-proxy）。
- 控制总线（Control Bus）。
- 一次性令牌（One-time Tokens）。
- 全局锁（Global Locks）。
- 领导选举（Leadership Election）。
- 配置管理（Configuration Management）。
- 分布式会话（Distributed Sessions）。
- 集群状态（Cluster State）。

这些组件并不完全是 Spring Cloud 自己的产品。Spring Cloud 通过 Spring Boot 风格对这些组件进行封装，屏蔽了复杂的配置和实现原理，最终给开发人员提供了一套简单易懂、易部署和易维护的分布式系统开发工具包。

Spring Cloud 负责管理这些可以独立部署、水平扩展和独立访问（或者有独立的数据库）的服务单元。

Spring Cloud 使得构建大型系统变得非常容易和低成本。小型项目可以采用 Spring Boot 进行架构，当需要升级到微服务架构时，可以使用 Spring Cloud 方便地对其进行升级。

2. Spring Cloud 的核心功能

以下是 Spring Cloud 的一些核心功能。

- 分布式、版本化配置。

通过 Spring Cloud Config（或其他配置管理工具）来统一管理服务配置。我们可以将所有服务的配置文件放置在本地仓库或者远程仓库中，让配置中心来负责读取仓库的配置文件，而客户端（服务）从配置中心读取配置。

Spring Cloud Config 经常和 Spring Cloud Bus 结合使用，无须重新启动服务即可动态刷新配置文件（信息）。

- 服务注册和发现

服务治理组件（Eurake、Consul 等）相当于交易的信息员，通过它可以发现“服务提供者”，还可以将自己注册到“服务中心”中。

- 路由。

通过智能路由网关组件（Zuul、Spring Cloud Gateway）来实现智能路由和请求过滤功能。内部服务接口通过网关统一对外暴露，避免了内部服务敏感信息在未经授权的情况下对外暴露。

- 负载均衡

可以通过 Feign（远程调用组件）和 Ribbon（负载均衡组件）实现负载均衡。

- 断路器。

使用服务容错组件（Hystrix、Resilience4j）控制服务的 API 接口的熔断，以实现故障转移、服务限流、服务降级等功能，防止微服务系统发生雪崩效应。用 Hystrix Dashboard 组件监控单个服务的熔断状态，用 Hystrix Turbine 组件监控多个服务的熔断器的状态。

- 分布式消息传递。

通过消息总线组件，数据流操作组件可以将 Redis、RabbitMQ、Kafka 等封装起来，实现消息的接收和发送。

1.3　服务网格（Service Mesh）框架 Istio

目前，主流的 Service Mesh 的开源解决方案有 Buoyant 公司推出的 Linkerd2（使用 Golang 和 Rust 完全重写了 Linkerd）和 Google、IBM、Lyft 等厂商牵头的 Istio。

相比而言，Linkerd2（Linkerd）更加成熟稳定一些；Istio 的功能更加丰富和强大一些，且社区相对也更加强大。人们普遍认为 Istio 的前景会更好，因此下面也只讲解 Istio。

1. Istio 简介

Istio 将流量管理添加到微服务中，提供了连接、安全、管理和监控微服务的方案。

要让微服务系统支持 Istio，只需要在系统中部署一个特殊的 Sidecar 代理，这样就可以使用 Istio 控制平台（平面）的功能来配置和管理代理，并拦截微服务之间的所有网络通信。

Istio 的第一个测试版本是构建在 Kubernetes（K8s）环境上的，后来官方为虚拟机和 Cloud Foundry 等其他环境增加了 Istio 支持。

2. Istio 核心功能

Istio 在服务网络中提供了以下功能：

- 流量管理

通过其提供的规则配置和流量路由功能，可以很好地控制服务之间的流量和 API 调用。Istio 简化了断路器、超时和重试的配置，并可以轻松设置 A/B 测试、金丝雀部署、基于百分比的流量分割部署、分阶段部署等重要任务。

- 安全

Istio 提供了认证、授权和加密功能，以实现底层安全通信信道和管理服务通信。

- 监控功能

通过 Istio 的监控功能，可以了解服务的性能，以及服务如何影响上游和下游的功能。

- 平台无关

Istio 是独立于平台的，它可以在各种环境中运行，包括跨云、K8s（Kubernetes）、Mesos 等。

1.4 比较 Dubbo、Spring Cloud 和 Istio

国内的中小企业大多使用 Dubbo 或 Spring Cloud 框架。而 Istio 是最新的框架，很多人认为它是未来会普及的框架。本节比较 Dubbo、Spring Cloud 和 Istio。

1.4.1 对比架构

1. Dubbo 架构图

Dubbo 的架构如图 1-7 所示。从图 1-7 中可以看出，“注册中心”相当于 Spring Cloud 中集成的“服务中心”（Eureka、Consul 等），“服务消费者”相当于 Spring Cloud 中集成的 Ribbon。

Dubbo 比 Spring Cloud 少了很多配套的项目，比如，与重试和失败有关的可靠性和事务性机制。Dubbo 专注于 RPC 领域，未来将成为微服务生态体系中的一个重要组件，而不是成为一个微服务的全面解决方案。

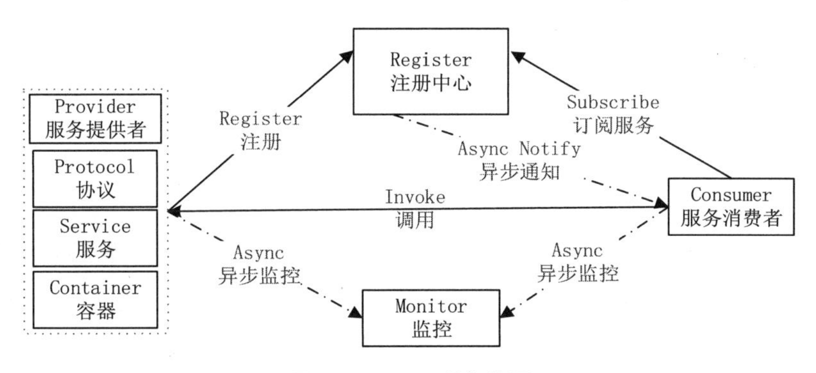

图 1-7　Dubbo 的架构图

2. Spring Cloud 架构图

Spring Cloud 的架构如图 1-8 所示。从图 1-8 中（阴影部分属于 Spring Cloud 架构）可以看到，Spring Cloud 架构的生态相当完善。

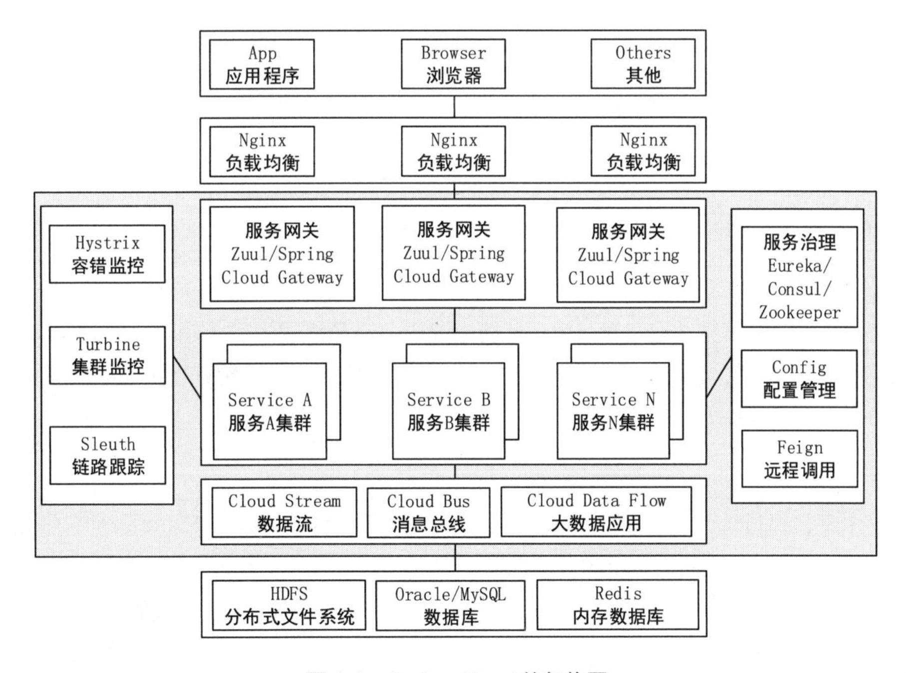

图 1-8　Spring Cloud 的架构图

3. Istio 架构图

Istio 的架构如图 1-9 所示。

从图 1-9 中可以看出，Istio 就是 Service Mesh 架构的一种实现。在 Istio 中，服务之间的通信是通过代理（默认是 Envoy）使用 HTTP/1.1、HTTP/2、gRPC、TCP 协议来进行的。Pilot、Mixer、Citadel 组成控制平台。

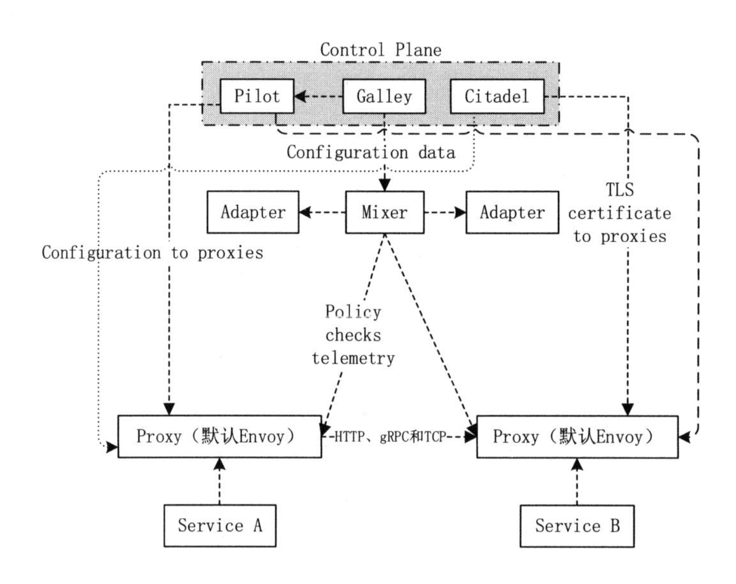

图 1-9　Istio 的架构图

Istio 架构中的主要概念如下。

（1）Pilot。

它为 Envoy 提供服务发现、流量管理和智能路由，以及错误处理（超时、重试、熔断）功能。用户通过 Pilot 的 API 管理网络相关的资源对象。Pilot 会根据用户的配置和服务的信息将网络流量管理信息分发到各个 Envoy 中。

（2）Mixer。

它为整个集群执行访问控制、跨服务网格使用策略（Policy）、管理（Rate Limit、Quota 等），并收集从 Envoy 代理和其他服务自动探测到的数据。Mixer 包含一个非常灵活的插件模型，可以与各种主机环境和后端基础架构进行交互，所以它是独立于平台的组件的。

（3）Citadel。

它提供服务之间的认证和证书管理，使服务能够自动升级到 TLS 协议。

（4）Sidecar。

它在原有的客户端和服务器端之间添加了一个代理程序。

（5）Envoy。

它提供服务发现、负载均衡和路由表动态更新的 API。这些 API 解耦了 Istio 和 Envoy。代理 Proxy（默认使用 Envoy）作为 SideCar 会和控制中心通信，以获取需要的服务之间的信息，以及汇报服务调用的 Metrics（指标）数据。

1.4.2　对比各项数据

Dubbo、Spring Cloud、Istio 更多的细节对比项见表 1-2。

表 1-2　Dubbo、Spring Cloud、Istio 细节对比

对比项	Dubbo	Spring Cloud	Istio
学习曲线	一般	平滑，有大量成熟的实例供学习	除文档外的资料较少
开发效率	开发效率低，Jar 包依赖和升级问题严重	开发效率高，社区支持强大，更新非常快，是一套全方位的解决方案	开发效率高。它简化了应用的开发及部署方式，把应用上线所需的外围支撑系统与业务应用相分离，从而减轻开发团队的压力
集成性	Jar 包依赖的问题多	来源于 Spring；质量、稳定性、持续性都可以得到保证；基于 Spring Boot，更加便于业务落地	目前在 Kubernetes 上支持比较好
文档	中英文文档齐全	英文文档齐全	中英文文档齐全
支持的开发语言	Java、Node.js、PHP、Python、Go、Erlang	Java、Kotlin、Groovy	与语言几乎无绑定
开源社区活跃度	低	高	高
API 网关	无（网关通过 Dubbo 提供的负载均衡机制自动完成）	Zuul 、 Spring Cloud Gateway	Traffic Cotrol、Egress
客户端负载均衡	无	Ribbon	Envoy
批量任务	无(可以结合 Elastic-Job、Tbschedule）	Spring Batch	无
开源协议	Apache 2.0	Apache 2.0	Apache 2.0

1.4.3　总结

Dubbo 当年停止更新后，对开发人员的信心有非常大的影响。在 2017 年重新维护后，其定位为 Spring Cloud Alibaba 的 RPC 组件，运行性能优于 Spring Cloud。

Spring Cloud 是 Spring 家族的产品，一直保持着更新和完善。在企业级开发框架中，可以说很难有其他框架能与 Spring 相提并论。Spring Cloud 的一站式解决方案对于资金和技术实力有限的中小型互联网公司来说是极佳选择。Spring Cloud 和 Docker 等容器的结合也会让 Spring Cloud

在未来“云”的软件开发中占有一席之地。

Istio 作为一个全新的服务网格框架，极好地支持 Kubernetes（简称 K8s，容器编排工具），是一个值得关注的项目。

Dubbo、Spring Cloud、Istio 都是有效地实现微服务的工具。企业或个人应根据自身的情况选择合适的架构来解决业务问题。

结合项目背景、提供功能来说，Dubbo 稍逊一筹。

Spring Cloud 在现阶段或未来较长时间内是最为稳妥的微服务的框架。

如果是技术上采取激进策略的团队则可以考虑采用 Istio。

第 2 章 准备开发环境和工具

基础开发环境配置不好，会造成很多不必要的问题和时间浪费。所以，本章讲解如何搭建开发环境和使用开发工具。

2.1 搭建环境

2.1.1 安装 Java 开发环境 JDK

1. 查看系统信息

进行 Spring Cloud（Spring Boot）开发，需要安装 Java 的 JDK1.8（即 Java 8）以上版本，可以在 Oracle 官方网站免费下载它。下载之前要确定电脑的系统信息。这里以 Windows 10 为例。

（1）在电脑桌面上右击“我的电脑”，在弹出的菜单中选择“属性”命令。

（2）打开“系统”面板，其右边显示的是本机的系统类型，如图 2-1 所示。这里显示本机是 64 位的操作系统，所以也需要下载 JDK 的 64 位安装包。

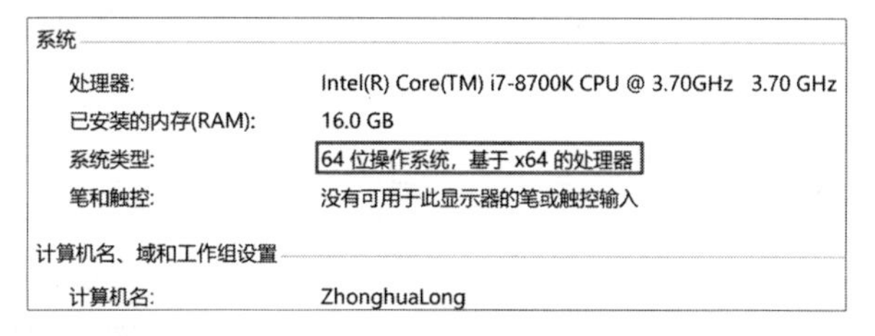

图 2-1 系统类型

2. **下载安装 JDK 软件**

（1）来到 Oracle 官方网站。

（2）选择适合自己的版本进行下载（图 2-1 所示的操作系统是 64 位的，所以这里需要选择 64 位的 JDK 进行下载），单击图 2-2 中的方框处进行下载。

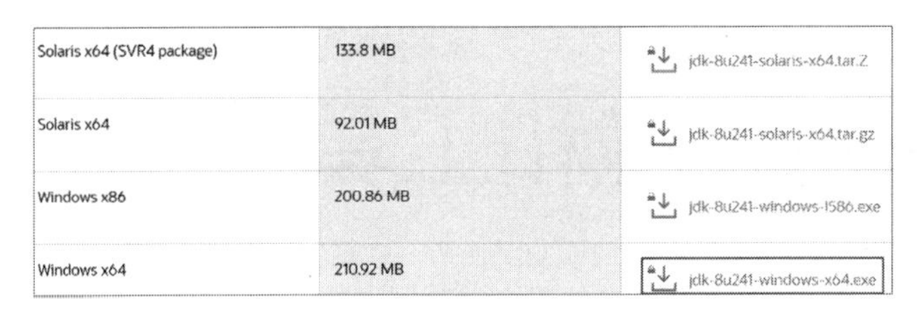

Solaris x64 (SVR4 package)	133.8 MB	jdk-8u241-solaris-x64.tar.Z
Solaris x64	92.01 MB	jdk-8u241-solaris-x64.tar.gz
Windows x86	200.86 MB	jdk-8u241-windows-i586.exe
Windows x64	210.92 MB	jdk-8u241-windows-x64.exe

图 2-2　JDK 软件的下载链接

（3）JDK 的安装和其他软件安装方式类似。在安装包下载完成后，双击后缀名为“.exe”的可执行文件运行 JDK 安装包，然后按照 JDK 软件安装界面的提示依次单击“下一步”按钮完成安装。

在安装时记得选择好安装位置，且路径中不要有中文，以便配置 JDK 的环境变量。

2.1.2　配置 JDK 的环境变量

在安装好 JDK 后，还需要对其环境变量进行配置。

1. **配置 JDK 路径**

（1）右击“我的电脑”，在弹出的菜单中选择“属性”命令，然后在弹出的面板左侧单击“高级系统设置”，在弹出的“系统属性”对话框中选择“高级”选项卡，单击下方的“环境变量”按钮。

（2）弹出“环境变量”界面，上方是“XXX（此处显示电脑的用户名称）的用户变量”，下方是“系统变量”。单击“XXX 的用户变量”下方的“新建”按钮，弹出“新建用户变量”对话框。在“变量名”文本框中输入“JAVA_HOME”，在“变量值”文本框中配置 JDK 的安装目录，如图 2-3 所示。

如果要使每个用户都能够使用，则需要编辑“系统变量”，否则只编辑“XXX 的用户变量”。

（3）配置 CLASSPATH 变量。在“环境变量”界面中的“用户环境变量”下方单击“新建”按钮，在弹出的对框中的输入变量名“CLASSPATH”，并输入下方的变量值，然后单击“确定”按钮完成添加，如图 2-4 所示。

```
.;%JAVA_HOME%\lib\dt.jar;%JAVA_HOME%\lib\tools.jar
```

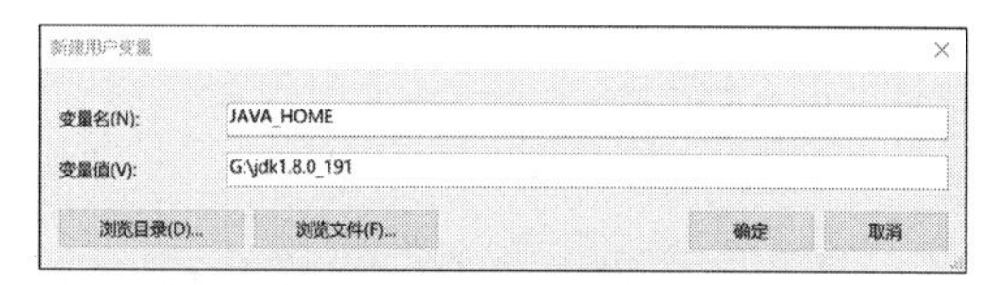

图 2-3　配置 Java 安装路径

图 2-4　配置 CLASSPATH 变量值

前面的“.”表示当前目录，必须输入，不要丢失。

2. 新建 JRE 路径

在完成 JDK 配置后其实已经可以开发了。但一般是在当前开发的电脑上进行测试，所以还需要设置 JRE 的环境变量。

继续在上面“环境变量配置”界面中新建变量名“PATH”，设置变量值为“%JAVA_HOME%\bin;%JAVA_HOME%\jre\bin”，如图 2-4 所示，然后单击 “确定”按钮，如图 2-5 所示。

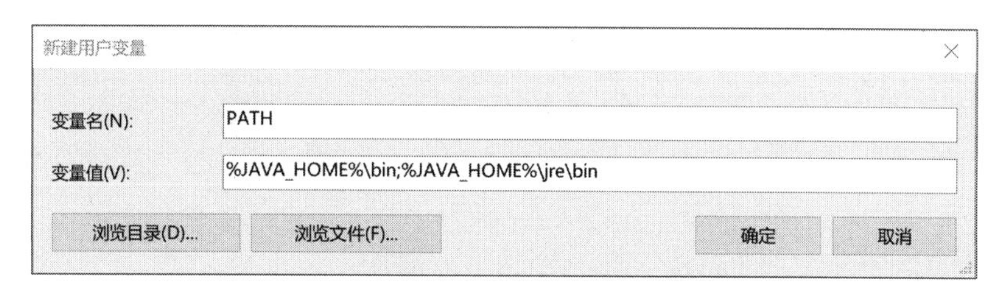

图 2-5　配置 Java 应用的运行变量值

3. 检查配置

在完成上面的所有配置后，完整的配置结果如图 2-6 所示。接下来检查环境是否生效，以确定上面步骤都是正确的，且不存在变量值输入错误。

（1）用鼠标右键单击“开始”菜单，单击“运行”选项，在“运行”对话框中输入“cmd”命令，接着在 cmd 命令窗口中输入“java -version”命令，如果成功则显示以下内容：

```
java version "1.8.0_191"
```

（2）输入“javac -version”命令，如果成功则显示以下内容。

```
javac 1.8.0_191
```

以上两步操作如图 2-7 所示。

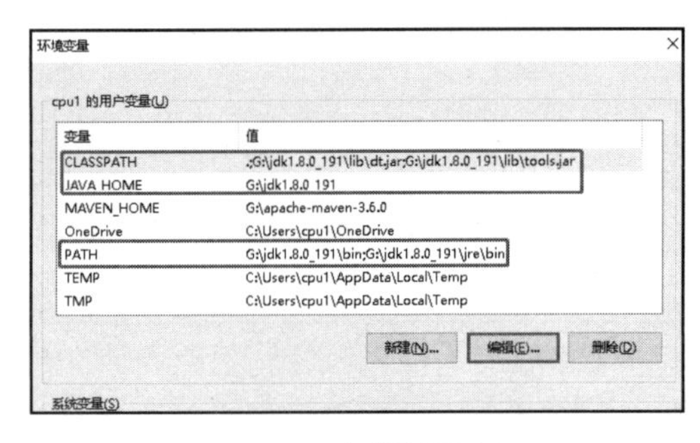

图 2-6　完成的配置

图 2-7　环境测试成功

如果存在错误，则按图 2-6 继续检查是否存在书写错误、路径错误。

2.2　安装和配置 Maven

Maven 是一个项目管理工具，用于构建 Java 项目并管理其依赖。它是 Apache 的一个纯 Java 开发的开源项目，基于“项目对象模型”（POM）概念。

除 Maven 外，Gradle 也是一个极好的项目管理工具，有兴趣的读者也可以自行尝试。

2.2.1　安装和配置

1. 下载安装

（1）来到 Maven 官方网站，单击“apache-maven-3.6.0-bin.zip”下载文件，如图 2-8 所示。

Apache Maven developers.	
	Link
Binary tar.gz archive	apache-maven-3.6.0-bin.tar.gz
Binary zip archive	apache-maven-3.6.0-bin.zip
Source tar.gz archive	apache-maven-3.6.0-src.tar.gz
Source zip archive	apache-maven-3.6.0-src.zip

图 2-8　下载 Maven 文件

（2）Maven 无须安装，直接将文件解压缩即可使用。

2. 配置

（1）新建环境变量“MAVEN_HOME”，赋值“G:\apache-maven-3.6.0”。

（2）编辑用户环境变量“Path”，追加“%MAVEN_HOME%\bin\;”（如果直接通过“新建”按钮追加，则不要加后面的分号）。

如果通过“编辑文本方式”追加值，则需要保留之前的值，各值是由“;”隔开的。完成的值如下：

%JAVA_HOME%\bin;%JAVA_HOME%\jre\bin;%MAVEN_HOME%\bin\;

（3）检查安装情况，

用鼠标右键单击“开始”菜单，在弹出的菜单中选择“运行”命令，在“运行”对话框中输入“cmd”命令，接着在 cmd 命令窗口中输入“mvn -v”。如果出现 Maven 的版本信息（见以下信息），则说明已经安装成功了。

```
Apache Maven 3.6.0 (97c98ec64a1fdfee7767ce5ffb20918da4f719f3; 2018-10-25T02:41:47+08:00)
Maven home: G:\apache-maven-3.6.0\bin\..
Java version: 1.8.0_191, vendor: Oracle Corporation, runtime: G:\jdk1.8.0_191\jre
Default locale: en_US, platform encoding: GBK
OS name: "windows 10", version: "10.0", arch: "amd64", family: "windows"
```

切记生搬硬套，应根据下载的版本和自己的路径设置。如果尝试了多次配置还是不成功，则可以尝试重新打开“cmd”命令窗口，然后输入“mvn -v”命令来查看配置情况。

2.2.2 认识 pom.xml 文件

POM（Project Object Model，项目对象模型）是 Maven 工程的基本工作单元，也是 Maven 的核心。它是一个 XML 文件，包含项目的基本信息，用于描述如何构建项目、如何声明项目依赖等。本书后面的案例中添加依赖都是在这个 pom.xml 文件中进行的。

在执行任务或目标时，Maven 会在当前目录中查找 pom.xml 文件，在获取到所需的配置信息后再执行目标。

POM 中通常有以下元素。

1. dependencies

在此元素下添加依赖，可以包含多个<dependency>依赖。

2. dependency

<dependency>与</dependency>之间有以下 3 个标识。

- groupId：定义隶属的实际项目，坐标元素之一。
- artifactId：定义项目中的一个模块，坐标元素之一。
- version：定义依赖或项目的版本，坐标元素之一。

<groupId>加上<artifactId>能标识唯一的项目或库。

dependency 用来添加依赖。如果需要添加依赖，则在“<dependencies>”和“</dependencies>”元素之间添加。例如添加 Consul 依赖，见以下代码：

```
<dependencies>
<!--Consul 依赖-->
<dependency>
<groupId>org.springframework.cloud</groupId>
<artifactId>spring-cloud-starter-consul-discovery</artifactId>
</dependency>
</dependencies>
```

3. scope

如果有一个在编译时需要而在发布时不需要的 JAR 包，则可以用 scope 标签标识该包，并将其值设为 provided。

scope 标签的参数见表 2-1。

表 2-1　scope 标签的参数

参　数	描　述
compile	scope 标签的默认值，表示被依赖项目需要参与当前项目的编译、测试和运行阶段
provided	provided 表示在打包时可以不将该依赖打包进去。该依赖理论上可以参与编译、测试和运行阶段
runtime	表示该依赖不参与编译阶段，但会参与运行和测试阶段。例如，JDBC 驱动参与运行和测试阶段
system	和参数 provided 相似，但是该依赖在系统中要以外部 JAR 包的形式提供。Maven 不会在仓库（Repository）中查找它
test	表示该依赖参与测试阶段，参与编译和测试阶段，不会随项目发布

4. properties

如果要使用自定义的变量，则应先在 <properties></properties>元素中定义变量，然后在其他节点中引用该变量。这样做的好处是：在依赖配置时可以引用变量，以达到统一版本号的目的。

例如，要定义了 Java 和 Solr 的版本，可以通过以下代码：

```
<properties>
<java.version>1.8</java.version>
<solr.version>8.0.0</solr.version>
</properties>
```

要使用上面定义的变量，可以通过表达式“${变量名}”来调用：

```
<dependency>
<groupId>org.apache.solr</groupId>
<artifactId>solr-solrj</artifactId>
<version>${solr.version}</version>
</dependency>
```

5. plugin

在创建 Spring Cloud 和 Spring Boot 项目时，默认在 POM 文件中存在 spring-boot-maven-plugin 插件。它提供打包时所需的信息，将 Spring Cloud（Spring Boot）应用打包为可执行的 JAR 或 WAR 文件。

6. 完整的 pom.xml 文件

下面是一个完整的 pom.xml 文件，各个元素的详细用法说明见此文件中的注释部分（符号“<!--”与“-->”之间的内容）。

```
…
<!--模型版本。声明项目遵循哪一个 POM 模型版本。模型版本是为了在 Maven 引入新的特性或其他模型变更时确保项目的稳定性-->
<modelVersion>4.0.0</modelVersion>
<!--父项目的坐标-->
```

```
<parent>
<!--被继承的父项目的唯一标识符-->
<groupId>org.springframework.boot</groupId>
<!--被继承的父项目的构件标识符-->
<artifactId>spring-boot-starter-parent</artifactId>
<!--被继承的父项目的版本号-->
<version>2.1.3.RELEASE</version>
<!--父项目的 pom.xml 文件的相对路径，默认值是../pom.xml
Maven 先在构建当前项目的地方寻找父项目的 pom，然后在文件系统的 relativePath 中寻找父项目的 pom，如果还没找到则在远程仓库中寻找父项目的 pom-->
<relativePath/>
</parent>

<!--公司或组织的唯一标志（项目的全球唯一标识符）。项目的路径由此生成。通常使用包名区分该项目和其他项目，如 com.companyname.project。Maven 会将该项目打成的 JAR 包放在本地路径“/com/companyname/project”中-->
<groupId>com.example</groupId>
<!--项目的唯一 ID。一个 groupId 下可能有多个项目，靠 artifactId 来区分-->
<artifactId>demo</artifactId>
<!--版本号。格式为“主版本.次版本.增量版本-限定版本号”  -->
<version>0.0.1-SNAPSHOT</version>
<!--项目的名称。在 Maven 产生文档时用到它-->
<name>HelloWord</name>
<!--项目的详细描述。在 Maven 产生文档时用到它。在这个 description 元素中可以使用 HTML 代码-->
<description>Demo project for Spring Boot</description>

<properties>
<!--开发项目的 Java 版本号-->
<java.version>1.8</java.version>
</properties>

<!--项目的依赖。可以通过该元素描述项目的所有依赖，会自动从项目定义的仓库中下载这些依赖-->
<dependencies>
<!-- Spring Boot 的 Web 的依赖-->
<dependency>
<groupId>org.springframework.boot</groupId>
<artifactId>spring-boot-starter-web</artifactId>
</dependency>
<!--Lombok 的依赖-->
<dependency>
    <groupId>org.projectlombok</groupId>
    <artifactId>lombok</artifactId>
    <optional>true</optional>
</dependency>
<!--Test 的依赖-->
```

```
<dependency>
    <groupId>org.springframework.boot</groupId>
    <artifactId>spring-boot-starter-test</artifactId>
    <scope>test</scope>
</dependency>
</dependencies>

<!--构建项目（打包生成可执行文件）时需要的信息-->
<build>
<!--项目使用的插件列表-->
    <plugins>
        <plugin>
            <groupId>org.springframework.boot</groupId>
            <artifactId>spring-boot-maven-plugin</artifactId>
        </plugin>
    </plugins>
</build>
...
```

这里对 pom.xml 文件进行了比较详细的讲解，对新手来说可能有点难。读者可以简单阅读一下，要是理解困难可以跳过，不会影响后续阅读，本书在其他章节会具体讲解如何使用。

2.2.3　了解 Maven 的运作方式

Maven 会自动根据在 dependencies 里配置的依赖项，直接从 Maven 仓库中下载依赖到本地的“.m2”目录下，默认路径为“C:\Users\longzhonghua\.m2\repository”（longzhonghua 为系统用户名）。

dependency 依赖的写法不需要记忆，推荐直接从官方网站进行查询（可以在搜索引擎中搜索“mvnre”然后进入 Maven 官方网站进行查询）。在官方网站中的搜索框中输入依赖名进行搜索，比如要使用 Lombok，则直接在搜索框中搜索“Lombok”，在之后出现的结果中会包含完整的 dependency（依赖）信息，例如：

```
<dependency>
<groupId>org.projectlombok</groupId>
<artifactId>lombok</artifactId>
<version>1.18.8</version>
<scope>provided</scope>
</dependency>
```

把上面结果复制到 pom.xml 文件中的<dependencies></dependencies>之间即可使用。

在实际的项目中，如果要手动添加 Maven 仓库中没有的 JAR 包依赖，则需要运行“mvn install:install-file”命令，以使 Maven 提供支持。例如，要添加 kaptcha 验证码依赖，则需要运行以下命令：

```
mvn install:install-file -Dfile=I:\java-20200417\kaptcha-2.3.2.jar -DgroupId=kcDgroupId
-DartifactId=kcartifactId -Dversion=0.0.1 -Dpackaging=jar
```

在上述命令中，DgroupId 和 DartifactId 是自定义的值，这两个值将在添加依赖时用到（即 pom.xml 依赖文件中“<dependency>和</dependency >之间的 groupId 和 artifactId 值）。

2.2.4 配置国内仓库

国内用户使用 Maven 仓库一般都会遇到速度极慢的情况，这是因为它的中心仓库在国外服务器中。有些国内公司提供了中心仓库的镜像，可以通过修改 Maven 配置文件中的 mirror 元素来设置镜像仓库。

如果未配置国内镜像仓库依能正常使用 Maven，则可以不设置国内镜像仓库。

下面以设置国内阿里云镜像仓库为例。

（1）进入 Maven 安装目录下的 conf 目录中，打开 settings.xml 文件。

（2）找到 mirrors 元素，在其中添加阿里云仓库镜像代码，完成后的文件如下：

```
...
<mirrors>
<mirror>
        <id>alimaven</id>
        <name>aliyun  maven</name>
        <url>http://maven.aliyun.com/nexus/content/groups/public/</url>
        <mirrorOf>central</mirrorOf>
</mirror>
</mirrors>
...
```

（3）在开发工具中指定 Maven 的安装目录和自定义的配置文件路径（见 2.3.2 和 2.4.3 节）。

由于容易出现字符编码错误，所以一定要注意编码格式。如果提示镜像仓库配置不对，一般是编码格式的问题。建议在开发工具中而不是在记事本中编辑文件。

要注意空格处不报错的字符，可以删除类似空格的字符，或从本书配套资源中直接下载（作者复制了 settings.xml 文件，然后将其重新命名为“settingsforalibaba.xml”后进行了编辑。如果读者需要，可以从本书资源路径下载，并在开发工具中指定文件为 settingsforalibaba.xml）。

2.3　安装及配置开发工具 IDEA

IDEA 功能强大，可以用来高效地开发应用程序。它还支持第三方插件，用户可以根据需要添加自己喜欢的插件，例如，用 Lombok 简化代码，用 alibaba-java-coding-guidelines 指导规划代码和注释。

在配置好开发环境后，就可以安装并配置开发工具了。

Spring Cloud 开发的主要工具是 Eclipse 和 IDEA。大部分人一开始可能会选择 Eclipse，然后转入 IDEA。笔者建议直接选择 IDEA 作为开发工具，因为它对于开发人员非常友好和方便，开发效率高，智能提示强大。

2.3.1　安装 IDEA

1. 安装

（1）来到 IDEA 官方网站。

（2）单击“DOWNLOAD”按钮，选择“Community(Free open-source)”下载 IDEA 免费版。

（3）双击下载的安装程序，按照提示一步步单击“Next”按钮完成安装。

当提示选择 JDK 安装位置时，请选择自己的 JDK 位置（详情见 2.1.1 节）。

2. 预览界面

首次打开 IDEA 时会出现欢迎界面，如图 2-9 所示。

图 2-9　IDEA 的欢迎界面

- Create New Project：创建一个新的项目。
- Import Project：导入一个已有的项目。
- Open：打开一个已有的项目。
- Check out from Version Control：通过服务器上的项目地址下载项目。

在创建或打开已有项目后将进入 IDEA 的开发界面，如图 2-10 所示。

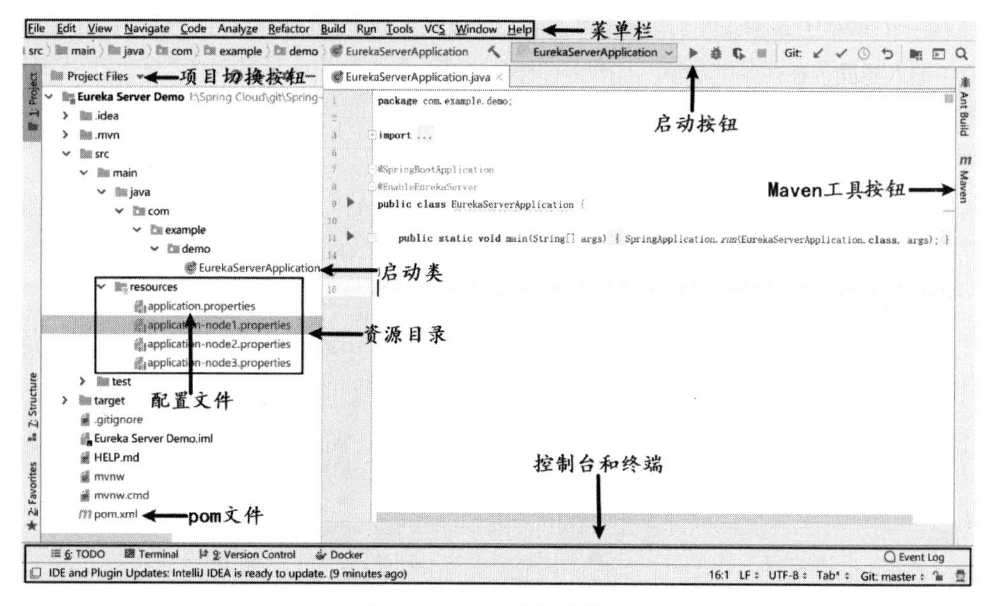

图 2-10　IDEA 的开发界面

- 左侧展示了项目的结构状况。IDEA 提供 Project、Packages、Problems 方式来切换查看项目。

- 最右侧是 Maven 工具按钮，用于查看依赖、快速打包等。
- 最下面则是控制台和终端，程序的运行信息会显示在这里。

2.3.2　配置 IDEA 的 Maven 环境

（1）单击菜单栏中的“File →Other Settings →Default Settings →Build & Tools →Maven”命令，在弹出的设置窗口中设置 Maven 路径，如图 2-11 所示。

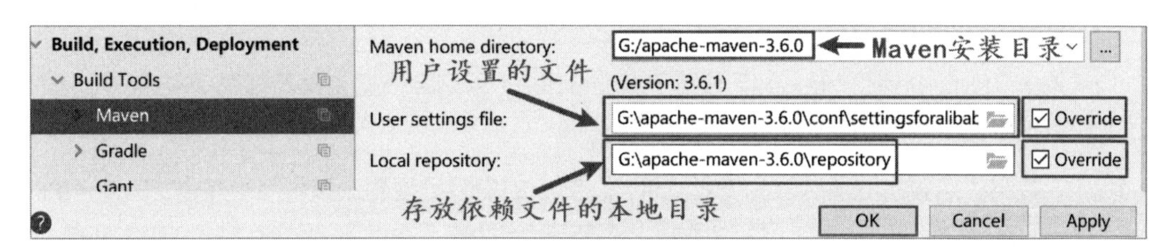

图 2-11　Maven 设置

2.3.3　安装 Spring Assistant 插件

创建 Spring Cloud（Spring Boot）有两种方式，这里用 Spring Assistant 插件创建项目。

（1）启动 IDEA，单击菜单栏中的“File→Settings→plugins”命令。

（2）进入界面，在搜索框中输入关键词“spring”或“Spring Assistant”，然后按 Enter 键，会搜索到 Spring Assistant（Spring 助理）。在 Spring Assistant 的下方单击“Install”按钮即可完成安装，如图 2-12 所示。

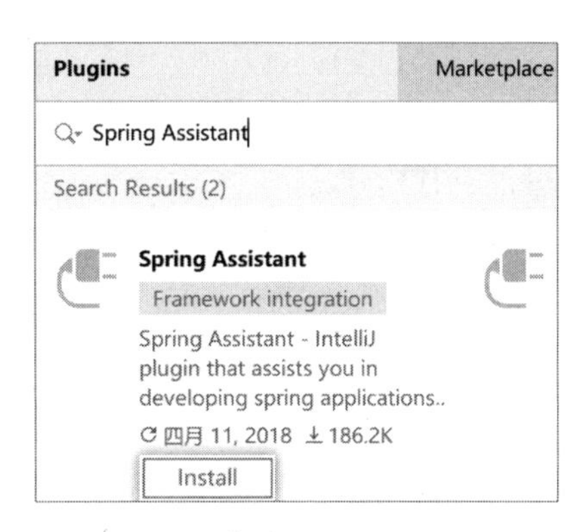

图 2-12　安装 Spring Assistant

（3）重启 IDEA 后即可使用。

2.4 安装及配置开发工具 Eclipse

Eclipse 也是一个非常优秀的开发工具，其用户也非常多。

2.4.1 安装 Eclipse

（1）来到 Eclipse 官方网站。

（2）单击“Download　xxx bit”按钮下载 Eclipse（网站会根据浏览器信息获取用户电脑的配置，所以直接单击下载按钮即可）。

（3）下载完成后双击 Eclipse 的安装文件，在弹出的安装类型的选择界面中双击“Eclipse IDE for Enterprise Java Developers”，如图 2-13 所示。

（4）弹出选择安装路径的界面，如图 2-14 所示。选择要安装的路径，单击“INSTALL”按钮，然后按照提示勾选“Accept”协议，接着一步步单击“下一步”按钮即可完成安装。

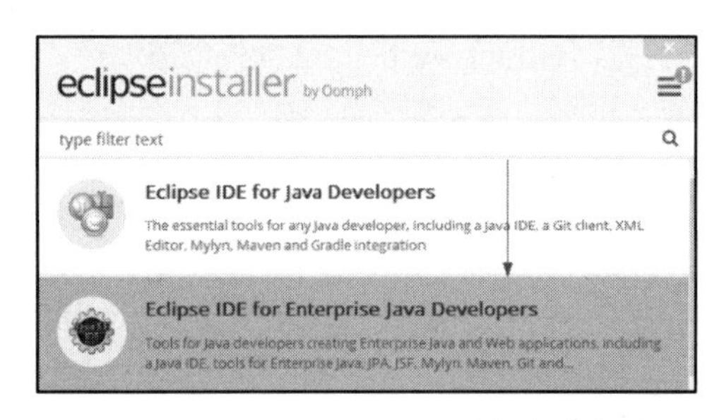

图 2-13　选择安装类型

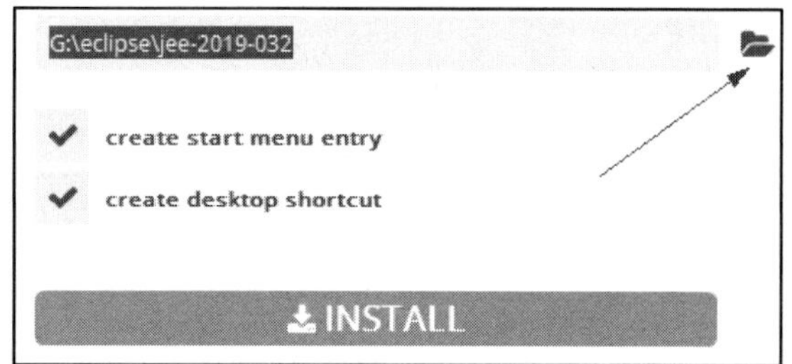

图 2-14　选择安装路径

2.4.2 安装 Spring Tools 4 插件

Spring 官方提供了 STS 插件（Spring Tools 3/Spring Tools 4），利用该插件可以非常方便地进行 Spring Cloud（Spring Boot）应用程序开发。下面安装 STS 插件。

（1）单击 Eclipse 菜单栏的“Help→Eclipse Marketspace”命令打开插件市场，在“Find:”后的搜索框中输入“sts”，然后按键盘上的 Enter 键或单击搜索框后面的“Go”按钮搜索插件，在搜索结果中会出现“Spring Tools 4”插件选项，如图 2-15 所示。

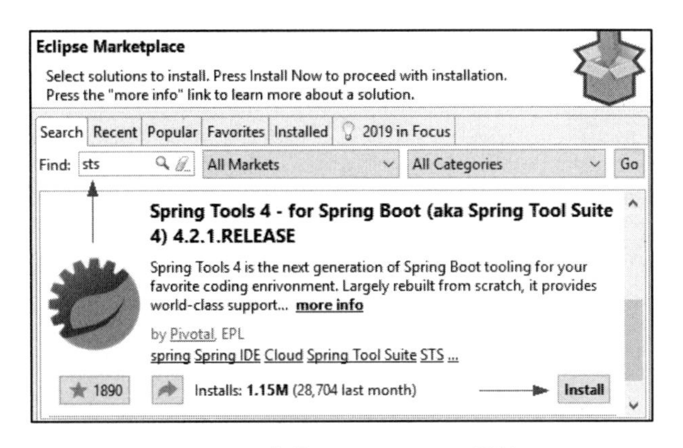

图 2-15　安装 Spring Tools 4 插件

（2）单击“Install”按钮开始安装，安装完成后重启 Eclipse，然后就可以通过插件创建 Spring Cloud（Spring Boot）项目了。

可能会出现安装 STS 插件后找不到 Maven 的情况，这很可能是 Eclipse 和 STS 版本不兼容，或者是 Eclipse 自动切换到 Perspective（透视图）所引起的。可以考虑重新安装 STS 或 Eclipse 版本；或者右击 Eclipse 工具栏，然后在弹出的菜单中选择“Customize Perspective”（定制透视图）命令来调整。

2.4.3　配置 Eclipse 的 Maven 环境

（1）在 Eclipse 中，单击“Window→Preferences”命令，在弹出的窗口中选择“Maven→Installations”，然后单击右侧的“Add”按钮，如图 2-16 所示。

（2）在弹出的窗口中单击“Directory”按钮，选择在 2.2 节中安装 Maven 的路径，如图 2-17 所示（此图为部分截图），然后单击该窗口最下方的“Apply And Close”按钮。

图 2-16　配置 Maven

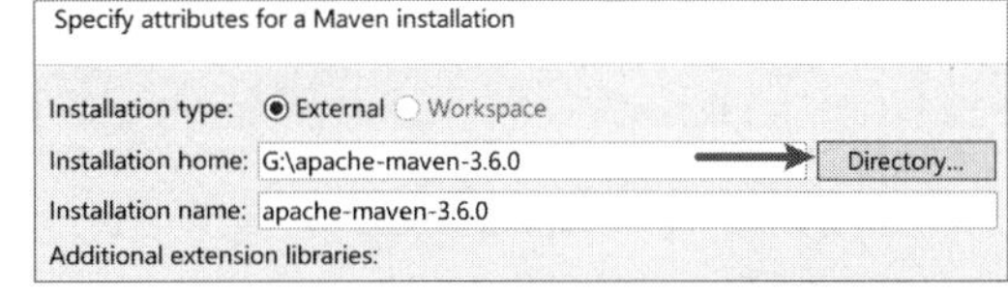

图 2-17　选择 Maven 目录路径

理论上在完成上面配置后即可开发 Spring Cloud（Spring Boot）应用程序，但是在国内的网络环境中往往会出现错误，以致 Eclipse 下载不了 JAR 包依赖。如果出现错误，则需要更改为国内的 Maven 镜像仓库。具体步骤为：

（1）配置国内仓库（参考 2.2.4 节的设置国内 Maven 仓库）。

（2）在 Eclipse 中，单击“Window→Preferences”命令，在弹出的窗口中选择“Maven→User Settings”，然后在“User Settings(open file)”下方的框中选择配置好国内 Maven 镜像的配置文件，如图 2-18 所示。

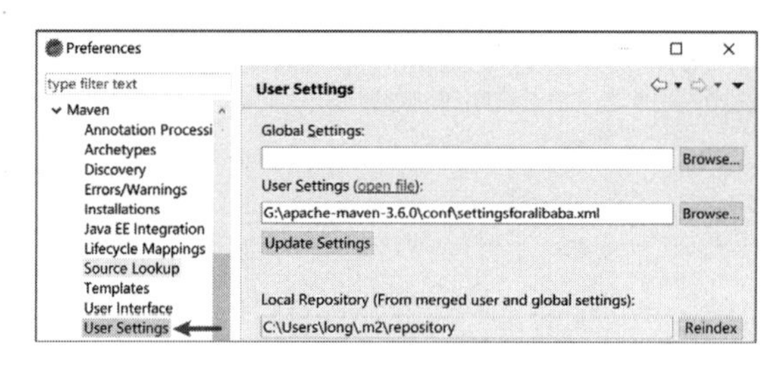

图 2-18　修改 Maven 仓库地址

2.4.4　创建 Spring Cloud 项目

（1）在 Eclipse 中单击“File→New→Other”命令，双击 Spring Boot 下的“Spring Starter Project”（Spring Cloud 基于 Spring Boot），如图 2-19 所示。

（2）弹出配置界面，如图 2-20 所示。这里就和 IDEA 创建项目一样了，根据需要设置即可。

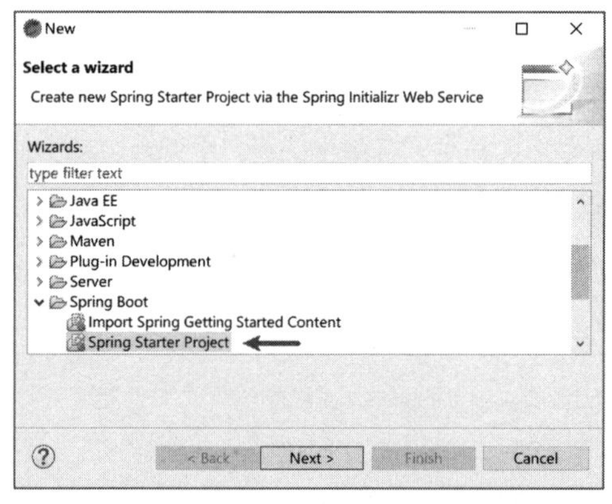

图 2-19　使用 Spring Tools 插件创建项目

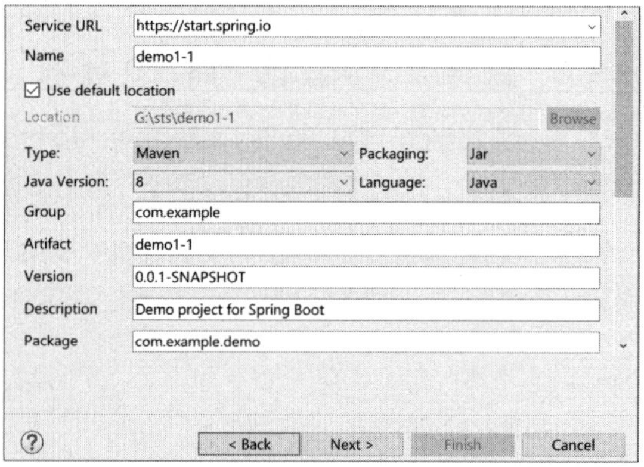

图 2-20　配置 Spring Cloud 项目

2.5　熟悉 Spring 官方开发工具 STS

1. 安装 STS 4

（1）来到 Spring 官方网站，单击“Download STS4 Windows 64-bit”下载 STS 4。

（2）在下载完成后解压缩 STS 4 的压缩包，然后双击 SpringToolSuite4.exe 即可运行。

2. 使用 STS 4

开发方法和 3.3 节的 Eclipse 类似。

2.6　如何使用本书源码

2.6.1　在 IDEA 中使用

本书提供的源码都是在 IDEA 中开发的，要在 IDEA 中使用。单击 IDEA 的菜单栏的“File→Open”命令，在弹出的窗口中选择下载的源码，然后单击“OK”按钮即可。

如果打开的源码出现飘红错误，则需要设置本机 Maven 信息（下载的源码会附带开发时的 Maven 配置信息）。具体步骤为：

（1）单击菜单栏中的“File →Settings →Build & Tools →Maven”命令，弹出的设置窗口中设置本机的 Maven 路径。

（2）单击 IDEA 右边的 Maven 构建按钮，在弹出来的窗口中单击“刷新”按钮以重新导入所有的 Maven 依赖，如图 2-21 所示。

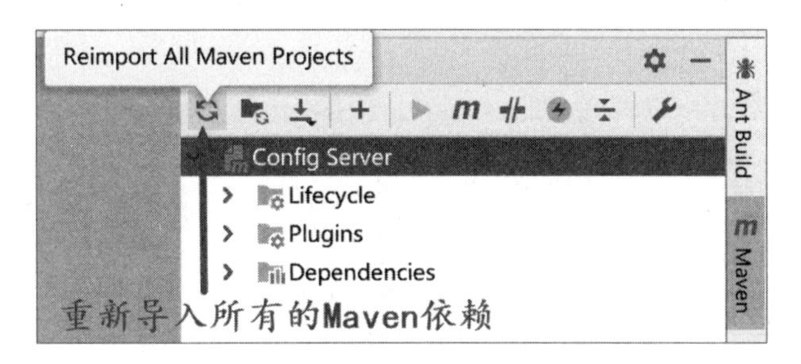

图 2-21　重新导入所有的 Maven 依赖

如果依然不成功，可以尝试重启 IEDA，然后再执行步骤（2）重新导入 Maven 依赖。

2.6.2　在 Eclipse（STS）中使用

如果想把本书提供的源码导入 Eclipse 中使用，可以通过以下步骤。

（1）在 Eclipse 中单击“File→Import”命令，在弹出的窗口中根据项目的类型选择相应的选项。这里是用 Maven 管理的项目，所以选择 Maven 下的“Existing Maven Projects”，如图 2-22 所示。如果要导入其他由 Gradle 创建管理的项目，则选择 Gradle 下的“Existing Gradle Project”，然后单击“Next”按钮。

（2）弹出如图 2-23 所示窗口，在其中选择相应选项，然后单击“Finish”按钮。

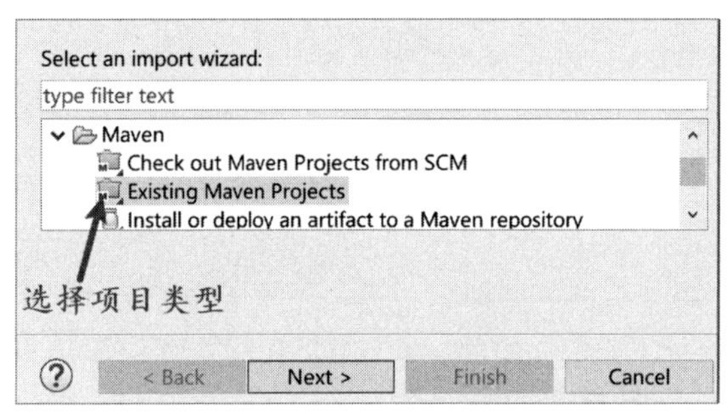

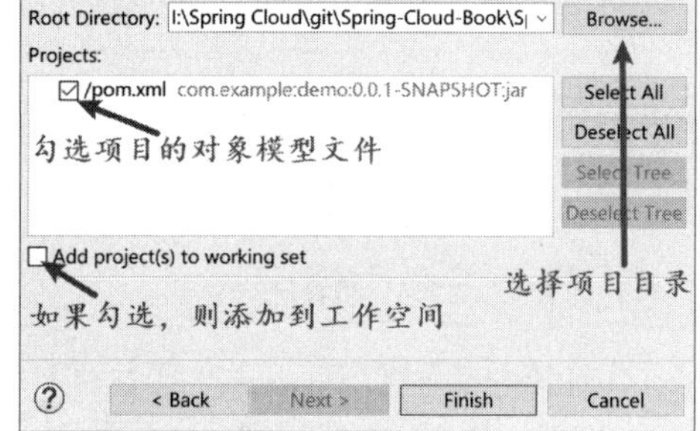

图 2-22　选择存在的项目类型　　　　图 2-23　选择项目路径导入项目

（3）导入后的项目如图 2-24 所示。在入口类（HelloWorldApplication）上单击鼠标右键，在弹出的菜单中选择“Run As → Spring Boot APP”命令即可成功运行项目。

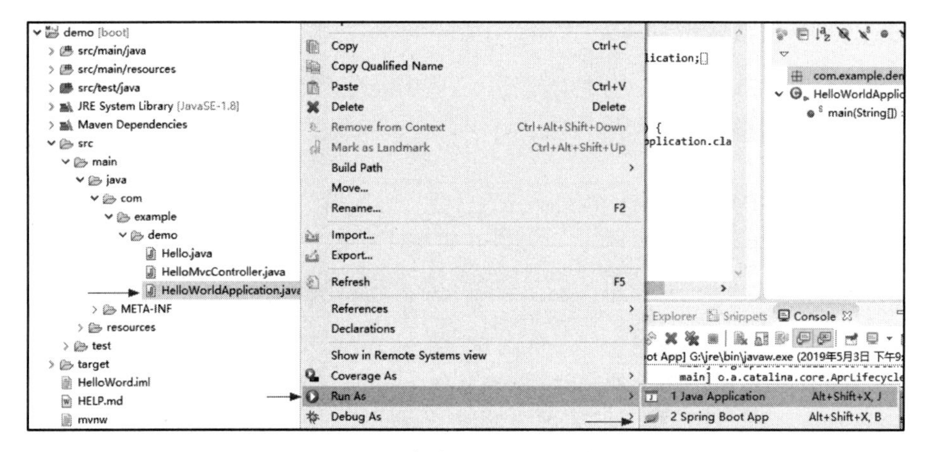

图 2-24　启动 Spring Boot 项目

如果安装了 STS 插件，则 Spring Cloud 的项目在导入后会被正常识别，但要注意源码中配置的 Maven 版本和自己本机的 Maven 版本应一致。

第 3 章 实例 1：用 Spring Cloud 实现一个微服务系统

组成微服务系统的组件非常多，各个组件之间相互协作，共同支撑微服务系统的稳定可靠的运行。本章通过一个实例来让读者了解什么是微服务系统，并引导读者实现一个比较简单的微服务系统。

3.1 本实例的架构和实现步骤

本实例将实现 1 个“服务中心”集群、1 个“服务提供者”集群和 1 个“服务消费者”，架构如图 3-1 所示。本实例通过“服务中心”Eureka 来进行服务治理，“服务消费者”调用“服务提供者”提供的服务。

从图 3-1 中可以看到，Service Provider1 和 Service Provider2 是微服务系统中的“服务提供者”，在本实例中它们被注册到“服务中心”组成“服务提供者”集群。

“服务消费者”在从“服务中心”获得“服务提供者”信息后调用此集群的功能。

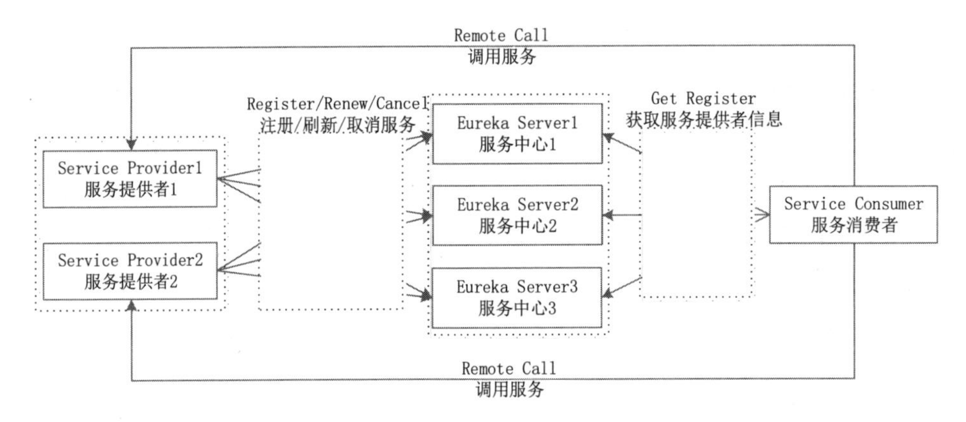

图 3-1　本实例的架构图

本实例的实现步骤为：

（1）用 Eureka 实现一个“服务中心”集群。

（2）通过 Eureka 的“服务注册”功能来注册“服务提供者”，以实现“服务提供者”集群。

（3）“服务消费者”不需要注册到“服务中心”中，它使用 Eureka 的“服务注册”功能根据“服务提供者”注册的名称来调用客户端 Feign 以消费“服务提供者”提供的接口。

（4）在完成所有的开发工作完成后，先启动“服务中心”集群、“服务提供者”集群，然后启用“服务消费者”客户端来测试和消费服务。

经过几年的快速、稳定发展，Eureka 的功能日趋完善，用户群体庞大。因此，本实例使用 Eureka 进行讲解，本实例基本上实现了以 Eureka 作为服务治理的大部分功能。但是，由于 Eureka 在 2018 年停止维护，前景难以预测，因此后面章节中的服务治理项目采用的是目前流行的 Consul。

3.2　创建 Spring Cloud 项目

这里使用 2.3.3 节安装好的 Spring Assistant 创建 Spring Cloud 项目。

（1）启动开发工具 IDEA。

（2）单击 IDEA 菜单栏中的“File→New→Project”命令，在弹出窗口中选择“Spring Assistant”。

（3）选中“Default”选项，单击“Next”按钮，在弹出的窗口中将“Project name”修改为“Eureka Server Demo”，然后单击“Next”按钮。

（4）在弹出的窗口中找到“Spring Boot version”（由于 Spring Cloud 基于 Spring Boot，所以这里显示的是 Spring Boot 的版本），然后在其右边的下拉框中选择要创建的 Spring Cloud 版本，这里选择的是“2.1.13”，如图 3-2 所示。

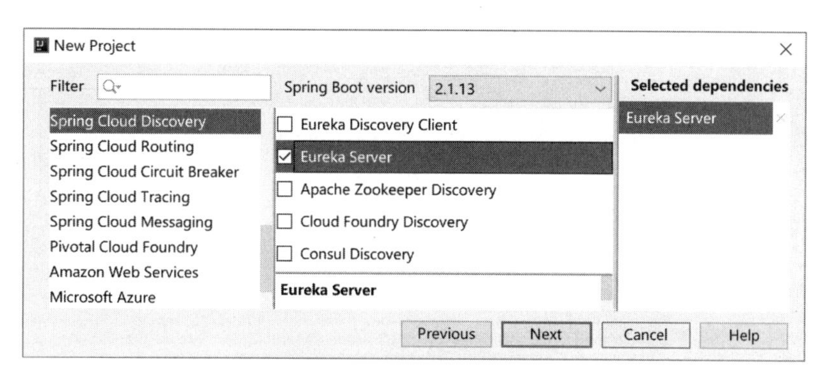

图 3-2　选择版本和依赖

如果要添加依赖，则在这个窗口中进行如下操作。

（1）单击左边框的“Spring Cloud Discovery”按钮，在窗口中间弹出的列表中勾选“Eureka Server”复选框，选中后 Spring Cloud 就会自动添加 Eureka Server 的依赖并进行下载。可以一次选择多个依赖，选择的内容将显示在右边的“Selected dependencies”下方。

（2）在自己的 IDEA 界面中单击“Next”按钮，在弹出的窗口中选择保存项目的目录（不要有中文路径），然后单击“Finish”按钮启动项目。

至此成功创建了 Spring Cloud 项目，并添加了 Eureka 的服务器端依赖。

还有另外一种创建 Spring Cloud 项目的方式（这种方式不太常用）：通过网络访问官方提供的在线项目创建器 Spring Initializr，在界面中根据自己的需要选择依赖、版本和配置，然后单击“创建”按钮生成工程包。在生成完成后，将工程包下载到本地电脑上并导入开发软件中即可使用。

3.3　用 Eureka 实现“服务中心”

一个完整的微服务系统需要用“服务中心”来统一治理服务。本节将实现一个高可用、可用于生产的“服务中心”集群。

代码　本实例的源码在本书配套资源的“/Chapter03/Eureka Server Demo”目录下。

3.3.1　添加配置

在 3.2 节创建的 Spring Cloud 项目中已经自动被添加了“Eureka Server”依赖，见以下代码：

```
<!--Spring Cloud 启动的依赖-->
<dependency>
<groupId>org.springframework.cloud</groupId>
<artifactId>spring-cloud-starter</artifactId>
</dependency>
<!-- Eureka 服务器端的依赖-->
<dependency>
<groupId>org.springframework.cloud</groupId>
<artifactId>spring-cloud-starter-netflix-eureka-server</artifactId>
</dependency>
```

接下来需要配置“服务中心”的地址、端口号和应用名称，见以下代码：

```
#应用名称
spring.application.name=Eureka Server Demo
#服务器的端口号
server.port=8080
#是否注册到 Eureka Server，默认为 true
eureka.client.register-with-eureka=true
#是否从 Eureka Server 获取注册信息，默认为 true
eureka.client.fetch-registry=true
#设置查询服务和注册服务与 Eureka Server 交互的地址。多个地址可使用“，”分隔，${server.port}代表配置的是
8080 端口
eureka.client.serviceUrl.defaultZone=http://localhost:${server.port}/eureka/
```

至此完成了单点的“服务中心”，它已经可以正常地提供注册和发现功能。

请检查启动类的注解@EnableEurekaServer 是否已自动添加。

最好不要在生产环境中使用单点“服务中心”，因为：“服务中心”是非常关键的组件，如果采用的是单点“服务中心”，若“服务中心”遇到故障，则很可能导致整个微服务系统无法正常工作，甚至造成系统崩溃。为了维持系统的高可用性，必须使用“服务中心”集群。

用 Eureka 部署集群非常方便，只需要在“服务中心”（Eureka Server）中配置其他可用的“服务中心”地址即可实现高可用部署。下面介绍“服务中心”集群的实现。

3.3.2 实现“服务中心”集群（满足高可用）

因为大部分读者只有一台电脑，所以本节演示如何在一台电脑上实现“服务中心”集群。这里以模拟 3 台服务器来实现集群，具体规划见表 3-1。

表 3-1　单台电脑上的“服务中心”集群的具体规划

访问 URI	IP（本机）	节点名称	端口号
http://node1:8081	127.0.0.1	node1	8081
http://node2:8082	127.0.0.1	node2	8082
http://node3:8083	127.0.0.1	node3	8083

1. 配置虚拟地址

在 C:\Windows\System32\drivers\etc 下的 hosts 文件中添加以下代码并保存（注意提供修改权限）：

```
#节点 node1
127.0.0.1 node1
#节点 node2
127.0.0.1 node2
#节点 node3
127.0.0.1 node3
```

DNS 的作用是将域名解析到对应的 IP 地址。比如，域名 www.baidu.com 对应的其中一个地址是 183.232.231.172（有可能有多个服务器），访问 www.baidu.com 实际上就是访问 IP 地址为 183.232.231.172 的服务器。

在做好上面配置后，访问 http://node1、http://node2、http://node3 都是访问 IP 地址为 127.0.0.1 的主机（即本机）。需要在域名地址后加上端口号，这样才能出现“服务中心”的管理界面。

2. 多环境配置

下面通过创建多个配置文件来模拟多个“服务中心”。

（1）创建节点 node1 的配置文件 application-node1.properties，并将“serviceUrl”指向节点 node2 和 node3。见以下代码：

```
#应用的名称
spring.application.name=Eureka Server Demo
#应用的端口号
server.port=8081
#节点的名称
eureka.instance.hostname=node1
#是否注册到 Eureka Server，默认为 true
eureka.client.register-with-eureka=true
#是否从 Eureka Server 获取注册信息，默认为 true
eureka.client.fetch-registry=true
#设置与 Eureka Server 进行交互的地址，查询服务和注册服务都需要使用它。多个地址可使用“,”分隔
```

```
eureka.client.serviceUrl.defaultZone=http://node2:8082/eureka/,http://node3:8083/eureka/
```

其中，通过配置项“eureka.client.serviceUrl.defaultZone”来配置多个“服务中心”。Eureka的默认地址是 http://URL:8761/eureka。

（2）创建节点 node2 的配置文件 application-node2.properties，将“serviceUrl”指向节点 node1 和 node3。见以下代码：

```
#应用的名称
spring.application.name=Eureka Server Demo
#应用的端口号
server.port=8082
#节点的名称
eureka.instance.hostname=node2
#是否注册到 Eureka Server，默认为 true
eureka.client.register-with-eureka=true
#是否从 Eureka Server 获取注册信息，默认为 true
eureka.client.fetch-registry=true
#设置与 Eureka Server 进行交互的地址，查询服务和注册服务都需要使用它。多个地址可使用“,”分隔
eureka.client.serviceUrl.defaultZone=http://node1:8081/eureka/,http://node3:8083/eureka/
```

（3）创建节点 node3 的配置文件 application-node3.properties，并将“serviceUrl”指向节点 node1 和 node2。见以下代码：

```
#应用的名称
spring.application.name=Eureka Server Demo
#应用的端口号
server.port=8083
#节点的名称
eureka.instance.hostname=node3
#是否注册到 Eureka Server，默认为 true
eureka.client.register-with-eureka=true
#是否从 Eureka Server 获取注册信息，默认为 true
eureka.client.fetch-registry=true
#设置与 Eureka Server 进行交互的地址，查询服务和注册服务都需要使用它。多个地址可使用“,”分隔
eureka.client.serviceUrl.defaultZone=http://node1:8081/ eureka /,http ://node2: 8082/eureka/
```

3.3.3 打包和部署“服务中心”

1. 打包成可执行的 JAR 包

在开发完成后，可以直接用 IDEA 将应用打包成 JAR（WAR）包，以便在多服务器多配置环境中运行。

下面以打包成 JAR 包为例介绍具体操作步骤。

（1）单击 IDEA 右侧上方的“Maven”按钮，在弹出的窗口中单击“lifeCycle→clean”命令，IDEA 就会运行“clean”命令。

（2）待控制台提示完成后，单击 IDEA 右侧上方的“Maven”按钮，在弹出的窗口中单击“lifeCycle→package”命令，此时控制台会出现执行情况的提示信息，然后提示执行完成：

```
[INFO] --- maven-jar-plugin:3.1.2:jar (default-jar) @ demo ---
[INFO] Building jar: I:\Spring Cloud\code\Eureka\Eureka Server\target\demo-0.0.1-SNAPSHOT.jar
[INFO]
[INFO] --- spring-boot-maven-plugin:2.1.7.RELEASE:repackage (repackage) @ demo ---
[INFO] Replacing main artifact with repackaged archive
[INFO] ------------------------------------------------------------------------
[INFO] BUILD SUCCESS
```

在上述信息中，“Building jar:”后就是 JAR 包的目录地址和名称。上述信息显示当前 JAR 包的位置是“I:\Spring Cloud\code\Eureka\Eureka Server\target\”，名称是“demo-0.0.1-SNAPSHOT.jar”。

2. 部署“服务中心”集群

接下来进入打包后的 JAR 包目录，分别以 node1、node2、node3 的配置参数启动“服务中心”Eureka。具体步骤如下。

（1）进入 JAR 目录，在地址栏输入“cmd”命令，按 3 次 Enter 键，即可打开 3 个 DOS 命令窗口。

（2）在 3 个 DOS 命令窗口中分别输入以下命令以启动服务中心。

命令 1：

```
#以 node1 的配置信息启动 Eureka 节点 1
java -jar demo-0.0.1-SNAPSHOT.jar --spring.profiles.active=node1
```

命令 2：

```
#以 node2 的配置信息启动 Eureka 节点 2
java -jar demo-0.0.1-SNAPSHOT.jar --spring.profiles.active=node2
```

命令 3：

```
#以 node3 的配置信息启动 Eureka 节点 3
java -jar demo-0.0.1-SNAPSHOT.jar --spring.profiles.active=node3
```

如果在启动 JAR 包前已经在 IDEA 中启动了工程，则一定要将工程停掉，否则它会抢占端口，导致启动报错。

（3）待各个节点依次启动完成后在浏览器中输入“http://node1:8081”，会显示如图 3-3 所示的“服务中心”管理界面。

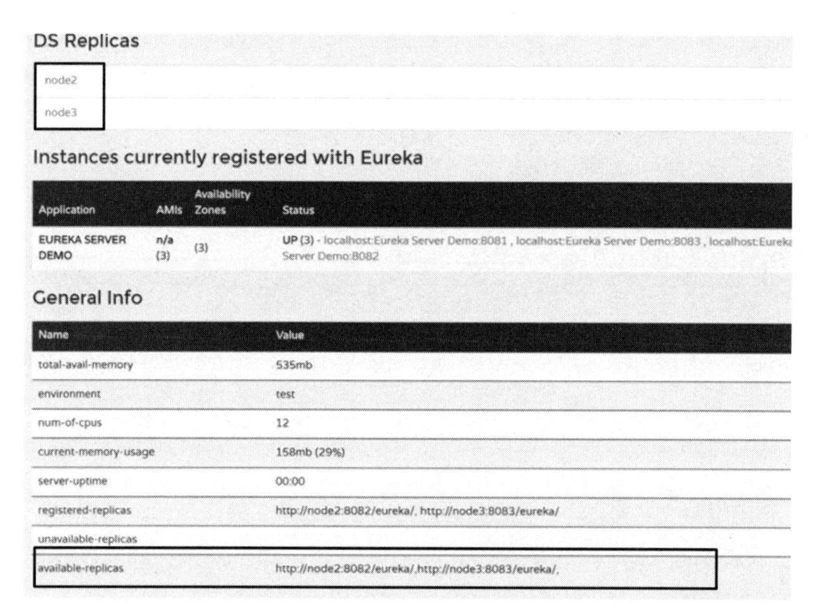

图 3-3　“服务中心”的管理界面

由图 3-3 可知，节点 node1 的“DS Replicas”中已经有了 node2、node3 的配置信息，并且在“available-replicas”中有 node1、node2、node3 的状态信息。如果停止 node2，则会发现 node2 被移动到“unavailable-replicas”一栏中，表示 node2 不可用。

至此多节点“服务中心”集群已经配置完成。

3.4　用 Eureka 实现“服务提供者”

在 3.3 节已经实现了“服务中心”，接下来创建“服务提供者”并将其注册到“服务中心”以便“服务消费者”调用。

代码　本实例的源码在本书配套资源的“/Chapter03/Provider”目录下。

3.4.1　实现“服务提供者”的客户端

1. 创建 Eureka 的客户端项目

参考 3.2 节中创建 Spring Cloud 项目的步骤创建 Eureka 的客户端项目。注意，依赖不是勾选“Eureka Server”，而是勾选“Eureka Discovery Client” 复选框。

2. 添加依赖

在新创建好 Spring Cloud 项目后，需要在项目中的依赖文件中添加依赖。以下是添加依赖后的代码：

```
<!-- Spring Boot 的 Web 依赖-->
<dependency>
<groupId>org.springframework.boot</groupId>
<artifactId>spring-boot-starter-web</artifactId>
</dependency>
<!--Eureka 客户端的依赖-->
<dependency>
<groupId>org.springframework.cloud</groupId>
<artifactId>spring-cloud-starter-netflix-eureka-client</artifactId>
</dependency>
```

3. 添加配置

在配置文件中配置应用的名称和端口号，以及“服务中心”的地址。“服务中心”的地址是在 3.3 节中完成的 3 个“服务中心”集群的地址，见以下代码：

```
#应用的名称
spring.application.name=provider
#应用的端口号
server.port=8000
provider.name=provider0
#“服务中心”的地址
eureka.client.serviceUrl.defaultZone=http://node1:8081/eureka/,http://node2:8082/eureka/,http://node3:808
3/eureka/
```

4. 启用注册和发现

在启动类中添加注解@EnableDiscoveryClient，以启用服务的注册和发现功能，见以下代码：

```
//代表是 Spring Boot 应用程序的入口类
@SpringBootApplication
//启用客户端的服务注册和发现功能
@EnableDiscoveryClient
public class ProviderApplication {
	public static void main(String[] args) {
		SpringApplication.run(ProviderApplication.class, args);
	}
}
```

要用 Eureka 启用客户端服务的注册和发现功能，可以使用注解@EnableEurekaClient 和@EnableDiscoveryClient 来实现。如果是使用其他“服务中心”（如 Zookeeper、Consul），则只能使用注解@EnableDiscoveryClient（它是 Spring Cloud Common 自带的一个注解）来实现。

注解@EnableEurekaClient 是 Eureka 的专用注解。

3.4.2 实现“服务提供者”的接口

该服务接口用于返回字符串信息，以供“服务消费者”调用，具体见以下代码：

```
/**服务接口*/
@RestController
public class HelloController {
    /*注入“服务提供者”的名称*/
    @Value("${provider.name}")
    private String name;
    /*注入“服务提供者”的端口号*/
    @Value("${server.port}")
    private String port;
    /*提供的接口，用于返回信息*/
    @RequestMapping("/hello")
    public String hello() {
        String str="provider:" + name + " port:" + port;
        //返回数据
        return str;
    }
}
```

其中的注解@Value 用于获取配置的信息，将会在 5.5 节详细讲解。

3.4.3 检查服务的有效性

（1）启动“服务中心”集群，并启动“服务提供者”应用。

（2）进入“服务中心”控制台 http://node1:8081/，查看“服务提供者”是否已经在“服务中心”注册过。如果已注册过，则在“Instances currently registered with Eureka”标题栏下方会出现“服务提供者”的应用名称。

（3）访问服务接口 http://localhost:8000/hello，可以看到返回如下消息：

```
provider:provider0 port:8000
```

这说明“服务提供者”的接口正在正常工作。

3.4.4 实现“服务提供者”集群

生产环境中的“服务提供者”也需要是集群，本节演示如何实现“服务提供者”集群。

1. 多环境配置

创建配置文件 application-provider1.properties，加入以下代码：

```
# “服务提供者”的名称
spring.application.name=provider
#“服务提供者”的端口号
server.port=8001
#自定义的配置项
provider.name=provider1
#“服务中心”的地址
eureka.client.serviceUrl.defaultZone=http://node1:8081/eureka/,http://node2:8082/eureka/,http://node3:808
3/eureka/
```

创建配置文件 application-provider2.properties，加入以下代码：

```
# “服务提供者”的名称
spring.application.name=provider
#“服务提供者”的端口号
server.port=8002
#自定义的配置项
provider.name=provider2
#“服务中心”的地址
eureka.client.serviceUrl.defaultZone=http://node1:8081/eureka/,http://node2:8082/eureka/,http://node3:808
3/eureka/
```

2. 打包启动

分别以 provider1、provider2 的配置参数启动“服务提供者”。命令如下：

```
#打包
mvn clean package
#分别以 provider1 和 provider2 配置信息启动“服务提供者”
java -jar demo-0.0.1-SNAPSHOT.jar --spring.profiles.active=provider1
java -jar demo-0.0.1-SNAPSHOT.jar --spring.profiles.active=provider2
```

3.5 用 Feign 实现“服务消费者”

通过 3.3、3.4 节的操作已经创建好了“服务中心”和“服务提供者”，本节将实现“服务消费者”。

代码 本实例的源码在本书配套资源的“/Chapter03/Consumer”目录下。

3.5.1 用 Feign 实现“服务消费者”的客户端

1. 创建 Eureka 的客户端项目

参考 3.3 节的步骤创建 Eureka 的客户端项目（依赖不再勾选“Eureka Server”，而是和创建“服务提供者”一样勾选“Eureka Discovery Client”）。

2. 添加依赖

根据演示需要，添加 Web、Eureka 客户端和 Feign 客户端的依赖，见以下代码：

```
<!--Spring Boot 的 Web 依赖-->
<dependency>
<groupId>org.springframework.boot</groupId>
<artifactId>spring-boot-starter-web</artifactId>
</dependency>
<!--Eureka 客户端的依赖-->
<dependency>
<groupId>org.springframework.cloud</groupId>
<artifactId>spring-cloud-starter-netflix-eureka-client</artifactId>
</dependency>
<!--Feign 客户端的依赖-->
<dependency>
<groupId>org.springframework.cloud</groupId>
<artifactId>spring-cloud-starter-openfeign</artifactId>
</dependency>
```

3. 添加配置

如果“服务消费者”不对外提供服务接口，则不需要将其注册到“服务中心”。现在在“服务消费者”配置文件中配置“服务中心”的地址，见以下代码：

```
#“服务提供者”的名称
spring.application.name=consumer
#“服务提供者”的端口号
server.port=9000
#不注册到“服务中心”
eureka.client.register-with-eureka=false
#“服务中心”的地址
eureka.client.serviceUrl.defaultZone=node1:8081/eureka/,http://node2:8082/eureka/,http://node3:8083/eur
eka/
```

在默认情况下，如果添加了“服务中心”的依赖和地址，并启用了“服务发现”，则该“服务提供者”就会被注册到“服务中心”。如果该“服务提供者”不需要注册，则可以通过配置“eureka.client.register-with-eureka=false”来取消。

3.5.2 调用“服务提供者”的接口

1. 启用客户端的发现和远程调用

在启动类中，添加注解@EnableDiscoveryClient 以启用客户端的服务注册和发现功能，添加注解@EnableFeignClients 以启用 Feign 的远程服务调用。见以下代码：

```
//代表是 Spring Boot 应用程序的入口类
@SpringBootApplication
//启用客户端的服务注册和发现功能
@EnableDiscoveryClient
//启用 Feign 的远程服务调用
@EnableFeignClients
public class ConsumerApplication {
	public static void main(String[] args) {
		SpringApplication.run(ConsumerApplication.class, args);
	}
}
```

2. 调用“服务提供者”接口

Feign 是一个声明式 Web Service 客户端。使用 Feign 能让编写 Web Service 客户端更加简单。具体步骤为：

（1）添加 Feign 的依赖。

（2）在启动类中加入注解@EnableFeignClients。

（3）定义一个接口，在该接口中添加注解以使用它。接口的实现见以下代码：

```
//name：远程服务名，即“服务提供者”在“服务中心”中注册的名字
@FeignClient(name = "provider")
public interface MyFeignClient {
    @RequestMapping(value = "/hello")
    public String hello();
}
```

注解@FeignClient 中的 name 属性值是远程“服务提供者”的名字。

此接口中的方法需要和远程“服务提供者”中的方法名和参数保持一致。

Spring Cloud 对 Feign 进行了封装，使其支持 Spring MVC 标准注解。Feign 可以与 Eureka 和 Ribbon 组合使用以支持负载均衡。

3. 实现客户端接口

接下来将实现的MyFeignClient接口注入Controller层，以实现对该接口的调用，见以下代码。

```
@RestController
public class ConsumerController {
/*注入接口*/
```

```
    @Autowired
    MyFeignClient myFeignClient;
    @RequestMapping("/hello")
public String index() {
//返回内容
    return myFeignClient.hello();
    }
}
```

此接口将提供给最终的用户（设备）。

3.6 测试微服务系统

通过 3.3、3.4、3.5 节的代码实现了一个相对简单的微服务系统。下面来测试它的工作情况。

（1）启动“服务中心”集群、“服务提供者”集群、“服务消费者”。

（2）访问“服务消费者”接口 http://localhost:9000/hello，会返回如下信息：

```
provider:provider1 port:8001
```

因为 3.4 节实现了“服务提供者”负载均衡，所以，当再次访问 http://localhost:9000/hello 时，会返回如下信息：

```
provider:provider2 port:8002
```

如果多次访问 http://localhost:9000/hello，则会交替出现上面两个信息。这说明“服务提供者”集群已经正常工作。

（3）关闭其中任意一个“服务提供者”，再次访问 http://localhost:9000/hello，依然能正常返回信息。

（4）关闭其中任意两个“服务中心”，再次访问 http://localhost:9000/hello，依然能正常返回信息。

至此我们实现了一个相对简单的微服务系统，理清了“服务中心”“服务提供者”“服务消费者”三者的关系，以及集群的概念和用法。

但是，微服务系统的组件非常多，本实例只用到了一小部分。接下来会深入讲解微服务和 Spring Cloud 的基础知识。

第 2 篇　基础

第 4 章 认识微服务

本章将介绍微服务系统架构的优缺点、微服务设计的原则、随着微服务而火热的领域驱动设计、微服务的部署，以及微服务架构与云原生架构的区别。

本章几乎都是纯理论知识，如果你刚开始阅读时有些困难，则可以先跳过本章去阅读其他章，在学习完其他章的内容后再来阅读本章可能会更容易理解。

4.1 微服务的优点和缺点

4.1.1 微服务的优点

微服务具有以下优点。

1. 易于开发和维护

微服务架构中的单个微服务仅关注某一特定的业务功能，因此，单个微服务的开发代码量少、业务复杂度低、业务逻辑清晰、维护容易。

由于整个微服务架构是由许多业务单一且服务自治的单个微服务组成的，因此整个的微服务开发和维护处于一种简单、可控、高效和科学的状态。

2. 启动速度更快

与功能模块都集中在一起的单体应用相比，单个微服务的启动速度更快，这是因为：单个微服务是业务单一的，具有更少的代码，关联更少，并且不需要等待其他功能模块加载完成。

3. 局部修改后容易部署

在系统的开发和运行过程中，经常需要对局部进行修改。但这种修改在单体应用中实现起来非常麻烦：需要在修改完成后重新发布和启动整个项目。

在微服务架构中则不同：在修改了单个微服务后，只需将微服务重新发布、部署即可。还可以利用“蓝绿发布”“灰度发布”实现不停机维护。

4. 技术栈不受限

单体应用的开发常局限于一种开发语言，模块之间的通信基本上是通过调用同一语言的功能函数来实现的。

> 虽然有些语言支持通过代码嵌入其他语言，或者通过 API 调用其他语言开发的外部组件，但有时还是会出现掣肘的情况。

微服务架构可以做到与语言工具无关，开发团队可以根据自己的技术情况和业务需求，自由选择合适的语言和工具来开发模块。

5. 按需伸缩

一般而言，需求总是在不断变化的。在单体应用中，如果想扩展某个模块的功能，则需要考虑其对其他模块的影响。而在微服务架构中，则可以灵活地按需伸缩，不会对其他模块产生性能和扩展能力的影响。根据需求，微服务可以实现细粒度的扩展，比如，可以结合微服务业务的特点来增加相应服务的硬件资源（如果是计算密集型服务，则增加 CPU 资源；如果是 I/O 密集型服务，则增加内存和硬盘资源）。

6. 松耦合（解耦）

微服务的业务单一和服务自治，使得其内部是高内聚的，而微服务之间是松耦合的，因此每个微服务可以很容易按需扩展。

7. 弹性强（允许部分故障）

由于微服务很容易实现高可用的服务集群，并采用服务治理组件来实现服务的治理，因此，部分服务出现故障不会对整体的服务能力和可用性造成很大影响。

除此之外，微服务的优点还有：测试和调试简化、水平扩展独立、复用性高、运维自动化、组织上并行性、灵活性高等。

4.1.2 微服务的缺点

微服务架构虽然是时下极为流行的架构，但也有缺点。微服务存在以下缺点。

1. 运维要求较高

单体应用的运维非常方便，只需要维护整个应用，不涉及太多的集群管理和监控。

而完整的微服务系统一般是由数十、数百、数千个独立的微服务实例构成的。在生产环境中，还需要实现微服务的高可用集群部署（部署多个同样功能的微服务），因此即使在较小规模的微服务系统中，微服务实例的数量也可能达到数万或数十万个。庞大的微服务实例数量使得微服务实例之间的通信、调用、链路跟踪、容错管理变得非常困难和复杂。这给开发和运维都带来了巨大的挑战。

2. 分布式问题

（1）分布式的复杂性。

对微服务架构来说，分布式是必要的技术，但是分布式本身的复杂性会导致微服务架构变得更加复杂。在分布式系统中，系统的容错能力、网络延迟、分布式事务、依赖服务的不稳定等都会带来巨大的挑战。

（2）分布式的事务问题。

分布式的事务一致性问题在微服务系统中更为突出明显。事务一致性方案有以下三种：

- 可靠事件模式（Reliable Event Mode）：通过保证事件收发的高可靠性来保证事务的一致性。
- 补偿模式（Confirm Cancel）：如果最终确认失败，则全部逆序取消。
- TCC 模式（Try Confirm Cancel）：补偿模式的一种特殊实现，通常转账服务会采用这种模式。

（3）分布式的同步调用问题。

在微服务架构中，需要保证“在不确定的环境中交付确定的服务”，即在无法保证所依赖的服务的可靠性的情况下，要保证自己能够正常地提供服务。这个问题可以用 SEDA（Staged Event Driven Architecture，分阶段的事件驱动架构）架构来解决。

SEDA 的核心思想是：将一个请求处理过程划分为多个 Stage（阶段），不同资源消耗的 Stage 使用不同数量的线程进行处理，各个 Stage 之间采用事件驱动的异步通信模式。

3. 接口调整成本高

接口调整主要需要面对以下问题。

（1）调用的修改。

微服务的实例数量众多，如果要调整调用的接口，则可能需要对相关的微服务实例进行调整。

（2）接口文档的编写。

在调整接口后，需要重新发布新的接口文档。如果接口文档过期了，则可能会对其他服务的调用带来影响，因此需要对接口文档进行管理。在开发过程中，可以使用诸如 Word、Wiki、ApiDoc、RAP、DOCLever、CrapApi、Swagger、Yapi 等工具来管理接口文档，解决接口管理和维护的问题。

（3）变更难以跟踪。

微服务的变更变得难以跟踪，可能会出现以下几种情况：

- 接口文档过期。
- 接口文档已经更新但未及时通知。
- 微服务的调用方未能及时处理最新接口文档。
- 依赖的相关数据还没有准备好，不能及时地根据文档验证功能。

技术无法解决所有的问题，需要一套管理体系来协助整个系统的工作。

4．重复劳动

在单体应用开发中，常常可以通过构建抽象的工具类来解决重复编码的问题。但在微服务架构中，尽管很多单个的微服务具有相同的功能，却没法将这些功能抽取出来供服务集群或其他微服务使用，因为微服务之间的调用是远程调用。

尽管共享库算是一种解决方案，但在跨语言环境中共享库也不一定可以使用。因此，在跨语言、跨团队、跨系统的微服务架构中，常存在部分模块重复构建的情况。

对于以上几个问题，可以通过技术、设计、开发原则和规范，以及管理来解决。例如，①制定文档管理规定；②实现统一的认证、配置、日志框架、综合分析监控平台；③搭建持续集成平台等。

这些问题也可以通过使用诸如 Spring Cloud 这样的成熟微服务架构框架来解决。

4.2　微服务设计的原则

微服务设计应遵守以下原则。

1．业务单一原则

业务单一原则是拆分微服务的主要原则，它使得微服务的开发更加优雅、交付更敏捷。在这一原则下，单个微服务模块只关注功能单一、有界限的业务逻辑，从而完成某个特定的功能。比如：

- 会员模块只完成会员注册、登录功能。
- 认证模块只完成认证功能。
- 授权模块只完成对资源的授权功能。

这 3 个微服务模块组成会员的注册登录，实现对资源的认证和授权功能。即，每个微服务可独立运行在自己的进程里，一系列独立运行的微服务模块共同构建起整个系统。

业务单一原则指导着微服务拆分的粒度大小。微服务的粒度是微服务开发中的一个重点和难点，也是一个争论的焦点。是把粒度划分为最小，还是根据代码量的多少来控制粒度，又或是根据业务复杂度来控制粒度，并没有特定的标准，必须根据业务本身进行设计。在微服务的最初设计阶段就应该明确其边界，但一定要做到高内聚、独立和低耦合。

2. 服务自治原则

服务自治是指，每一个微服务都应具备独立的业务能力和运行环境；开发、测试、构建、部署都应该可以独立运行，包括存储的数据库也应是独立的；微服务是独立的业务单元，而不应该依赖其他的微服务，并应能与其他微服务高度解耦。

服务自治带来的好处如下。

- 技术选型灵活：技术选型不受遗留系统技术栈限制，因为微服务与微服务之间采取的是与语言无关的集成，因此不同的业务可以选择不同的技术栈。
- 团队独立和自治：技术团队对服务的整个生命周期负责。在整个微服务架构中，实现“谁开发，谁维护”，这使得整个微服务开发变得高效和独立。
- 开发和演进独立：服务自治使得开发和演进比较独立，微服务之间不相互影响。
- 有利于持续集成和持续交付：在服务自治的原则下，灵活的代码组织方式、可控的发布节奏为持续集成和持续交付奠定了基础。

3. 轻量级通信原则

由于构成微服务系统的微服务数量众多，因此，微服务之间的通信机制应该是轻量级的。轻量级的通信机制应该具备以下两点。

- 体量较轻：通信的语言非常轻量。
- 能跨语言、跨平台：通信方式需要能跨语言、跨平台，这样每一个微服务都有足够的独立性，可以不受技术的限制。例如，REST 协议是一种轻量级的通信机制，而 RMI（Remote Method Invocation，远程方法调用）绑定了 Java 语言的通信协议，不属于轻量级通信协议。在微服务架构中，常用的通信协议有 REST、RPC、AMQP、STOMP、MQTT 等。

4. 接口明确原则

微服务之间存在调用关系，为了避免以后因为某个微服务的接口发生变化而导致其他微服务都需要调整，所以在设计之初就要让这些接口尽可能具有通用性和灵活性。

5. 弹性（容错性）设计原则

弹性几乎是所有系统的基本要求。在微服务系统中，在依赖的服务宕机、网络连接出现问题时，应能自动隔离服务、限制使用资源，或者对服务降级，即系统具有自我保护能力。

目前市场上有许多成熟的方案可供选择，比如 Hystrix，它提供了熔断、回滚等功能。

6. 自动化原则

微服务架构也面临着许多的挑战，我们最好提供一套自动化方案来解决这些问题，因为在复杂的微服务体系下，以人工方式来运维显然是不合理的。能够自动化的一定要实现自动化，应该用自动化和标准化的方法来提高效率，降低成本。

（1）自动化测试。

在微服务架构中，测试是一个极其复杂的过程。自动化测试可以减轻测试的负担，并且能够保证大量的微服务模块正常工作。

（2）自动化监控与管理日志。

监控和管理日志是指，监控微服务的状态、快速定位异常或错误。在微服务架构中，这两个功能尤为重要，因为微服务实例数量庞大、服务间调用极为复杂。

① 监控功能主要包括监控服务的可用状态、请求流量、调用链、错误计数、服务依赖关系等内容，以便及时发现问题并解决问题。也可以根据监控状态来及时调整系统负载、过载保护等，从而保证系统的稳定性和高可用。

- 微服务可用性的监控，可以使用 Spring Boot Admin 组件。
- 熔断器机制可以使用 Hystrix。它还可以收集一些请求的基本信息（比如请求响应时间、访问统计、错误统计等），并提供现成的 Dashboard 将信息可视化。
- 性能监控和调用链追踪，可以使用 Dynatrace、Sleuth 或 Zipkin。

② 日志功能主要包括对微服务日志的收集、聚合、展现、搜索及报表。现在已经有很多好的解决方案了，比如商业解决方案 Splunk、Sumologic，以及 ELK 这个开源产品。

（3）持续集成和持续交付。

持续集成是指，频繁地将代码集成到主干。这样做可以迅速发现错误，防止分支过度偏离主干，从而实现快速迭代并保证软件质量。

持续交付是指，频繁地向测试人员和用户交付系统的新版本，以便进行测试和评审。

（4）持续部署。

持续部署是持续交付的下一个步骤，是指将通过的代码自动部署到生产环境中。自动化部署是减少发布和部署的难度、复杂性和烦琐程度的过程。现有很多成熟的解决方案，比如 Jenkins + Fastlane（Jenkins 能自动检测 Git 代码的上传，然后调用脚本代码）。

4.3 领域驱动设计（DDD）

在掌握了微服务的以上 6 点设计原则后，即可根据业务情况对系统进行拆分了。但是，当我们具体实施时会发现还缺少一种方法论——不知道拆分到底是依据代码行数、职责的划分，还是组织的结构。

领域驱动设计（Domain Driver Design，DDD）为微服务的划分提供了方法论，它能解决在微服务拆分中遇到的粒度问题。在微服务刚兴起时，很多企业和架构师对它都没有一个统一、明确的定义。领域驱动设计的限界上下文（Bounded Context）很好地回答了这个问题。这也是领域驱动设计最近几年流行起来的原因之一。

我们需要从以下几个方面来理解领域驱动设计。

1. 问题域

要开发一个系统，一般情况下就是出现了问题需要去解决，或者为未来的战略（问题）做好准备。比如，开发一个电商系统以解决产品线上销售的问题，开发一个 CRM 系统以解决客户关系管理问题。要开发软件是因为遇到了问题，通过问题域可以知道需要一个什么样的系统（即系统的目标）。

2. 领域

领域即边界。任何一个系统只能解决某一个边界内的问题，不可能解决漫无边际的问题。

通过领域分析可以明确具体的需求。例如，

- 聊天 App 的核心业务是发送消息、接收消息、消息提醒等。
- 电商系统的核心业务是产品模块、会员模块、购物模块、支付模块、物流模块等。

问题域指导我们进行领域驱动设计，以解决领域中出现的问题。

但是领域不只是边界，还包含规则（即某个业务边界内的业务逻辑），例如我们常说的“领域知识”和“领域规则”等概念。

3. 设计

在确定了领域后，需要在领域中进行模型的设计。

DDD 是一种基于模型驱动开发的软件开发思想，它可以帮助我们解决复杂的业务问题。每一个领域问题对应一个领域模型。领域建模的方法有四色建模、OOAD（Object Oriented Analysis Design，面向对象的分析和设计）、事件风暴等。

4. 驱动

在 DDD 中，我们以领域为边界分析领域中的核心问题，根据核心问题设计对应的领域模型，再根据领域模型来驱动代码的实现。

总体来说，DDD 是一种处理高度复杂领域的设计方法，围绕业务概念构建领域模型，控制业务的复杂性，从而解决软件难以理解、难以演化等问题。DDD 是一种分离业务复杂度和技术复杂度的思想。

DDD 总体结构分为四层：Infrastructure（基础设施层）、Domain（领域层）、Application（应用层）、Interfaces（表示层，也被叫作“用户界面层”或“接口层”）。

成功实施 DDD 的条件主要有两个：迭代的开发过程、访问领域专家。

- 迭代的开发过程：它是 DDD 的生命力量。
- 访问领域专家：要和领域中的专家一起进行深入研究。

5. 限界上下文

限界上下文用来封装通用语言和领域对象，它为领域提供了上下文语境，保证领域内的术语、业务相关对象等具有一个确切的含义，不存在歧义。

4.4 跨服务的事务管理模式

事务是单个逻辑工作单元执行的一系列操作，要么完全地执行，要么完全地不执行。一个逻辑工作单元要成为事务，必须满足 ACID 属性。

- A：原子性（Atomicity），事务中的操作要么都不做，要么就全做。
- C：一致性（Consistency），在事务执行完后，数据库从一个一致性状态转换到另一个一致性状态。
- I：隔离性（Isolation），一个事务的执行不能被其他事务干扰。
- D：持久性（Durability），一个事务一旦提交，它对数据库中数据的改变就应该是永久性的。

在微服务架构中，进行事务管理主要有以下几种模式。

4.4.1 2PC/3PC 算法模式

2PC/3PC（Two/Three Phase Commit，两阶段/三阶段提交）是为了使分布式系统中的所有节点在进行事务处理的过程中能够实现 ACID 特性而设计的一种算法。

1. 2PC 算法

2PC 算法把事务阶段分为两个阶段。

（1）提交事务阶段。

在该阶段中，事务管理器要求每个涉及事务的资源管理器进行预提交操作，资源管理器返回是否可以提交的信息。提交事务阶段工作流程如图 4-1 所示。

从图 4-1 可知，具体的工作流程为：

①发送询问：事务管理器询问所有的资源管理器是否可以执行提交操作。

②执行事务：各个资源管理器执行事务操作。如：资源上锁、将 Undo 和 Redo 信息记入事务日志中。

③资源管理器应答事务管理器：如果资源管理器成功执行了事务操作，则反馈信息给事务管理器。

（2）执行事务提交阶段。

在该阶段中，事务管理器要求每个资源管理器提交或回滚数据。该阶段的工作流程如图 4-2 所示。

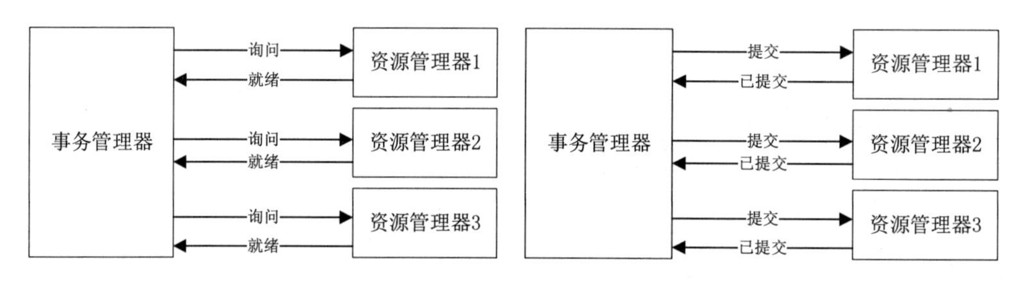

图 4-1 提交事务阶段的工作流程　　图 4-2 执行事务提交阶段的工作流程

如果事务管理器从所有的资源管理器获得的反馈都是就绪的响应，则会执行事务提交。具体工作流程如下：

①提交请求：事务管理器向资源管理器发送事务提交（Commit）请求。

②事务提交：资源管理器接收到提交请求后，正式执行事务提交操作，并在完成提交之后释放事务资源。

③反馈事务提交结果：资源管理器在完成事务提交之后，向事务管理器发送已提交（Ack）消息。

④完成事务：事务管理器接收到所有资源管理器反馈的已提交消息后完成事务。

假如某个资源管理器向事务管理器反馈了“未提交”响应，或者在等待超时之后事务管理器尚未接收到所有资源管理器的反馈信息，则会中断事务。其流程如下：

①发送回滚请求：事务管理器向资源管理器发送 Rollback 请求。

②事务回滚：资源管理器利用 Undo 信息来执行事务回滚，释放事务资源。

③反馈事务回滚结果：资源管理器在完成事务回滚之后向协调者发送 Ack 消息。

④中断事务：事务管理器在接收到所有参与者反馈的 Ack 消息之后中断事务。

2. 2PC 算法存在的问题

2PC 算法存在以下问题。

- 单点问题：一旦事务管理器出现问题，则整个第二阶段的提交将无法运转；如果事务管理器在执行事务提交阶段中出现问题，则其他资源管理器会一直处于锁定事务资源的状态，无法继续完成操作。
- 阻塞问题：在执行事务提交阶段中执行了提交动作后，事务管理器需要等待资源管理器中节点的响应。如果没有接收到其中任何节点的响应，则事务管理器进入等待状态，此时其他正常发送响应的资源管理器将进入阻塞状态，无法进行其他任何操作，只有等待超时中断事务。这极大地限制了系统的性能。

在 3PC 算法中，为了解决在 2PC 算法中存在的问题引入了以下机制。

- 解决单点问题：在资源管理器一方也引入超时机制。
- 解决阻塞问题：此阶段并不锁定资源，这样可以大幅降低产生阻塞的概率。

3. 3PC 算法

3PC 算法将 2PC 算法的提交事务阶段分成了 CanCommit、PreCommit 和 doCommit 三个阶段。

三段提交的核心理念是：在询问时并不锁定资源，除非所有人都同意了才开始锁资源。

无论是 2PC 算法还是 3PC 算法都存在数据一致性的问题。

- 2PC 算法：如果事务管理器只给部分参与者发送了 Commit 请求，则会出现部分资源管理器执行了提交（Commit），部分没有提交，出现不一致问题。
- 3PC 算法：如果资源管理器无法及时收到来自事务管理器的信息，则它会默认执行 Commit，而不会一直持有事务资源并处于阻塞状态。

2PC/3PC 算法能够很好地提供强一致性和强事务性来解决分布式事务问题，但延迟比较高，比较适合传统的单体应用，不适合高并发和高性能要求的场景。

4.4.2 TCC 事务机制模式

TCC 实现了 Try、Confirm、Cancel 三个操作的接口。

- Try：该接口检查所有的业务（一致性），并预留业务资源（隔离性）。
- Confirm：该接口不检查业务，只执行业务，使用的是 Try 阶段预留的业务资源。
- Cancel：该接口取消执行业务，释放 Try 阶段预留的业务资源。

TCC 和 2PC/3PC 算法的工作流程的区别如图 4-3 所示。

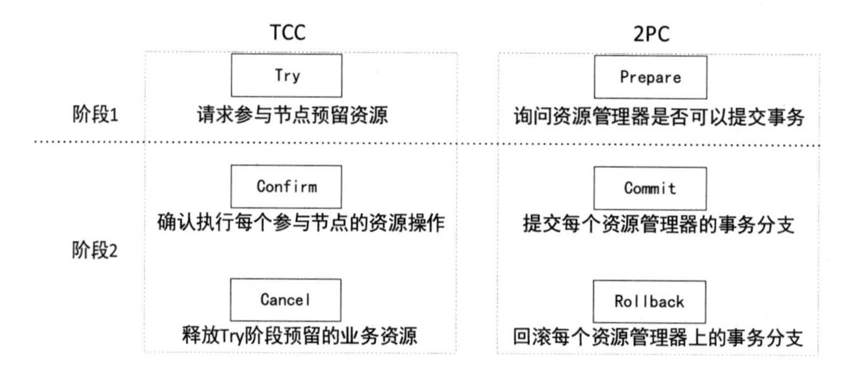

图 4-3　TCC 和 2PC/3PC 工作流程的区别

总体来说：

- 2PC/3PC 是强一致，是资源层面的分布式事务，在两阶段提交的整个过程中一直会持有资源的锁。
- TCC 是最终一致，是业务层面的分布式事务，不会一直持有资源的锁。

4.4.3 消息中间件模式

多个系统之间的同步通信很容易造成阻塞，会将这些系统耦合在一起。因此，可以引入消息中间件来进行异步处理、系统解耦、流量削峰、事务管理等。消息中间件是基于最终一致性来管理事务的。

需要保证以下 3 要素：

- 消息生产者一定要将数据消息投递到消息中间件服务器中（如 RabbitMQ）。可以通过消息确认机制来保证成功投递。

- 消息消费者能够正确消费消息。可以采用手动 ACK 模式，这里需要注意重试幂等性问题。
- 保证第一个事务先执行。可以采用补偿机制。

主流的开源消息中间件有 ActiveMQ、RabbitMQ、Kafka、Redis、RocketMQ。

4.4.4　Saga 模式

Saga 模式的核心思想是：将长事务拆分为多个可以交错运行的子事务集合，其中的每个子事务都保证事务的一致性。整个运行过程由 Saga 事务协调器来协调，如果每一个子事务都正常结束，则整个事务正常完成；如果某个子事务失败，则整个事务失败，会根据相反顺序执行补偿操作。

每个 Saga 由一系列子事务 T 组成，每个 T 都有对应一个补偿动作 C，补偿动作 C 用于撤销 T 造成的结果。

可以看到，和 TCC 相比，Saga 没有“尝试动作”，它的 T 就是直接提交到库。

Saga 的执行顺序有以下两种（其中 $0 < j < n$）。

- 成功的执行顺序：T_1,T_2，T_3，…，T_n。
- 最终失败的执行顺序：T_1，T_2，…，T_j，　C_j,…，C_2，C_1。T_j代表执行失败，T_j执行失败后，会执行补偿动作 C_j，…，C_2，C_1 来进行撤销执行。

Saga 定义了以下两种恢复策略。

- backward recovery：向后恢复，补偿所有已完成的事务。如果任一子事务失败，则撤销之前所有成功的 sub-transation，整个 Saga 的执行结果被撤销。
- forward recovery：向前恢复，重试失败的事务，假设每个子事务最终都会成功。适用于必须要成功的场景，该情况下不需要 C_j。

4.4.5　Paxos 算法模式

Paxos 算法是 Lamport（莱斯利 · 兰伯特）提出的一种基于消息传递的一致性算法。这个算法被认为是类似算法中最有效的。Paxos 算法解决在分布式系统中如何就某个值（决议）达成一致。

Paxos 自问世以来就持续垄断了分布式一致性算法。Paxos 这个名词几乎等同于“分布式一致性”。

Paxos 将系统中的角色分为以下 3 个角色。

- Proposer：提议者，提出提案（Proposal）。Proposal 信息包括提案编号（Proposal ID）和提议的值（Value）。
- Acceptor：决策者，参与决策，回应 Proposers 的提案。如果收到的 Proposal 获得了多数 Acceptor 接受，则 Acceptor 称该 Proposal 被批准。
- Learner：学习者，不参与决策，从 Proposers/Acceptors 学习最新达成一致的提案（Value）。

Paxos 算法运行在允许宕机故障的异步系统中，它不要求可靠的消息传递，也容忍消息丢失、延迟、乱序和重复。它利用大多数（Majority）机制保证了“2F+1”的容错能力，即“2F+1”个节点的系统最多允许 F 个节点同时出现故障。

4.5 跨服务的查询模式

在微服务系统架构中，跨多个服务间的数据查询需求是很常见的。进行跨服务查询模式有两种：API 组合器模式和 CQRS 模式。

4.5.1 API 组合器模式

API 组合器模式是指，通过构建 API 组合器来调用多个服务，并将多个服务返回的结果组合在一起。其工作原理如图 4-4 所示。

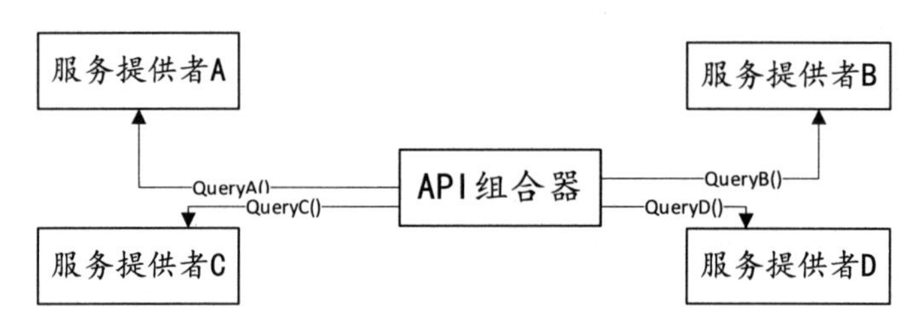

图 4-4　API 组合器模式的工作原理

API 组合器通常可以由服务消费者、网关和特别构建的服务来完成工作。

4.5.2 CQRS 模式

CQRS（Command Query Responsibility Segregation，命令查询职责分离）从业务上分离“读”和“写”行为，从而使得逻辑更加清晰，便于对不同部分进行针对性的优化。这里的“读”指 Query，不会对系统状态进行修改；这里的“写”指 Command（增加、删除、修改），会改变系统的状态。

CQRS 来自 Betrand Meyer（Eiffel 语言之父，开-闭原则 OCP 提出者）的概念。其基本思想是，任何一个对象的方法可以分为两大类。

- 命令（Command）：不返回任何结果（void），但会改变对象的状态。
- 查询（Query）：返回结果，但是不会改变对象的状态，对系统没有副作用。

CQRS 的工作流程如图 4-5 所示。

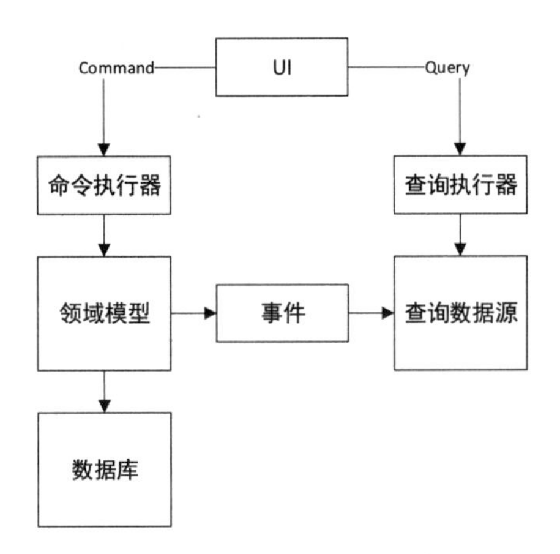

图 4-5　CQRS 的工作流程

在 CQRS 中，强调“读”（Query）和“写”（Command）分离，对于 Query 可能获得过时数据的问题，可以使用 Event（事件）机制来解决。在执行了“写”（Command）之后，可以发布一个事件来修改“查询数据源”。

了解 CQRS 之后，构建跨服务的查询思路已经明朗了，可以通过构建跨服务查询的“查询数据源”来实现。

4.6　微服务部署

4.6.1　部署模式

微服务的最初上线的部署模式主要有以下几种：

- 按照编程语言发布特定的语言包格式部署。比如 Java 可以打包成 WAR 包或 JAR 包。
- 将服务部署在虚拟机。
- 将服务部署到容器。容器化技术 Docker 和 Kubernetes 极大地方便了微服务的部署，可以说是时下最流行的微服务部署方式。

- 无服务部署 Serverless。Serverless 架构让人们不再操心运行所需的资源，只需关注自己的业务逻辑，并且只为实际消耗的资源付费。

4.6.2 升级模式

在微服务系统的部署和演进的过程中，蓝绿部署、A/B 测试、灰度发布、滚动发布、红黑部署等概念经常被提到和使用。

1. 蓝绿部署

有一种“不睡觉的”生物——海豚。科学研究表明，海豚有左右脑，并且左右脑可以交替休息和独立工作，所以海豚可以不睡觉。

蓝绿部署和海豚不睡觉有相似之处，可以做到不停机维护。当有新版本需要升级时，可以采取以下步骤进行。

（1）把老版本的服务集群分成蓝和绿两个部分。

（2）把全部访问流量切换到集群的绿色部分来提供服务，如图 4-6 所示。

（3）升级蓝色部分的集群。

（4）当新版本在蓝色的机器集群中部署完成后，把全部流量切换到刚升级完成的蓝色集群中，如图 4-7 所示。

（5）升级绿色部分的集群。

（6）当绿色集群升级完成后，把流量切换到全部的集群中。

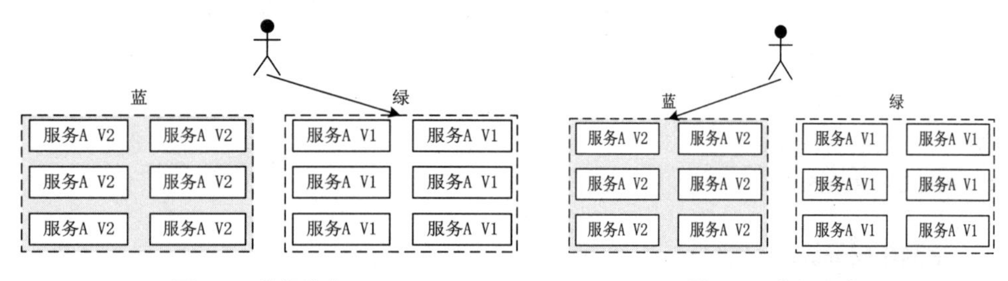

图 4-6　蓝绿发布　　　　图 4-7　蓝绿发布

这样处理的好处是：维护时不需要停机，旧版本的状态不受影响，而且升级的风险很小。如果旧版本的资源没有被删除，并且新版本符合回滚的要求，则理论上我们可以随时回滚到旧版本。

2. 滚动部署

滚动部署也是一种升级部署方式，可以保证系统不间断地提供服务。

与蓝绿部署不同，滚动部署是一种在更细的粒度下平滑升级版本的方式。它一般是取出一个或多个节点停止服务，然后执行更新，更新完成后再将这些停止的节点重新投入使用，直到集群中所有的实例都被更新成新版本为止。

滚动部署是指，对集群中的不同节点独立进行版本升级，如图 4-8 所示。由于它提供了两个版本的服务，因此可能会导致数据错乱的问题，并且发布和回退速度比较缓慢。但是，滚动部署对用户体验的影响小，过渡较平滑。

3. 灰度发布（金丝雀发布）

灰度发布又名“金丝雀发布”，是一种能够平滑发布的方式。灰度发布很像滚动发布，但是它在灰度期（指灰度发布从开始时间到结束时间这段时期）需要进行 A/B 测试。

A/B 测试是指，让一部分用户继续用产品特性 A（V1 版本），另一部分用户开始用新的产品特性 B（V2 版本），如果用户对产品特性 B 没有反对意见，则把所有用户都迁移到 B 上，如图 4-9 所示。

灰度发布可以保证整个系统的稳定性，在灰度期可以发现、调整问题。

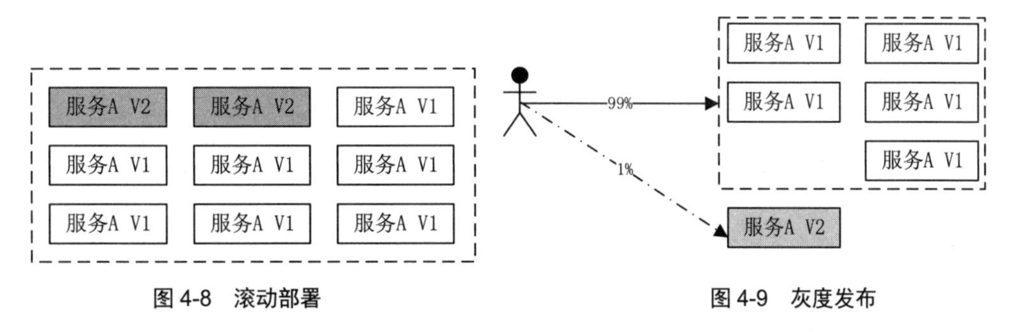

图 4-8　滚动部署　　图 4-9　灰度发布

灰度发布主要考虑以下几个问题：

（1）部署策略。

（2）路由分发策略。路由分发策略即流量导入策略。可以基于用户特征来设定路由分发策略，比如可以根据用户等级、ID 的奇数偶数、IP 地址、地区等来设定。

（3）数据库的灰度发布。

调整数据库可能会带来很多的问题。如果没有必要，则不要轻易对数据库相关的字段等进行调整。因为，修改数据库字段会带来关联问题，拆分为两套数据库又难以实现数据的处理和同步。

如果数据库结构确实需要调整，则尽量通过增加数据库的字段来实现。

4.7 微服务架构与云原生的关系

4.7.1 了解云原生

1. Pivotal 公司定义的云原生

2013 年 Pivotal 公司（Java 开源开发框架 Spring、Spring Boot、Spring Cloud 的开发者）提出了“云原生”的概念，并推出了云原生应用平台 Pivotal Cloud Foundry。它提出了云原生应用架构的如下几个主要特征：

（1）面向微服务架构。

（2）抗脆弱性。

（3）自服务敏捷架构。

（4）基于 API 的协作。

（5）符合 12 条原则（12-Factors，由 Heroku 提出）。

2. CNCF 定义的云原生

2015 年，谷歌牵头成立了云原生计算基金会（Cloud Native Computing Foundation，CNCF），目前已有一百多家企业与机构加入其中，包括亚马逊、微软、思科等。目前 CNCF 所托管的应用已达 14 个。

CNCF 对云原生做了重新定义：云原生技术帮助公司或组织在公有云、私有云和混合云等新型动态环境中构建和运行可弹性扩展的应用。

云原生的代表技术有：

- 容器。
- 服务网格。
- 微服务。
- 不可变基础设施。
- 声明式 API。

云原生的三大特征如下。

（1）容器化封装。

容器化封装是指，以容器为基础，在容器中运行应用和进程，并将封装化的容器作为应用部署的独立单元。这实现了高水平的资源隔离，提高了整体开发和部署水平，可复用代码和组件，简化了维护。

（2）动态管理。

通过集中式的编排调度系统可以实现动态的管理和调度。

编排调度的开源组件有：Docker、Kubernetes、Mesos 和 Docker Swarm。它们为云原生应用提供了强有力的编排和调度能力，目前首选用 Kubernetes（K8s）进行容器的编排管理。

（3）面向微服务。

明确服务间的依赖，互相解耦。

3. 本书定义的云原生

云原生（Cloud Native）是一种面向云环境而设计的运行环境。它基于微服务架构思想，以容器技术为载体，是一种产品研发和运营的新模式，可以帮助企业快速、持续、可靠、规模化地交付软件。云原生由微服务架构、持续交付、容器、以 DevOps 为代表的敏捷基础架构组成。

4.7.2　微服务架构和云原生架构的区别

架构师和开发工程师通常以微服务为核心，然后把 CI/CD、DevOps、容器等包含进来。

而运维工程师则是以云原生为核心，以容器等基础设施环境为基础，把微服务、CI/CD、DevOps 等包含进来。

微服务体系更多是从业务角度来获取相关的管理支持，如研发过程中的敏捷、研发规范和度量、运维过程中的 CI/CD 等。而云原生架构更多的是从基础设施的角度来讲述如何支撑 DevOps 和 CI/CD。

微服务是应用程序的软件架构，它是基于分布式计算的。应用程序即使不采用微服务架构也可以是云原生的，例如分布式单体应用。

云原生更侧重应用程序的运行环境，例如以 K8s 和容器为基础的云环境。

第 5 章 Spring Cloud 基础

本章主要讲解 Spring Cloud 的生态、总体架构、项目结构和入口类等基础知识，为后继各章的学习奠定基础。

因为 Spring Cloud 是基于 Spring Boot 的，而 Spring Boot 又是基于 Spring 的，所以本章也会介绍一些关于 Spring Boot 和 Spring 的注解、依赖、入口类、配置文件、MVC、WebFlux 等相关知识。

5.1 了解 Spring Cloud 生态

5.1.1 Spring Cloud 的总体架构

Spring Cloud 的总体架构如图 5-1 所示。从图 5-1 中可以看到，整个阴影部分都是围绕 Spring Cloud 而生的，Spring Cloud 的生态（子项目和集成的其他开源项目）相当完善。

这个架构太庞大了，如果想学好 Spring Cloud，则需要理清它们的关系和功能。

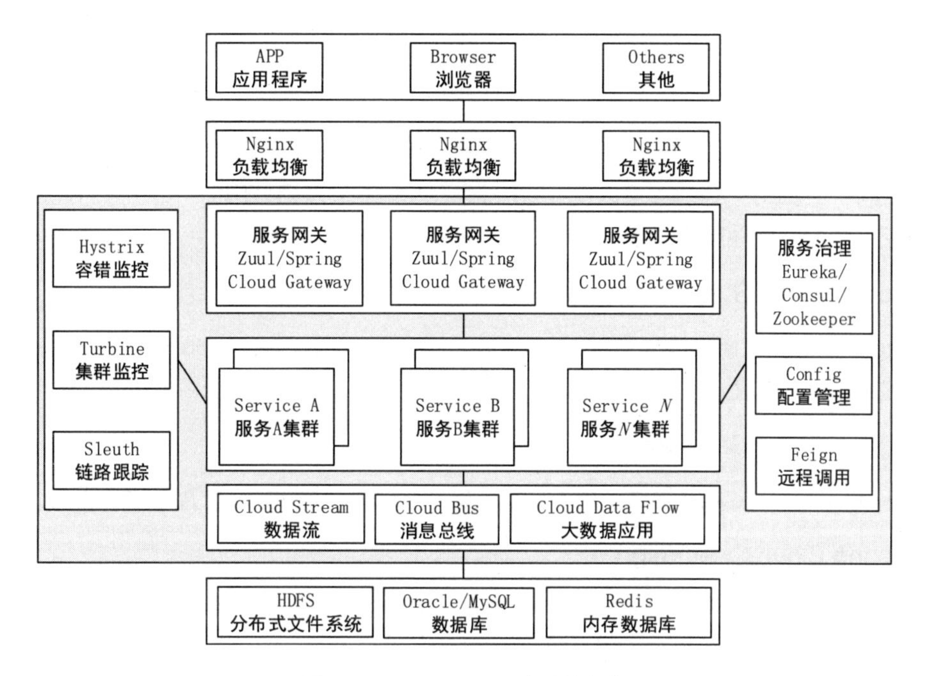

图 5-1　Spring Cloud 的总体架构

5.1.2　主要子项目

1. Spring Cloud Config

Spring Cloud Config 是配置管理工具，通过它可以把配置信息放到远程服务器中，从而集中管理集群配置。它目前支持本地存储、Git 和 Subversion 三种存储方式。这些储存的配置资源被直接映射到 Spring 环境。如果需要，还可以将 Spring Cloud Config 提供给非 Spring 应用使用。

Spring Cloud Config 的使用非常简单方便。首先，把外部配置文件集中放置在一个 Git 仓库里；然后，新建一个 Config Server 来管理所有的配置文件。如果需要更改配置，则直接在本地更改然后推送到远程仓库即可。

所有的服务实例都可以通过 Config Server 来获取配置文件，每个服务实例相当于配置服务的客户端。如果需要保证配置管理的高可用，则可以通过 Config Server 集群来实现。

2. Spring Cloud Consul

Spring Cloud Consul 封装了 Consul。Consul 是 HashiCorp 公司用 Go 语言开发的一个服务治理软件。它包含服务治理、健康检查、Key-Value 存储、多数据中心功能。我们可以直接下载 Consul 的服务器端可执行文件来使用它。

3. Spring Cloud Sleuth

Spring Cloud Sleuth 为 Spring Cloud 应用提供了分布式追踪解决方案，为服务之间的调用提供了链路追踪。它封装了 Dapper、Log-based 追踪（ELK）、Zipkin 和 HTrace 操作。

通过 Spring Cloud Sleuth 可以追踪到一个服务请求经过了哪些服务、每个服务处理花费了多长时间。它可以很方便地厘清各微服务间的调用关系。

4. Spring Cloud Starters

Spring Cloud Starters 是 Spring Boot（Spring Cloud 基于 Spring Boot）式的项目，为 Spring Cloud 提供了“开箱即用”的依赖管理。

5. Spring Cloud Gateway

Spring Cloud Gateway 提供了一种简单而有效的方式来对微服务的 API 进行路由。

6. Spring Cloud OpenFeign

Spring Cloud OpenFeign 封装了声明式的 Web Service 客户端 Feign，它使得编写 Web Service 客户端变得更为容易。它支持 Feign 注解和 JAX-RS 注解，还支持热插拔的编码器和解码器。Spring Cloud 支持 Feign 在 Spring MVC 中使用，并整合了 Ribbon 和 Eureka 以便在使用 Feign 时提供负载均衡。

7. Turbine

Turbine 是聚合服务器。它用来发送事件流数据，以监控集群中 Hystrix 的 Metrics（指标）情况。通过 Turbine 可以监控集群的请求量，从而知道系统的请求高峰期，以便更好地发现系统的问题。

5.1.3 Netflix 家族项目

2019 年 10 月，毕马威发布了《颠覆性公司和商业模式》报告，报告显示 Amazon、Apple、Alibaba、DJI、Google、Netflix、Airbnb、Microsoft、Facebook、Baidu 等公司是最具颠覆性的公司。从中可以看到，阿里巴巴集团和 Netflix 公司被列为第 3 位和第 6 位，它们都是对 Spring Cloud 等开源产品做出巨大贡献的公司（Netflix 对 Spring Cloud 的贡献要早于阿里巴巴）。

Spring Cloud 可以集成 Netflix 公司开源的各种 Netflix OSS（Object Storage Service，对象存储服务）组件（Eureka、Hystrix、Zuul、Archaius），组成微服务的核心。

1. Eureka

Eureka 是服务治理组件，它基于 REST 的服务，包含服务注册与服务发现功能，具体用法见本书第 3 章的实例。

2. Hystrix

Spring Cloud 可以整合 Hystrix 来对微服务进行容错管理。即使将服务做成集群也不能保证其100%安全和可用，所以，为了防止因服务与服务之间的依赖性，单个服务出现故障导致整个微服务系统崩溃，则需要做容错处理。

3. Zuul

Zuul 主要提供路由和过滤功能。它是各种服务的统一入口，还可以提供动态路由、监控、授权、安全、调度等功能。

4. Archaius

Spring Cloud 整合 Archaius（配置管理工具）来配置管理 API。Archaius 提供了动态类型化属性、线程安全配置操作、轮询框架、回调机制等功能。

Archaius 可以实现动态获取配置，获取的原理是每隔 60s（默认）从配置源读取一次内容，这样在修改了配置文件后不需要重启服务即可使修改后的内容生效。

5.1.4 阿里巴巴家族项目

阿里巴巴对 Spring Cloud 的贡献越来越大，它开源了以下组件。

1. Sentinel

Sentinel 是一个流控组件，它以流量作为切入点，可以从流量控制、熔断降级、系统负载保护等多个维度保护服务的稳定性。

2. Nacos

Nacos 和 Eureka、Consul 一样也是一个服务治理的项目，它提供了动态服务发现、配置管理和服务管理平台。

3. RocketMQ

RocketMQ 是和 RabbitMQ 类似的一种消息中间件，它基于高可用分布式集群技术提供低延时、高可靠的消息发布/订阅服务。

4. Dubbo

Dubbo 是一款高性能 Java RPC（Romote Procedure Call，远程过程调用）框架。

5. Seata

Seata 是一个高性能的微服务分布式事务解决方案。

6. Alibaba Cloud ACM

Alibaba Cloud ACM 是一个应用配置中心，它用于在分布式架构环境中对应用配置进行集中管理和推送。

7. Alibaba Cloud SchedulerX

它是一个基于 Cron 表达式的任务调度服务，可提供秒级、精准、高可靠、高可用的定时任务调度功能。

5.1.5 其他子项目

除以上常用的项目外，Spring Cloud 还有以下子项目。

1. Spring Cloud Bus

它是将“服务实例”与“分布式消息传递”链接在一起的事件总线。它可以在集群中传播状态更改（如配置更改）,还可与 Spring Cloud Config 联合实现热部署。

2. Spring Cloud Cloudfoundry

Spring Cloud 集成了 Cloud Foundry。Cloud Foundry 是 VMware 推出的业界第一个开源 PaaS（Platform as a Service）云平台，它支持多种框架、语言、运行环境、云平台及应用服务，使开发人员能够在几秒钟内进行应用的部署和扩展。将应用与 Pivotal Cloud Foundry 集成，使得用 SSO 和 Oauth 2.0 保护资源变得容易。使用 Cloud Foundry 无须担心任何基础架构的问题。

3. Spring Cloud Open Service Broker

它是一个用于构建 Open Service Broker API 的 Spring Boot 应用的框架。Spring Cloud Open Service Broker API 项目使得开发人员能够为云平台（如 Cloud Foundry、Kubernetes 和 OpenShift）中运行的应用提供服务。

4. Spring Cloud Cluster

它提供了分布式系统中的集群所需要的基础功能支持，例如选举、集群的状态一致性、全局锁、Tokens 等常见状态模式的抽象和实现。

5. Spring Cloud Security

它是一个基于 Spring Security 的安全工具包，为应用添加安全控制。

6. Spring Cloud Data Flow

它提供了统一编程模型和托管服务，用于开发和执行 ETL、批量运算和持续运算。简单说，它提供了一种用于处理大规模数据的模式。

7. Spring Cloud Stream

它是一个创建消息驱动微服务应用的框架，基于 Spring Boot 创建，通过事件触发任务。它封装了 Redis、Rabbit、Kafka 等来发送和接收消息，用来创建工业级的 Spring 应用。

8. Spring Cloud Task

它主要用来进行微服务的任务管理、任务调度。

9. Spring Cloud Task App Starters

它用于启动应用和进程（包括不能永久运行的 Spring Batch 作业），并且会在数据处理完后终止。

10. Spring Cloud Zookeeper

Spring Cloud 集成了 Zookeeper。ZooKeeper 是 Hadoop 和 Hbase 的重要组件，提供了配置维护、域名服务、分布式同步、组服务、服务治理等功能。

11. Spring Cloud Connectors

它用来简化连接到服务和从云平台获取操作的过程。它有很强的扩展性，可以用来构建云平台。

12. Spring Cloud CLI

它可以用命令行方式快速建立云组件。

13. Spring Cloud Contract

它为通过 CDC（Customer Driven Contracts）开发基于 JVM 的应用提供了支持。它为 TDD（测试驱动开发）提供了一种新的基于接口的测试方式。

14. Spring Cloud Function

它提供了一个通用的模型，用于在像 Amazon AWS Lambda 这种 FaaS（Function as a Service，函数即服务）平台上部署基于函数的软件。

5.1.6 常用的技术栈

开发微服务常用的技术栈如下。

- 服务开发：Spring Boot、Spring MVC、Spring。
- 服务的注册与发现：Eureka、Consul、Zookeeper。
- 服务的配置与管理：Spring Cloud Config、Archaius、Diamond、Apollo、Nacos 等。
- 服务的调用方式：Rest、GRPC、RPC。
- 服务的熔断器：Hystrix、Envoy 等。

- 负载均衡：Ribbon、Nginx、F5。
- 服务接口调用：Feign、Kafka、RabbitMQ 等。
- 服务监控：Spring Boot Admin、Zabbix、Nagios、Metrics、Spectator 等。
- 全链路追踪：Zipkin、Brave、Dapper 等。
- 服务部署：Docker、Open Stack、Kubernetes 等。
- 数据流操作开发包：Spring Cloud Stream（封装 Rabbit、Kafka 等来发送接收消息）。
- 事件消息总线：Spring Cloud Bus。
- 安全管理：Spring Cloud Security、Shiro。

5.2 了解 Spring Cloud

5.2.1 Spring Cloud 与 Spring、Spring Boot 的关系

1. Spring

Spring 为开发 Java 应用提供了全面的基础支持。它提供了依赖注入和开箱即用的一些模块，例如：Spring MVC、Spring JDBC、Spring Security、Spring AOP、Spring ORM、Spring Test 等。这些模块可以大大缩短应用的开发时间，提高开发的效率。

在没有 Spring 之前，如果要进行 Java Web 开发，则非常复杂。例如，要将记录插入数据库中，则必须编写大量的代码来打开、操作和关闭数据库。而如果使用 Spring JDBC 模块的 JDBCTemplate，则只需要进行数据操作即可（这些数据操作可以简化为只是配置几行代码），打开和关闭交由 Spring 管理。

2. Spring Boot

Spring Boot 是 Spring 框架的扩展和自动化，它消除了在 Spring 中需要进行的 XML 配置，使得开发系统变得更快、更高效、更自动化。

Spring Boot 的特点：

（1）使用简单。Spring Boot 支持用注解的方式轻松实现类的定义和功能开发，支持无代码生成和无 XML 配置，新手入门极为容易。

（2）配置简单。Spring Boot 利用在类路径中的 JAR 和类自动配置 Bean 自动完成大量配置。另外它还支持通过自定义方式来配置项目。

（3）提供大量 Starter 来简化依赖配置。例如，要使用 Redis，则只需加入操作 Redis 的 Starter “spring-boot-starter-data-redis”，这样 Spring Boot 就会自动加载相关依赖包，并提供 Redis

的 API。

（4）部署简单。用 Spring Boot 开发的应用可以在具备 JRE（Java 运行环境）的环境中独立运行，它内置了嵌入式的 Tomcat、Jetty、Netty 等 Servlet 容器，项目可以不用被打包成 WAR 格式，而是直接以 JAR 包方式运行。

（5）与云计算天然集成。云应用开发框架 Spring Cloud 也是基于 Spring Boot 实现的。

（6）监控简单。Spring Boot 提供了一套对应用状态进行监控与管理的功能模块，包括监控应用的线程信息、内存信息、应用健康状态等。

3. Spring Cloud

Spring Cloud 是一个微服务开发和治理框架，它本身不提供具体功能性的操作，只专注于服务之间的通信、熔断和监控等。因此，需要很多组件来支持它。

微服务是可以独立部署、水平扩展、独立访问的服务单元。Spring Cloud 是这些微服务的“CTO”，提供各种方案来维护整个生态。

Spring Cloud 的特点：

- 约定优于配置。
- 开箱即用、快速开发和启动。
- 适用于各种环境。
- 轻量级的组件。
- 组件支持丰富，功能齐全。

4. Spring、Spring Boot、Spring Cloud 的关系

从上面的三者介绍可以看出：

- Spring Boot 并不是一个全新的框架，它是 Spring 的自动化。
- Spring Cloud 基于 Spring Boot 来构建微服务应用。

三者的关系如图 5-2 所示。

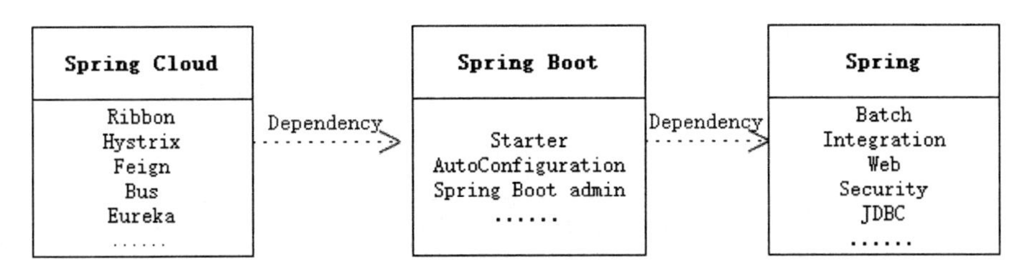

图 5-2　Spring、Spring Boot、Spring Cloud 的关系

比如我们新建了一个 Spring Cloud 项目，如果有 Spring Boot 的依赖，则可以从 pom.xml 文件中（见以下代码）看出两者的依赖关系：Spring Cloud 的 Greenwich.SR 版本是基于 Spring Boot 2.1.8.RELEASE 版本的。

```
<parent>
<groupId>org.springframework.boot</groupId>
<artifactId>spring-boot-starter-parent</artifactId>
<version>2.1.8.RELEASE</version>
<relativePath/> <!-- lookup parent from repository -->
</parent>
    <groupId>com.example</groupId>
    <artifactId>demo</artifactId>
    <version>0.0.1-SNAPSHOT</version>
    <name>consul-provider</name>
    <description>Demo project for Spring Boot</description>
<properties>
<java.version>1.8</java.version>
<spring-cloud.version>Greenwich.SR2</spring-cloud.version>
</properties>
```

5.2.2 Spring Cloud 的版本

本节主要让大家明白所谓的 F（Finchley）版、E（Edgware）版、D（Dalston）版等是什么意思。

Spring Cloud 版本不是传统的使用数字的方式来标识，而是采用“名字”的方式来标识。它的第 1 个版本是 Angel，第 2 版是 Brixton，第 3 版是 Camden。Spring Cloud 版本的名字是根据伦敦的地铁站的站名而来的，版本的先后顺序是依据字母表的先后来识别。当一个版本发布的内容到达临界点或者积累的严重问题得到解决时，就会发布“service releases”版本，命名方式为“版本+.SRX 后缀”，其中“X”代表该版本的第几个 Releases（发布）版本，它是特定数字。例如，Greenwich.SR2 代表版本 Greenwich 的第 2 个“Service Releases”版本。

由于 Spring Cloud 是以 Spring Boot 为基础构建的，所以，在构建 Spring Cloud 项目时要考虑两者的适配情况。目前两者的适配情况见表 5-1。

表 5-1　Spring Cloud 与 Spring Boot 版本的适配情况

Spring Cloud	Spring Boot
Hoxton	2.2.x
Greenwich	2.1.x
Finchley	2.0.x
Edgware	1.5.x
Dalston	1.5.x

5.2.3　Spring Cloud 项目的结构

Spring Cloud 是基于 Spring Boot 的，所以它们的项目结构是一样的。在创建好 Spring Cloud 工程后即可看到其基础结构。Spring Cloud 的基础结构分为 3 个文件目录，如图 5-3 所示。

（1）src/main/java：入口（启动）类及程序的开发目录。在这个目录下进行业务开发、创建实体层、控制器层、数据连接层等。

（2）src/main/resources：资源文件目录，用于放静态文件和配置文件。

- static：用于存放静态资源，如 CSS、JavaScript、图片文件等。
- templates：用于存放模板文件。
- application.properties：用于配置项目运行所需的配置数据。如果用 YML 方式管理配置，则 YML 文件也放在这个目录中，名为 application.yml。

（3）src/test/java：测试程序所在的目录。

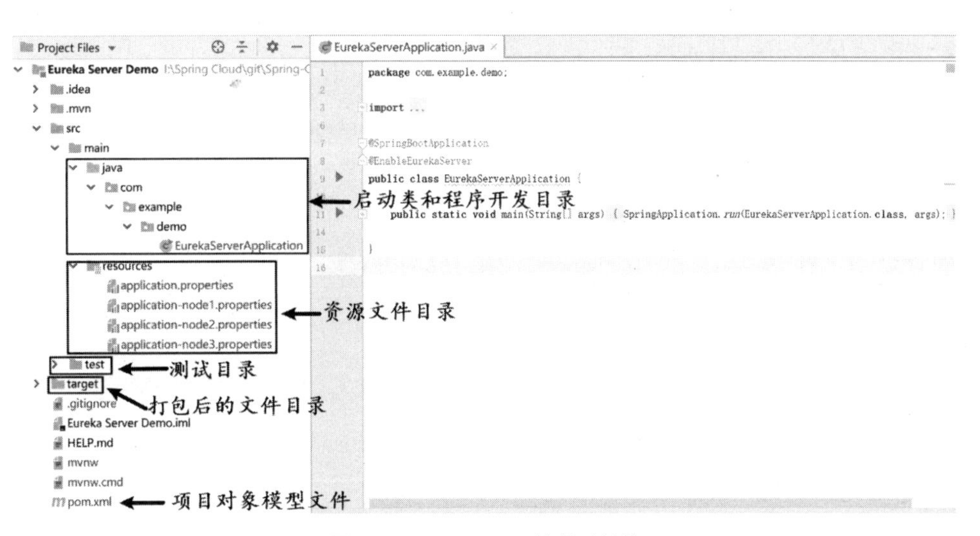

图 5-3　Spring Boot 的基础结构

在图 5-3 左侧最下方有一个 pom.xml 文件，单击打开它可以查看其中的代码。在本书 3.2 节创建“Eureka Server Demo”项目时选择了“Eureka Server”依赖项，所以在 pom.xml 文件可以看到 Spring Cloud 自动添加了这个依赖，见以下代码：

```
<!-- Spring Cloud 启动的依赖-->
<dependency>
<groupId>org.springframework.cloud</groupId>
<artifactId>spring-cloud-starter</artifactId>
</dependency>
<!-- Eureka 服务器端的依赖-->
```

```
<dependency>
<groupId>org.springframework.cloud</groupId>
<artifactId>spring-cloud-starter-netflix-eureka-server</artifactId>
</dependency>
```

在使用 Maven 管理项目时，最常使用的是 pom.xml 文件。

5.2.4 Spring Cloud 的入口类

在创建 Spring Cloud 项目时，会自动创建一个用于启动的、名为“项目名+Application”的入口类，它是项目的启动入口。在 IDEA 中打开入口类后，可以单击类或“main”方法左侧的三角形按钮，通过弹出的选项来运行或调试 Spring Cloud 应用程序。

本书 3.2 节创建“Eureka Server Demo”项目时，自动创建了一个名为“EurekaServerDemo Application”的入口类，其代码如下：

```
package com.example.demo;
import org.springframework.boot.SpringApplication;
import org.springframework.boot.autoconfigure.SpringBootApplication;
import org.springframework.cloud.netflix.eureka.server.EnableEurekaServer;
//代表是 Spring Boot 应用程序的入口类
@SpringBootApplication
//启用 Eureka Server
@EnableEurekaServer
public class EurekaServerDemoApplication {

	public static void main(String[] args) {
		SpringApplication.run(EurekaServerDemoApplication.class, args);
	}
}
```

从代码中可以看到，默认会加上注解@SpringBootApplication，以标识这是 Spring Boot 项目（Spring Cloud 基于 Spring Boot）的入口类。

在入口类中有一个 main()方法，其中使用了类 SpringApplication 的静态 run()方法，并将 EurekaServerApplication 类和 main()方法的参数“args”传递进去，然后启动“EurekaServerApplication”。

5.2.5 Spring Cloud 的自动配置

Spring Cloud 会根据配置的依赖信息进行自动配置，从而减轻开发人员搭建环境和配置的负担。

如果项目依赖 spring-cloud-starter，则 Spring Cloud 会自动配置 spring-boot-starter、spring-cloud-context、spring-cloud-commons、spring-security-rsa 依赖。

Spring Cloud 自动配置是通过注解@EnableAutoConfiguration 来实现的（Spring Boot 也一样），具有非入侵性。如果要查看当前有哪些自动配置，则可以使用以下的“debug”命令：

```
java -jar *.jar  - debug
```

如果是在 IDEA 中进行开发，则需要单击“run→EditConfigurations”命令，在弹出的窗口中设置“Program arguments”参数为“--debug”。在启动应用程序后，在控制台中即可看到条件评估报告（CONDITIONS EVALUATION REPORT）。

如果不需要某些自动配置，则通过注解@EnableAutoConfiguration 的“exclude”或“excludeName”属性来指定，或在配置文件（application.properties 或 application.yml）中指定“spring.autoconfigure.exclude”的值。

5.2.6　开箱即用

Spring Cloud 为开发人员提供了一系列工具（例如配置管理、服务发现、断路器、智能路由、微代理、控制总线、一次性令牌、全局锁、领导层选举、分布式会话、群集状态）来快速构建微服务系统中的一些常见的功能或模式。开发人员使用 Spring Cloud 可以快速实现这些模式的服务和应用。它们在任何微服务环境中都能很好地工作，包括开发人员自己的笔记本电脑、裸机数据中心和云计算（Cloud Foundry）等托管平台。

Spring Cloud 致力于为典型用例提供良好的开箱即用体验，并提供覆盖其他用例的扩展机制。

Spring Cloud 采用了一种特别的声明性的方法，通常只需更改类路径或注释即可获得很多特性。如以下代码，加入注解“@EnableDiscoveryClient”即可启用服务发现客户端功能。

```
//代表是 Spring Boot 应用的入口类
@SpringBootApplication
//启用服务发现客户端功能
@EnableDiscoveryClient
public class Application {
    public static void main(String[] args) {
        SpringApplication.run(Application.class, args);
    }
}
```

5.3 了解注解

未来框架的趋势是“约定大于配置”，代码的封装会更严密。开发人员可以将更多的精力放在代码的整体优化和业务逻辑上，所以注解式编程会被更加广泛地使用。

5.3.1 什么是注解

注解（Annotations）用来定义一个类、属性或一些方法，以便程序能被编译处理。它相当于一个说明文件，告诉应用程序某个被注解的类或属性是什么、要怎么处理。注解可以用于标注包、类、方法和变量等。

以下代码中的注解@RestController 用来定义一个 Rest 风格的控制器。其中，注解@GetMapping("/hello")定义的访问路径是“/hello”。

```
//用于返回 JSON 数据
@RestController
public class Hello {
    @GetMapping ("/hello")
    public String hello()   throws Exception{
        return "Hello ,Spring Boot!";
    }
}
```

5.3.2 Spring Boot 的系统注解

Spring Boot 的系统注解见表 5-2。

表 5-2 Spring Boot 的系统注解

注　解	说　明
@Override	用于修饰方法，表示此方法重写了父类方法
@Deprecated	用于修饰方法，表示此方法已经过时。经常在版本升级后会遇到
@SuppressWarnnings	告诉编译器忽视某类编译警告

下面重点介绍一下注解@SuppressWarnnings。它有以下几种属性。

- unchecked：未检查的转化。
- unused：未使用的变量。
- resource：泛型，即未指定类型。
- path：在类中的路径。原文件路径中有不存在的路径。
- deprecation：使用了某些不推荐使用的类和方法。

- fallthrough：如果使用 fallthrough，则 switch 语句会执行到底，不会被 break 截断。
- serial：实现了 Serializable，但未定义 serialVersionUID。
- rawtypes：没有传递带有泛型的参数。
- all：代表全部类型的警告。

5.3.3 Spring Boot 的常用注解

1. 使用在类名上的注解

表 5-3 中列出了使用在类名上的注解。

表 5-3 使用在类名上注解

注 解	使用位置	说 明
@RestController	类名上	其作用相当于@ResponseBody 加@Controller
@Controller	类名上	声明此类是一个 SpringMVC Controller 对象
@Service	类名上	声明一个业务处理类（实现非接口类）
@Repository	类名上	声明数据库访问类（实现类，非接口类）
@Component	类名上	代表是 Spring 管理类，常用在无法用@Service、@Repository 描述的 Spring 管理的类上，相当于通用的注解
@Configuration	类名上	声明此类是一个配置类，常与@Bean 配合使用
@Resource	类名上、属性或构造函数参数上	默认按 byName 自动注入
@Autowired	类名上、属性或构造函数参数上	默认按 byType 自动注入
@RequestMapping	类名或方法上	如果用在类上，则表示所有用在方法上的响应请求都以该地址作为父路径
@Transactional	类名或方法上	用于处理事务
@Qualifier	类名或属性上	为 Bean 指定名称，随后再通过名字引用 Bean

下面进一步讲解各个注解的知识点和用法。

（1）@RestController。

它用于返回 JSON（JavaScript Object Notation，JS 对象简谱）、XML（eXtensible Markup Language）等数据，但不能返回 HTML（HyperText Markup Language）页面。它相当于注解@ResponseBody 和注解@Controller 合在一起的作用。

用法见以下代码。

```
@RestController
public class HelloWorldController {
    @RequestMapping("/hello")
    public String hello() {
```

```
        return "Hello ,Spring Boot!";
    }
}
```

（2）@Controller。

它用于标注控制器层，在 MVC 程序设计思想中代表 C。

下面的代码程序和“（1）@RestController。”中的例子是等效的，也是返回 JSON 格式的数据。

```
//@RestController 相当于@Controller+@ResponseBody
@Controller
public class HelloWorldBMvcController {
    @RequestMapping("/helloworldB")
    @ResponseBody
    public String helloWorld( ) throws Exception {
        return "Hello ,Spring Boot!";
    }
}
```

@Controller 主要用于构建 MVC 模式的程序（本书 5.6 节会专门讲解）。

（3）@Service。

它用于声明一个业务处理类（实现非接口类），用于标注服务层、处理业务逻辑。

例如，以下代码就是继承 ArticleService 实现其方法。

```
/*标注为服务类*/
@Service
public class ArticleServiceImpl implements ArticleService {
    @Autowired
private ArticleRepository articleRepository;
    /*重写 service 接口的实现，实现根据 id 查询对象功能*/
    @Override
    public Article findArticleById(long id) {
        return articleRepository.findById(id);
    }
}
```

（4）@Repository。

它用于标注数据访问层。

（5）@Component。

它用于把普通 POJO（Plain Ordinary Java Objects，简单的 Java 对象）实例化到 Spring

容器中。当类不属于注解@Controller 和@Service 等时，即可用注解@Component 来标注这个类。它可配合 CommandLineRunner 使用，以便在程序启动后执行一些基础任务。

Spring 会把被注解@Controller、@Service、@Repository、@Component 标注的类纳入 Spring 容器中进行管理。

（6）@Configuration。

它用于标注配置类，并且可以由 Spring 容器自动处理。它作为 Bean 的载体，用来指示一个类声明一个或多个@Bean 方法，在运行时为这些 Bean 生成 BeanDefinition 和服务请求。

（7）@Resource。

@Resource 与@Autowired 都可以用来装配 Bean，也都还可以写在字段上或 Setter 方法上。

```
public class AritcleController {
    @Resource
    private ArticleRepository articleRepository;
    /*新增保存方法*/
    @PostMapping("")
    public String saveArticle(Article model) {
        articleRepository.save(model);
        return "redirect:/article/";
    }
}
```

（8）@Autowired。

它表示被修饰的类需要注入对象。Spring 会扫描所有被@Autowired 标注的类，然后根据类型在 IoC 容器中找到匹配的类进行注入。被@Autowired 注解后的类不需要再导入（import）文件。

（9）@RequestMapping。

它用来处理请求地址映射，用在类或方法上。如果用在类上，则表示类中的所有响应请求的方法都是以该地址作为父路径的。该注解有 6 个属性。

- Params：指定 Request 中必须包含某些参数值，这样才让该方法处理。
- Headers：指定 Request 中必须包含某些指定的 Header 值，这样才能让该方法处理请求。
- Value：指定请求的实际地址，指定的地址可以是 URI Template 模式。
- Method：指定请求的 Method 类型，如 GET、POST、PUT、DELETE 等。
- Consumes：指定处理请求的提交内容类型 Content-Type，如"application/json,text/html"。

- Produces：指定返回的内容类型。只有当 Request 请求头中的 Accept 类型中包含该指定类型时才返回。

（10）@Transactional。

它可以用在接口、接口方法、类及类方法上。

但 Spring 建议不要在接口或者接口方法上使用该注解，因为该注解只有在使用基于接口的代理时才会生效。但是如果异常被捕获了，则事务就不回滚。如果想让事务回滚，则必须再往外抛出异常（throw Exception）。

（11）@Qualifier。

它的意思是“合格者”，用于标注哪一个实现类才是需要注入的。需要注意的是：@Qualifier 的参数名称为被注入的类中注解@Service 标注的名称。

@Qualifier 常和@Autowired 一起使用，如以下代码：

```
@Autowired
@Qualifier("articleService")
```

而@Resource 和它不同，@Resource 自带 name 属性。

2. 使用在方法上的注解

表 5-4 列出了使用在方法上的主要注解。

表 5-4　使用在方法上的主要注解

注　解	使用位置	说　明
@RequestBody	方法参数前	常用来处理 application/json、application/xml 等 Content-Type 类型的数据，意味着 HTTP 消息是（JSON/XML）格式，需将其转化为指定类型参数
@PathVariable	方法参数前	将 URL 获取的参数映射到方法参数上
@Bean	方法上	声明该方法的返回结果是一个由 Spring 容器管理的 Bean
@ResponseBody	方法上	通过适当的 HttpMessageConverter 将控制器中方法返回的对象转换为指定格式（JSON/XML）后，写入 Response 对象的 body 数据区

（1）@RequestBody。

它常用来处理（JSON/XML）格式数据。通过@RequestBody 可以将请求体中的（JSON/XML）字符串绑定到相应的 Bean 上，也可以将其分别绑定到对应的字符串上。

举例：用 AJAX（前端）提交数据，然后在控制器（后端）接收数据。

在前端页面中用 AJAX 提交数据的代码如下：

```
$.ajax({
url:"/post",
```

```
type:"POST",
data:'{"name":"longzhiran"}',
//这里不能写成 content-type
contentType:"application/json charset=utf-8",
success:function(data){
alert("request success ! ");
}
});
```

在控制器中接收数据的代码如下：

```
@requestMapping("/post")
public void post(@requestBody String name){
//省略
}
```

（2）@PathVariable。

它用于获取路径中的参数。

（3）@Bean。

它代表产生一个 Bean，并交给 Spring 管理。如用于封装数据，一般有 Setter、Getter 方法。在 MVC 模型中它对应的是 M（模型）。

（4）@ResponseBody。

它的作用是通过转换器将控制器中的方法返回的对象转换为指定的格式，然后写入 Response 对象的“body”区。它常用来返回 JSON、XML 数据。

使用此注解后数据直接写入输入流中，不需要进行视图渲染。用法见以下代码：

```
@GetMapping( “/test” )
  @ResponseBody
  public String test(){
      return ” test” ;
  }
```

3. 其他注解

除上面介绍的常用注解外，Spring Boot 还有一些常用的注解，见表 5-5。

表 5-5 其他常用注解

注　　解	使用位置	作用说明
@EnableAutoConfiguration	入口类/类名上	用来提供自动配置
@SpringBootApplication	入口类/类名上	用来启动入口类 Application

续表

注　解	使用位置	作用说明
@EnableScheduling	入口类/类名上	用来开启计划任务。Spring 通过@Scheduled 支持多种类型的计划任务，包含 cron、fixDelay、fixRate 等
@EnableAsync	入口类/类名上	用来开启异步注解功能
@ComponentScan	入口类/类名上	用来扫描组件，可自动发现和装配一些 Bean。它根据定义的扫描路径，把符合扫描规则的类装配到 Spring 容器中，告诉 Spring 哪个包（package）的类会被 Spring 自动扫描并且装入 IoC 容器。它对应 XML 配置中的元素。可以通过 basePackages 等属性来细粒度的定制自动扫描的范围，默认会从声明@ComponentScan 所在类的 package 进行扫描
@Aspec	入口类/类名上	标注切面，可以用来配置事务、日志、权限验证，在用户请求时做一些处理
@ControllerAdvice	类名上	包含@Component，可以被扫描到。统一处理异常
@ExceptionHandler	方法上	用在方法上面表示遇到这个异常就执行该方法
@Value	属性上	用于获取配置文件中的值

Spring Boot 提供的注解非常多，这里不可能面面俱到。在本书后面的章节中还会详细讲解一些注解。

5.3.4 Spring Cloud 的常用注解

Spring Cloud 的常用注解见表 5-6。

表 5-6　Spring Cloud 的常用注解

注　解	说　明
@SpringCloudApplication	应用开启入口，比@SpringBootApplication 更强大
@LoadBalanced	Spring Cloud 的 commons 模块提供了注解@LoadBalanced，方便我们对 RestTemplate 添加一个 LoadBalancerClient，以通过 Ribbon 实现客户端的负载均衡功能
@EnableEurekaClient	注解基于 Spring Cloud Netflix，如果选用的注册中心是 Eureka，则推荐使用注解@EnableEurekaClient
@EnableEurekaServer	开启 Eureka 服务器端
@EnableDiscoveryClient	基于“spring-cloud-commons”，可以开启 Eureka、Consul、Zookeeper 客户端
@EnableHystrix	表示启动断路器，开启容错保护，断路器依赖服务注册和发现
@HystrixCommand	注解方法失败后，系统将切换到 fallbackMethod 方法执行响应，如@HystrixCommand(fallbackMethod = “login”)，容错保护。配合注解@EnableHystrix 使用
@FeignClient	用于发现服务，在注解中的“fallbank”属性指定回调类
@EnableFeignClients	开启负载均衡客户端 Feign 的支持
@EnableZuulProxy	开启网关代理

5.4 了解 Starter

在 Spring Boot 和 Spring Cloud 中，提供了很多的 Starter 来简化配置和使用，我们可以直接使用这些定义好的 Starter，也可以根据自己的需要自定义 Starter。

5.4.1 Spring Boot 的 Starter

为了简化配置，Spring Boot 提供了非常多的 Starter。即把常用的模块相关的所有 JAR 包打包好，同时完成自动配置，然后组装成 Starter（如把 Web 相关的 Spring MVC、容器等打包好，然后组装成 spring-boot-starter-web）。这使得在开发业务代码时不需要过多关注框架的配置，只需要关注业务逻辑即可。

Spring Boot 提供了很多开箱即用的 Starter，具体见表 5-7。

表 5-7 Spring Boot 官方提供的 Starter

Starter	说 明
spring-boot-starter-web	用于构建 Web。包含 RESTful 风格框架、SpringMVC 和默认的嵌入式容器 Tomcat
spring-boot-starter-test	用于测试
spring-boot-starter-data-jpa	带有 Hibernate 的 Spring Data JPA
spring-boot-starter-jdbc	传统的 JDBC。轻量级应用可以使用，学习成本低，但最好使用 JPA 或 Mybatis
spring-boot-starter-thymeleaf	支持 Thymeleaf 模板
spring-boot-starter-mail	支持用 Java Mail、Spring email 发送邮件
spring-boot-starter-integration	用 Spring 框架创建的一个 API，面向企业应用集成（EAI）
spring-boot-starter-mobile	Spring MVC 的扩展，用来简化手机上的 Web 应用程序开发
spring-boot-starter-data-redis	通过 Spring Data Redis、Redis client 使用 Redis
spring-boot-starter-validation	Bean Validation 是一个数据验证的规范，Hibernate Validator 是一个数据验证框架
spring-boot-starter-websocket	相对于非持久的协议 HTTP，Websocket 是一个持久化的协议
spring-boot-starter-web-services	SOAP Web 服务器
spring-boot-starter-hateoas	为服务添加 HATEOAS 功能
spring-boot-starter-security	用 Spring Security 进行身份验证和授权
spring-boot-starter-data-rest	用 Spring Data REST 公布简单的 REST 服务

如果要查看全部的 Starter，可以访问 Spring Boot 官方网站。

5.4.2 Spring Cloud 的 Starter

为了简化配置，Spring Cloud 也提供了很多开箱即用的 Starter，部分见表 5-8。

表 5-8 Spring Cloud 官方提供的部分 Starter

Starter	说　明
spring-cloud-starter	Spring Boot 式的启动项目，为 Spring Cloud 提供开箱即用的依赖管理。它包含 spring-boot-starter、spring-cloud-context、spring-cloud-commons、spring-security-rsa
spring-cloud-starter-netflix-eureka-server	“服务中心”Eureka 服务器端的 Starter 依赖
spring-cloud-starter-netflix-eureka-client	“服务中心”Eureka 的客户端 Starter 依赖
spring-cloud-starter-consul-discovery	“服务中心”Consul 的 Starter 依赖
spring-cloud-starter-oauth2	整合了 spring-cloud-starter-security 、 spring-security-oauth2 和 spring-security-jwt 依赖，用于实现安全功能
spring-cloud-starter-sleuth	服务链路追踪 Sleuth 的 Starter 依赖
spring-cloud-starter-zuul	网关 Zuul 的 Starter 依赖

5.4.3 如何使用 Starter

Starter 本质上就是依赖。所以，要使用 Starter 和 JAR 包依赖，只需要在 pom.xml 文件中添加依赖即可。例如，想使用 Spring 的 JPA 操作数据库，则需要在项目中添加“spring-boot-starter-data-jpa”依赖，即在 pom.xml 文件中的<dependencies>和</dependencies>元素之间加入依赖项，见如下代码：

```
<dependencies>
...
<dependency>
<groupId>org.springframework.boot</groupId>
<artifactId>spring-boot-starter-data-jpa</artifactId>
</dependency>
...
</dependencies>
```

如果依赖项没有版本号，则 Spring Boot 会根据自己的版本号自动给依赖加上版本号。如果自己想指定版本，则可以在 version 元素上加上版本信息。

5.5 使用配置文件

Spring Cloud（Spring Boot）支持 Properties 和 YML 两种配置方式。两者功能类似，都能完成 Spring Cloud（Spring Boot）的配置。但是，Properties 的优先级要高于 YML。YML 文件

的好处是——它采用的是树状结构，一目了然。

使用 YML 的方式要注意以下几点：

- 原来按“.”分割的 key 会变成树状结构。例如：“server.port=8080”会变成：

```
server:
  port: 8080
```

- 在 key 后的冒号后一定要跟一个空格，如“port: 8080”。
- 如果把原有的 application.properties 删掉，则建议执行一下“maven -X clean install”命令。
- YML 格式不支持用注解@PropertySource 导入配置。

5.5.1 配置文件 application.properties

在创建 Spring Cloud（Spring Boot）项目时，会附带一个名为“application.properties”的配置文件来配置应用程序。下面看看如何有效使用配置文件 application.properties。

1. 基础知识

配置文件 application.properties 用来配置 Spring Cloud（Spring Boot）框架，以及自定义应用程序的配置属性。它实际是一个文本文件。每行的结构是：

```
属性键=属性值
```

我们称它为配置项。例如：

```
app.welcome-message=您好，欢迎您的到来
```

配置文件 application.properties 的配置项可以通过注解@Value 注入。

2. 读取属性值

它支持两种方式读取配置项。

- SpEL 表达式方式：@Value("#{configProperties['key']}")。如以下代码：

```
@Value("#{configProperties[' app.welcome-message']}")
private String message;
```

- 占位符方式：@Value("${key}")。如以下代码：

```
@Value("${app.welcome-message}")
   private String message;
```

3. 设置默认属性值

默认情况下，缺少配置项值会导致异常。当配置文件 application.properties 中缺少属性值时，

可以在属性键后添加冒号（:）和默认值来。如以下代码：

```
@Value("${app.welcome-message:Hello world}")
```

4. 自定义属性值

可以根据需要自定义属性值。

①基本属性类型：字符串、整数、布尔值。例如：

```
app.config.number=35
app.config.register=true
```

②多行字符串。

如果属性值很长，则可以将其用反斜杠“\”字符断开，分成几行以提高可读性。例如：

```
app.welcome-message=您好\
欢迎您\
有什么问题可以联系客服哦。
```

③数组、列表或集合。

集合值需要用逗号（,）隔开。在调用时，只需将属性注入数组变量即可。例如：

```
@Value("${app.config.numbers}") int[] numbers)
```

列表和集合完全相同。如果属性的值包含重复项，则只会将一个元素添加到集合中。例如：

```
@Value("${app.config.numbers}") List<Integer> numbers
```

④列表属性的自定义分隔符。

默认情况下，Spring 使用逗号分割属性值。如果要使用分号这样的分隔符，则可以如下使用：

```
app.numbers=0;1;2;3
```

调用时使用分隔符即可：

```
@Value("#{'${app.numbers}'.split(';')}")
List<Integer> numbers
```

⑤属性为 Hashmap。

对于 Hashmap，可以在配置时设置格式，例如：

```
app.number-map={KEY1:1, KEY2:2, KEY3:3}
```

然后调用方法，如下：

```
@Value("#{${app.number-map}}")
Map<String, Integer> numberMap
```

5. **使用环境变量**

在此配置文件中，还可以设置属性值为环境变量，例如：

```
app.config.java-home=Java path: ${JAVA_HOME}
app.config.java-home=Java path: ${JAVA_HOME:默认值}
```

6. **注释**

如果要进行注释，只需将哈希字符放在一行的开头即可，例如：

```
#app 的欢迎信息。
app.welcome-message=您好，欢迎您的到来
```

5.5.2　实例 2：使用配置文件 application.properties

本实例演示如何用配置文件 application.properties 配置 Spring Boot(Spring Cloud)项目。

代码 本实例的源码在本书配套资源的“/Chapter05/PropertiesDemo”目录下。

1. **编写配置项**

在配置文件 application.properties 中添加用于测试获取配置项的值，见以下代码：

```
com.example.name=${name:longtao}
com.example.age=18
com.example.address[0]=北京
com.example.address[1]=上海
com.example.address[2]=广州
```

2. **编写类文件处理配置项**

编写类文件，用于获取配置文件中配置项的值。

```
import lombok.Data;
import org.springframework.boot.context.properties.ConfigurationProperties;
import org.springframework.stereotype.Component;
import java.util.List;
@Data
@Component
@ConfigurationProperties(prefix ="com.example")
public class CoExample{
private String name;
private int age;
private List<String> address;
}
```

代码解释如下。

- @Component：声明此类是 Spring 管理类。它常用在无法用@Service、@Repository

描述的 Spring 管理类上，相当于通用的注解。

- @ConfigurationProperties：注入配置文件 application.properties 中的配置项。
- @Data：自动生成 setter()、getter()、toString()、equals()、hashCode()方法，以及不带参数的构造方法。

3. 编写测试，获取配置项的值

以下代码演示如何获取配置文件中的配置项的值。

```
package com.example.demo;
import org.junit.Test;
import org.junit.runner.RunWith;
import org.springframework.beans.factory.annotation.Autowired;
import org.springframework.boot.test.context.SpringBootTest;
import org.springframework.test.context.junit4.SpringRunner;
import java.util.List;
import static org.junit.Assert.*;
@SpringBootTest
@RunWith(SpringRunner.class)
public class CoExampleTest {
    @Autowired
    private CoExample coExample;
    @Test
    public void  getName() {
        System.out.println(coExample.getName());
    }
    @Test
    public void get_age() {
        System.out.println(coExample.getAge());
    }
    @Test
    public void getAddress() {
        System.out.println(coExample.getAddress());
    }
}
```

代码解释如下。

- @SpringBootTest：用于测试的注解，可指定入口类或测试环境等。
- @RunWith(SpringRunner.class)：在 Spring 测试环境中进行测试。
- @Test：一个测试的方法。

运行 getName()方法，控制台输出以下内容：

```
longtao
```

运行 get_age()方法，控制台输出以下内容：

```
18
```

运行 getAddress()方法，控制台输出以下内容：

```
["北京","上海","广州"]
```

这里一定要注意编码。如果使用的是中文，则有可能出现乱码，请单击 IDEA 菜单中栏的“File→Settings→Editor→File Encodings”命令，然后将 Properties Files (*.properties)下的“Default encoding for properties files”设置为 UTF-8，并勾选“Transparent native-to-ascii conversion”前的复选框。如果仍然不行，可以尝试删除文件，然后重新创建这个文件。

5.5.3　配置文件 application.yml

1. 简介

YAML 语言是一种通用的数据串行化格式。它的基本语法规则如下：

- 大小写敏感。
- 使用缩进表示层级关系。
- 在缩进时不允许使用 Tab 键，只允许使用空格。
- 缩进的空格数目不重要，只要相同层级的元素左侧对齐即可。
- # 表示注释，从这个字符一直到行尾都会被解析器忽略。

2. YAML 支持的数据类型

①对象：键值对的集合，又被称为映射（Mapping）、哈希（Hashes）、字典（Dictionary）。对象的一组键值对用冒号结构表示。例如：

```
name: pets
```

②数组：一组按次序排列的值，又被称为序列（Sequence）、列表（List）。

一组连词线开头的行构成一个数组。例如：

```
- A
- B
- C
```

上面代码转换后为['A', 'B', 'C']。

以下代码转换后为[['A', 'B', 'C']]

```
-
 - A
 - B
 - C
```

数组也可以采用行内表示法，例如：

```
car :[bmw,audi]
```

上面代码转换后为{ car: ['bmw', 'audi'] }

③复合结构。

对象和数组可以结合使用，形成复合结构。例如：

```
animal:
 - Cat
 - Pig
car:
 BMW: 520LI
 AUDI: A7
```

转换后为：

```
{ animal: [ 'Cat', 'Pig' ],
car: { BMW: '520LI', AUDI: 'A7'' } }
```

④纯量。

纯量是最基本的、不可再分的值，支持字符串、布尔值、整数、浮点数、Null、时间、日期。例如：

```
number: 37
isSet: true
parent: ~
iso8601: 2019-11-16t07:16:43.10-05:00
date: 2019-11-16
str: 字符串
```

5.5.4 实例 3：使用配置文件 application.yml

本实例演示如何用配置文件 application.yml 配置 Spring Boot（Spring Cloud）项目。

代码 本实例的源码在本书配套资源的"/Chapter05/Application"目录下。

1. 创建 application.yml 文件

新建一个项目，然后将配置文件 application.properties 的名称修改为 application.yml，如图 5-4 所示。（如果不存在 application.properties，则直接新建 application.yml。）

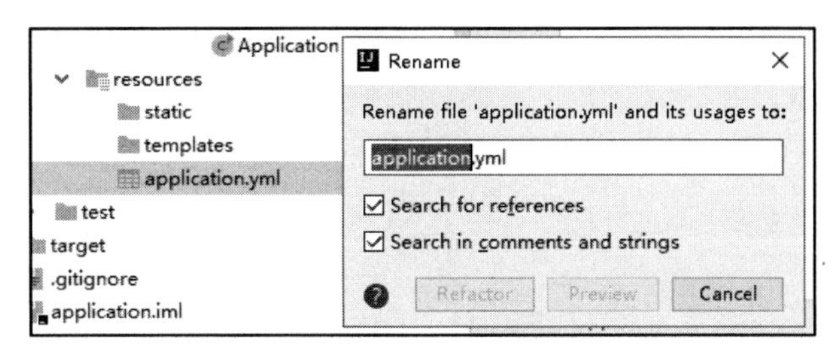

图 5-4　修改 YML 配置文件

2. 配置 application.yml 文件

在 application.yml 文件中添加以下代码，以便在测试类中获取以下代码配置项的值。

```
server:
  port: 8081
  servlet:
    session:
      timeout: 30
  tomcat:
    uri-encoding: UTF-8
age: 19
name: zhaodabao
personinfo:
name: zhaoxiaobao
age: 3
```

代码解释如下。

- server：定义服务器的配置。
- port：定义要访问的端口号是“8081”（默认是 8080）。
- “timeout: 30”：定义 Session 的超时时间是 30s。
- “uri-encoding: UTF-8”：定义 URI 的编码是 UTF-8 格式。

3. 编写测试

编写测试用于获取配置文件中的配置项的值，并调用前缀为“personinfo”的配置项的值。

```
package com.example.demo;
import org.junit.Test;
import org.junit.runner.RunWith;
import org.springframework.beans.factory.annotation.Value;
import org.springframework.boot.test.context.SpringBootTest;
import org.springframework.test.context.junit4.SpringRunner;
import static org.junit.Assert.*;
@SpringBootTest
@RunWith(SpringRunner.class)
```

```
public class propertTest {
    //获取配置文件中的 age
    @Value("${age}")
    private int age;

    //获取配置文件中的 name
    @Value("${name}")
    private String name;
    //该注解表示这里是一个测试方法
    @Test
    public void getAge() {
        System.out.println(age);
}
    //该注解表示这里是一个测试方法
    @Test
    public void getName() {
        System.out.println(name);
    }
}
```

代码解释如下。

- @SpringBootTest：用于测试的注解，可指定入口类或测试环境等。
- @RunWith(SpringRunner.class)：在 Spring 测试环境中进行测试。
- @Test：这里是一个测试方法。
- @Value：获取配置文件中的值。

在运行测试方法 getAge()后，输出以下内容：

```
19
```

在运行测试方法 getName()后，输出以下内容：

```
zhaodaobao
```

4. 新建 GetPersonInfoProperties 类

定义一个实体类，以装载配置文件的信息，并处理配置文件中以“personinfo”为前缀的配置项的值。

```
package com.example.demo;
import org.springframework.boot.context.properties.ConfigurationProperties;
import org.springframework.stereotype.Component;
@Component
@ConfigurationProperties(prefix = "personinfo")
public class GetPersonInfoProperties {
    private String name;
```

```
    private int age;
    public String getName() {
        return name;
    }
    public void setName(String name) {
        this.name = name;
    }
    public int getAge() {
        return age;
    }
    public void setAge(int age) {
        this.age = age;
    }
}
```

代码解释如下。

- @Component：声明此类是 Spring 管理类。它常用在无法用@Service、@Repository 描述的 Spring 管理类上，相当于通用的注解。
- @ConfigurationProperties：把同类配置信息自动封装成一个实体类。其属性 prefix 代表配置文件中配置项的前缀，如配置文件中定义的“personinfo”。

还可以把@ConfigurationProperties 直接定义在@Bean 的注解里，这时 Bean 实体类就不需要@Component 和@ConfigurationProperties 注解了，如以下代码：

```
@Bean
    @ConfigurationProperties(prefix = "personinfo")
    public GetPersonInfoProperties getPersonInfoProperties(){
        return new GetPersonInfoProperties();
    }
```

5. 获取配置项“personinfo”的值

以下代码演示如何注入 GetPersonInfoProperties 类，并获取配置项“personinfo”的 name 和 age 的值。

```
@Autowired
private GetPersonInfoProperties getPersonInfoProperties;
@Test
public void getpersonproperties() {
System.out.println(getPersonInfoProperties.getName()+getPersonInfoProperties.getAge());
}
```

在运行 getpersonproperties 方法后，输出如下：

```
zhaoxiaobao3
```

5.5.5 实例 4：用 application.yml 和 application.properties 配置多环境

在实际项目开发过程中，经常需要配置多个环境（如开发环境和生产环境），以便在不同的环境中使用不同的配置参数。本实例通过配置文件来实现多环境配置。

代码 本实例的源码在本书配套资源中的“/Chapter05/Application”和“/Chapter05/MultiYmlDemo”目录下。

1. 用 application.yml 配置多环境

（1）在 resources 目录下新建 3 个 YML 的配置文件。

它们分别代表测试环境（application-dev.yml）、生产环境（application-prod.yml）、主配置文件（application.yml）。

（2）配置开发环境。

在 application-dev.yml 文件中输入以下代码：

```
server:
  port: 8080
  servlet:
    session:
      timeout: 30
  tomcat:
    uri-encoding: UTF-8
myenvironment:
  name: 开发环境
```

（3）配置生产环境。

在 application-prod.yml 文件中输入以下代码：

```
server:
  port: 8080
  servlet:
    session:
      timeout: 30
  tomcat:
    uri-encoding: UTF-8
myenvironment:
  name: 生产环境
```

（4）配置主配置文件。

在 application.yml 中指定当前活动的配置文件为 application-dev.yml，具体代码如下：

```
spring:
  profiles:
    active: dev
```

active 命令表示当前设定生效的配置文件是 dev（调试环境）。如果要发布它，则直接将 active 的值改为“prod”即可。

（5）编写测试。

通过以下代码获取配置文件中的配置项“myenvironment”的 name 值。

```
@RunWith(SpringRunner.class)
@SpringBootTest
public class MultiYmlDemoApplicationTests {
	@Value("${myenvironment.name}")
	private String name;
	@Test
	public void getMyEnvironment() {
		System.out.println(name);
	}
}
```

运行测试 getMyEnvironment()方法，在控制台中会输出以下内容：

```
开发环境
```

（6）变更应用程序环境。

如果要变更为生成环境，则将 application.yml 中的“active: dev”改为“active: prod”即可。修改后再次运行测试 getMyEnvironment()方法，则在控制台中输出以下内容：

```
生产环境
```

2. **用 application.properties 配置多环境**

（1）和 YML 方式一样，创建 application-dev.properties、application-prod.properties、application.properties 三个配置文件，它们分别代表开发、生产环境和主配置文件。

（2）在主配置文件 application.properties 中配置当前活动选项，例如，要使用“dev”环境，则配置以下代码：

```
spring.profiles.active=dev
```

如果没有指定配置文件，则可以在运行 JAR 包时指定。如果要在启动时指定使用 pro 配置文件，则需要运行输入以下代码：

```
java -jar name.jar --spring.profiles.active=pro
```

5.5.6 了解 application.yml 和 application.properties 的迁移

本节举例说明 application.yml 和 application.properties 之间是如何相互迁移的。以下的代码 1 和代码 2 完全等价的。

代码 1（application.yml 方式实现的配置）

```
server:
  port: 8220
spring:
  cloud:
    gateway:
      routes:
        - id: hello
          uri: http://www.phei.com.cn
          predicates:
            - Path=/hello/**
```

代码 2（application.properties 方式实现的配置）

```
server.port=8220
spring.cloud.gateway.routes[0].id=hello
spring.cloud.gateway.routes[0].uri=http://www.phei.com.cn
spring.cloud.gateway.routes[0].predicates[0]=Path=/hello/**
```

5.5.7 比较配置文件 bootstrap 和 application

Spring Boot 中有以下两种配置文件：bootstrap（.yml 或者.properties）和 application（.yml 或者.properties）。它们的区别如下。

（1）加载顺序。Spring Cloud 构建在 Spring Boot 之上。在 Spring Boot 中有两种上下文：Bootstrap 和 Application。Bootstrap 是应用的父上下文，属于引导配置，由父 ApplicationContext 加载。Bootstrap 优先于 Applicaton 的加载。

（2）属性可否被覆盖。Boostrap 中的属性不能被远程和本地相同配置覆盖。

（3）Boostrap 不支持部分属性。Boostrap 不支持部分属性，比如 server.port 就不会生效。

（4）应用场景。

Bootstrap 主要用于一些固定的、不能被覆盖的属性，以及加密/解密场景。例如：

- 在使用 Spring Cloud Config 的“配置中心”时，需要在配置文件 Bootstrap 中添加连接到配置中心的配置属性，以加载外部配置中心的配置信息，如 spring.application.name 和 spring.cloud.config.server.git.uri。
- 在使用加解密信息（encryption/decryption）时，配置文件 Application 主要用于配置 Spring

Boot 项目的自动化项。

（5）Bootstrap 和 Application 的上下文共用一个环境，它是所有 Spring 应用的外部属性的来源。

5.6　应用程序分层开发模式——MVC

5.6.1　了解 MVC 模式

Spring Boot（Spring Cloud）开发 Web 应用程序主要使用 MVC 模式。MVC 是 Model（模型）、View（视图）、Controller（控制器）的简写。MVC 的关系如图 5-5 所示。

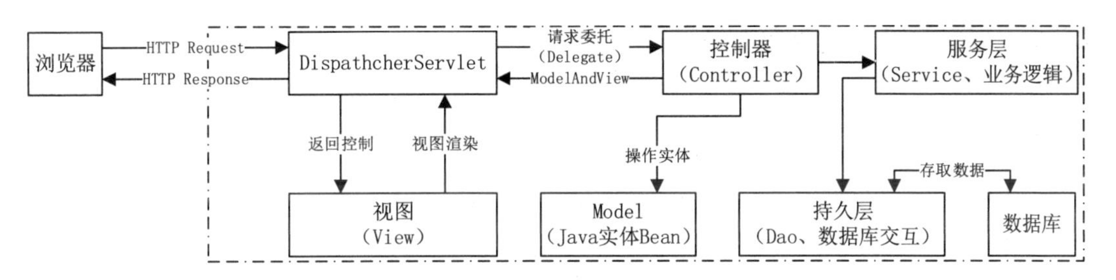

图 5-5　MVC 模式

- Model：Java 的实体 Bean，代表存取数据的对象或 POJO（Plain Ordinary Java Objects，简单的 Java 对象），可以带有逻辑。其作用是在内存中暂时存储数据，并在数据变化时更新控制器（如果要持久化，则需要把它写入数据库或者磁盘文件中）。
- View：主要用来解析、处理和显示内容，并进行模板的渲染。
- Controller：主要用来处理视图中的响应。它决定如何调用 Model（模型）的实体 Bean，如何调用业务层的数据增加、删除、修改和查询等业务操作，以及如何将结果返给视图进行渲染。建议在控制器中尽量不放业务逻辑代码。

这样分层的好处是：将应用程序的用户界面和业务逻辑分离，使得代码具备良好的可扩展性、可复用性、可维护性和灵活性。

如果不想使用 MVC 开发模式也是可以的，MVC 只是一个非常合理的规范。

如果对 MVC 开发模式理解不深入，往往会以为用户通过浏览器访问 MVC 模型的页面就是访问视图 View。实际上，并不是直接访问视图，而是访问 DispatcherServlet 在处理映射和调用视图渲染后返给用户的数据。

在整个 Spring MVC 框架中，DispatcherServlet 处于核心位置，继承自 HttpServlet。它负

责协调和组织不同组件，以完成请求处理并返回响应工作。

整个工程流程如下。

（1）客户端（用户）发出请求，Tomcat（服务器）接收请求并将请求转交给 DispatcherServlet 处理。

（2）DispatcherServlet 匹配在控制器中配置的映射路径，然后进行下一步处理。

（3）ViewResolver 将 ModelAndView 或 Exception 解析成 View，然后 View 会调用 render() 方法并根据 ModelAndView 中的数据渲染出页面。

在 MVC 模式中，容易混淆的还有 Model，往往会被认为它是业务逻辑层或 DAO 层。这种理解并不能说是错误的，但并不是严格意义上的 MVC 结构。

5.6.2 MVC 和三层架构的关系

三层架构就是将整个应用程序划分为：表现层（UI）、业务逻辑层（Service）、数据访问层（DAO/Repository）。

- 表现层：用于展示界面，接收用户的请求并返回数据。它为客户端（用户）提供应用程序的访问接口（界面）。
- 业务逻辑层：三层架构的服务层，负责业务逻辑处理，主要是调用 DAO 层对数据进行增加、删除、修改和查询等操作。
- 数据访问层：与数据库进行交互的持久层，被 Service 调用。如果在 Spring Data JPA 中，则该层由 Hibernate 来实现。

Repository 和 DAO 层都可以进行数据增加、删除、修改和查询。它们相当于仓库管理员，执行进/出货操作。

DAO 的工作是存取对象。Repository 的工作是存取和管理对象。

简单的理解就是：

Repository = 管理对象（对象缓存和在 Repository 的状态）+DAO

严格说，MVC 是三层架构中的 UI 层。通过 MVC 把三层架构中的 UI 层又进行了分层。

由此可见，三层架构是基于业务逻辑或功能来划分的，而 MVC 是基于页面或功能来划分的。

5.7　响应式编程——WebFlux

5.7.1　什么是 WebFlux

WebFlux 是从 Spring Framework 5.0 开始引入的反应式 Web 框架。与 Spring MVC 不同，它不需要 Servlet API，完全异步且无阻塞，并通过 Reactor 实现 Reactive Streams 规范。

WebFlux 可以在资源有限的情况下提高系统的吞吐量和伸缩性（不是提高性能）。这意味着，在资源相同的情况下，WebFlux 可以比 MVC 处理更多的请求（不是业务）。

WebFlux 除支持 RESTful Web 服务外，还可以用于提供动态 HTML 内容。

5.7.2　比较 MVC 和 WebFlux

Spring MVC 采用命令式编程方式，代码被一句一句地执行，便于开发人员理解与调试代码。WebFlux 则是基于异步响应式编程。

1. 工作方式

（1）MVC。

MVC 的工作流程是：主线程接收到 Request 请求→准备数据→返回数据。

整个过程是单线程阻塞的，用户会感觉等待时间长，因为只在结果处理好后才将数据返给浏览器。因此，如果请求很多则吞吐量就上不去。

（2）WebFlux。

WebFlux 的工作流程是：主线程接收到 Request→立刻返回数据与函数的组合（Mono 或 Flux，不是结果）→开启一个新 Work 线程去做实际的准备数据工作，进行真正的业务操作→Work 线程完成工作→返给用户真实数据（结果）。

这种方式给人的感觉是响应时间很短，因为返回的是不变的常数，不随用户数量增加变化。

2. Spring MVC 与 Spring WebFlux 区别

MVC 与 WebFlux 的区别见表 5-9。

表 5-9　Spring MVC 与 Spring WebFlux 的区别

对比项	Spring MVC	Spring WebFlux
地址（路由）映射	@Controller、@RequestMapping 等标准的 Spring MVC 注解	支持使用 Router Functions 的函数式风格 API 来创建 Router、Handler 和 Filter，还支持使用@Controller、@RequestMapping 等标准的 Spring MVC 注解

续表

对比项	Spring MVC	Spring WebFlux
数据流	Servlet API	Reactive Streams：一种支持背压（Backpressure）的异步数据流处理标准，主流实现有 RxJava 和 Reactor。Spring WebFlux 默认集成的是 Reactor
容器	Tomcat、Jetty、Undertow	Netty、Tomcat、Jetty、Undertow
I/O 模型	同步阻塞的 I/O 模型	异步非阻塞的 I/O 模型
吞吐性能	低	高
业务处理性能	一样	一样
支持数据库	NoSQL、SQL	支持 NoSQL，不支持 MySQL 等关系型数据库
请求和响应	HttpServletRequest 和 HttpServletResponse	ServerRequest 和 ServerResponse

3. 使用 WebFlux 的好处

下面拿“叫号”来比较阻塞式开发与 WebFlux。

假设海底捞没有叫号机，有 200 个餐台供客人进餐。那如果来了 201 个人，则最后一个客人会被直接被拒绝。

而现在有了叫号机，有 200 个客人正在用餐，又来了 100 个客人，叫号机马上给后面的 100 个客人每人一个排队号。这样服务就不阻塞了，每个人都立即得到反馈。来再多的人也能立即给其排号，但是进餐依然是阻塞的。

回到程序。我们假设，服务器最大线程资源为 200，当前已经遇到了 200 个非常耗时的请求。如果再来 1 个请求，则阻塞式程序就已经处理不了（拒绝服务）。

而对于 WebFlux，则可以做到立即响应（告诉用户等着），然后将收到的请求转发给 Work 线程去处理。WebFlux 只会在 Work 线程形成阻塞，如果再来请求也可以处理。其主要应用在业务处理较耗时的场景中，用来减少服务器资源的占用，提高并发处理速度。

WebFlux 的简单理解就是：你来了，我立马应答你，但是服务需要等待；而不是你来了没人理你，咨询服务半天也没人回复。

结论：MVC 能满足的场景，就不需要改用 WebFlux。WebFlux 和 MVC 可以混合使用。如果开发 I/O 密集型服务，则可以选择用 WebFlux 实现。

如果在 pom.xml 文件中同时引用了 spring-boot-starter-web 和 spring-boot-starter-webflux 依赖，则优先会使用 spring-boot-starter-web。这时，控制台输出的启动日志会提示“Tomcat started on port(s): 8080 (http) with context path”，而如果使用 WebFlux，则会提示“Netty started on port(s): 8080”。

5.7.3　比较 Mono 和 Flux

1. Mono 和 Flux 是什么

Mono 和 Flux 是 Reactor 中的两个基本概念。

- Mono 和 Flux 都是事件发布者，为消费者提供订阅接口。当有事件发生时，Mono 或 Flux 会先回调消费者的相应的方法，然后通知消费者相应的事件。这也是响应式编程模型。
- Mono 和 Flux 用于处理异步数据流，它不像 MVC 中那样直接返回 String/List，而是将异步数据流包装成 Mono 或 Flux 对象。

2. Mono 和 Flux 的区别

（1）Flux 可以发送很多 item，并且这些 item 在经过若干操作符（Operators）后才被订阅。Mono 只能发送一个 item。

（2）Mono 用于返回单个数据。Flux 用于返回多个数据。

如果要根据 ID 查询某个 User 对象，则返回的肯定是单个 User，那么需要将其包装成 Mono<User>。

如果要获取所有 User（这是一个集合），则需要将这个集合包装成 Flux<User>。这里的单个数据并不是指一个数据，而是指封装好的一个对象。多个数据就是多个对象。

（3）Mono 表示包含 0 或 1 个元素的异步序列。在该序列中可以包含 3 种不同类型的消息通知：包含元素的消息(正常消息)、序列结束的消息、序列出错的消息。当消息通知（包含元素的消息、序列结束的消息、序列出错的消息）产生时，订阅者的对应方法 onNext()、onComplete()、onError() 被调用。消息通知与订阅者对应方法见表 5-10。

表 5-10　消息通知与订阅者对应方法

消息通知（事件发布者）	方法（事件订阅者）
包含元素的消息	onNext()
序列结束的消息	onComplete()
序列出错的消息	onError()

（4）Flux 表示的是包含 0 到 N 个元素的异步序列，在该序列中可以包含与 Mono 相同的 3 种类型的消息通知。

（5）Flux 和 Mono 可以进行转换。对一个 Flux 序列进行计数操作，得到的结果是一个 Mono<Long>对象。把多个 Mono 序列合并在一起，得到的是一个 Flux 对象。

5.7.4 开发 WebFlux 的流程

1. 注解式开发流程

WebFlux 是响应式框架，注解式开发方式只是 Spring 团队为了更好地迁移 MVC 方式而提供的。和 MVC 开发模式一样，地址映射也是通过注解@RequestMapping 提供的，用注解@Controller 或@RestController 来代替 Handler 类。

2. 响应式开发流程

（1）创建 Handler 类。

这里的 Handler 类相当于 SpringMVC 中 Controller 层中的方法体。在响应式编程中，请求和响应不再是 HttpServletRequest 和 HttpServletResponse，而是 ServerRequest 和 ServerResponse。

（2）配置 RouterFunction。

RouterFunction 和注解@RequestMapping 相似，都用于提供 URL 路径。RouterFunction 的格式也是固定的，第 1 个参数代表路径，第 2 个参数代表方法，合起来代表将 URL 映射到方法。

5.8 了解 Spring Cloud Commons

Spring Cloud Commons 的依赖不需要单独引入。如果在项目中依赖了"spring-cloud-starter"，则 Spring Cloud 会自动配置 spring-boot-starter、spring-cloud-context、spring-cloud-commons、spring-security-rsa 的依赖。

Spring Cloud Commons 通过 Spring Cloud Context 类、Spring Cloud Commons 公共抽象类来提供功能。

Spring Cloud官方把Spring Cloud Commons再分了两个库——Spring Cloud Context和Spring Cloud Commons，即Spring Cloud Commons下还有一个Spring Cloud Commons，这就像A下有A和C了，这导致不好翻译成中文，所以作者把它们翻译为：

- Spring Cloud Commons：Spring Cloud Commons的通用抽象。
- Spring Cloud Context：Spring Cloud的上下文。
- Spring Cloud Commons：Spring Cloud的公共抽象类。

5.8.1 Spring Cloud的上下文

Spring Cloud Context为Spring Cloud应用程序的ApplicationContext提供公共和特殊的服务。ApplicationContext用来引导上下文、加密、刷新作用域和环境的Spring Boot Actuator端点。

Spring Cloud Context构建了一个Bootstrap容器，并让其成为Spring Cloud应用容器的父容器。Bootstrap容器是为了预先完成一部分Bean的实例化而创建的，可以把Bootstrap容器看作是启动配置。

如果想构建自己的Bootstrap容器，则可以用Spring Boot的事件机制来实现，因为当Spring Boot初始化Environment（环境）后会发布一个事件，这个事件的监听器将用SpringApplicationBuilder类完成Bootstrap容器的创建。

在Bootstrap Application Context启动工作完成后，从bootstrap.properties或bootstrap.yml文件中读取的配置会被容器对应的配置文件application.properties或application.yml中的同名属性覆盖。

5.8.2 Spring Cloud的公共抽象类

Spring Cloud Commons是一组抽象和公共类，提供了服务注册与发现（注解@EnableDiscoveryClient）、负载均衡（注解@LoadBalancerClient）等抽象接口。这个抽象层与具体的实现方法无关。要实现这些功能，可以采用不同的技术，并可以做到在使用时灵活地更换。比如，服务发现可以用Eureka和Consul实现。

下面是一些常用的抽象点。

1. DiscoveryClient接口

DiscoveryClient接口提供了一个简单的API接口用来发现客户端，Spring Cloud会自动去寻找DiscoveryClient接口的实现用作服务发现。DiscoveryClient接口是一个通用的接口，不只针对 Netflix 的客户端 Ribbon。

默认情况下，DiscoveryClient 的实现类到自动注册本地的 Spring Cloud 服务器。如果想禁用自动注册功能，则可以在@EnableDiscoveryClient 中将 autoRegister 属性的值设置为 false。

DiscoveryClient 接口还可以利用了 LifeCycle 机制提供注册服务，即在容器启动时执行 ServiceRegistry 的 register()方法。使用 DiscoveryClient 可以自定义注册中心。如果要获取指定服务（如 service-provider）的所有“服务提供者”，则可以通过以下代码实现：

```
@Autowired
private DiscoveryClient discoveryClient;
/*获取所有“服务提供者”*/
@GetMapping("/instances-lists")
public Object instancesLists() {
    return discoveryClient.getInstances("service-provider");
}
```

获取 Consul 中所有注册服务的名称，见以下代码：

```
/*获取所有注册服务的名称*/
@GetMapping("/services-lists")
public Object servicesLists() {
        return discoveryClient.getServices();
    }
```

2. ServiceRegistry 接口

Commons 提供了一个 ServiceRegistry 接口。该接口提供了注册（Registration）与撤销注册（Deregistration）的方法。这里的 Registration 是一个标识接口，用来描述一个服务实例，其中包含实例的相关信息（主机名和端口号等信息）。

3. 整合 RestTemplate 和 Ribbon 实现负载均衡

通常，在 Spring Cloud 项目中用 Ribbon 实现客户端负载均衡，是通过给 RestTemplate 添加注解@LoadBalaced 实现的。例如，定义 Ribbon 的 RestTemplate 使用以下代码：

```
@Bean
@LoadBalanced
public RestTemplate restTemplate(){
        return new RestTemplate();
    }
```

然后，使用以下代码来调用服务。

```
restTemplate.getForEntity("http://provider/hello", String.class).getBody()
```

第3篇　进阶

第 6 章 用 Consul 实现服务治理

Consul 是实现服务治理的杰出项目，它可以和目前广泛使用的容器技术 Docker 完美地结合在一起。本章首先介绍为什么要进行服务治理，以及主流的服务治理项目；然后介绍 Consul 的概念、如何进行服务的注册和发现，以及如何实现集群；最后通过一个实例介绍在 Spring Cloud 中如何用 Consul 来治理服务。

6.1 为什么需要服务治理

在没有进行服务治理前，服务之间的通信是通过服务间直接相互调用来实现的，如图 6-1 所示。

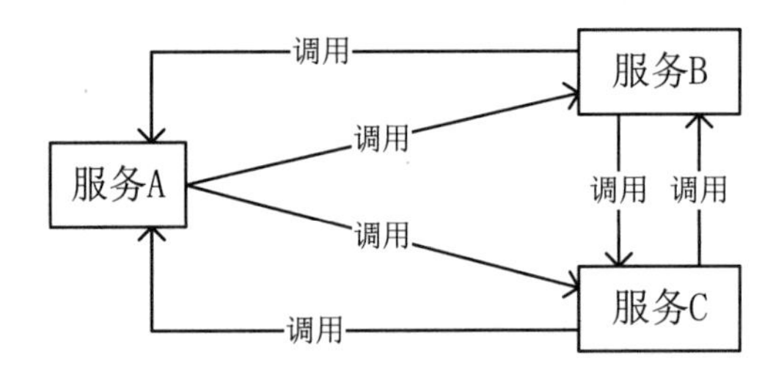

图 6-1　没用“服务中心”时服务之间的相互调用

从图 6-1 可以看出，服务 A 直接调用服务 B 和服务 C，同样，服务 B 直接调用服务 A 和服务 C，服务 C 直接调用服务 A 和服务 B。如果系统不复杂，这样调用没什么问题。但在复杂的微服务系统中，采用这样的调用方法就会产生问题。

微服务系统中服务众多，且提供相同功能的服务也会被部署很多以实现负载均衡。这样会导致服务间的相互调用非常不便，因为要记住提供服务的 IP 地址、名称、端口号等。这时就需要中间代理，通过中间代理来完成调用。此时“服务中心”应运而生，有了“服务中心”（服务治理）后，服务之间的调用如图 6-2 所示。

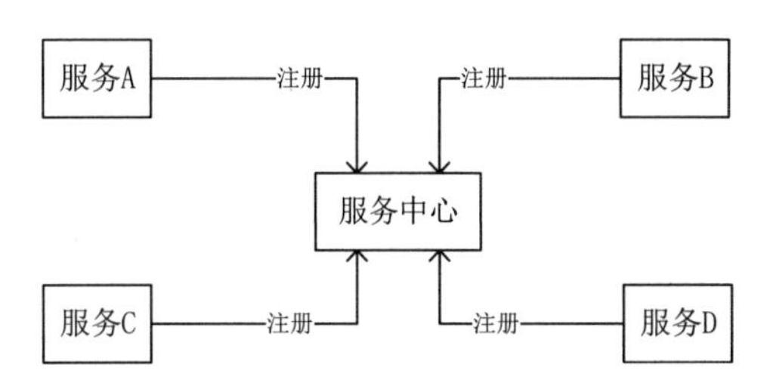

图 6-2　“服务中心”下各服务的注册和调用

这时微服务的调用步骤为：

（1）“服务提供者”在“服务中心”完成注册。

（2）“服务消费者”从“服务中心”获取（如“GET”）注册过的服务的列表，并根据特定算法从获取到的服务列表中选择需要的某个服务来调用。

从上面的步骤可以看出：如果通过“服务中心”来治理服务，则“服务消费者”不需要知道被调用的服务 IP 地址、由多少台服务器组成，以及怎么使用负载均衡算法。

由于服务都注册到“服务中心”了，由“服务中心”对服务进行注册和管理，所以，实现“服务提供者”负载均衡、根据服务调用情况来做熔断、对“服务提供者”设置不同的权重等就变得容易了。

“服务中心”是微服务架构中的关键组件之一。Spring Cloud 可以集成多种“服务中心”工具，例如：Eureka、Zookeeper、Consul。下面介绍这几个“服务中心”工具。

6.2　主流的“服务中心”

“服务中心”又称作“注册中心”或“服务治理框架”，其主要功能包括服务的注册、服务的发现等。

6.2.1　Eureka

Eureka 是 Netflix 公司开发的一个基于 REST 的服务治理框架。Spring Cloud 封装了 Eureka 来实现服务的注册和发现。Spring Cloud 的一些其他模块（如 Zuul）可以通过 Eureka Server 来发现系统中的其他微服务，并执行相关的逻辑。

Eureka 由服务器端和客户端组成，包含以下 3 个角色：服务中心、服务提供者、服务消费者。

Eureka 服务器端是一个 Java 客户端，用来简化服务间的交互。它提供基于流量、资源利用率及出错状态的加权负载均衡。

Eureka 客户端是一个添加了 Eureka 客户端发现依赖的服务，包含服务提供者和服务消费者。

Eureka 的基本架构如图 6-3 所示。

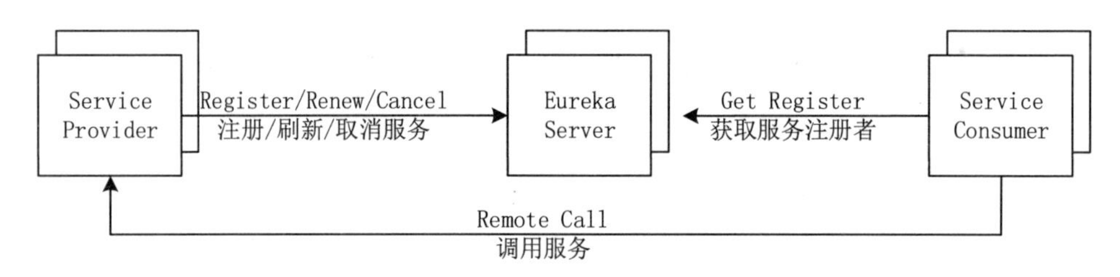

图 6-3　Eureka 的基本架构

从图 6-3 可以看出，Eureka 由 3 个角色组成：

- Eureka Server：服务器端。它提供服务的注册和发现功能，即实现服务的治理。
- Service Provider：服务提供者。它将自身服务注册到 Eureka Server 中，以便“服务消费者”能够通过服务器端提供的服务清单（注册服务列表）来调用它。
- Service Consumer：服务消费者。它从 Eureka 获取“已注册的服务列表”，从而消费服务。

官方不再维护 Eureka 2.x。

6.2.2　Zookeeper

Zookeeper 是一个分布式服务治理框架，是 Apache Hadoop 的一个子项目，用来解决在分布式应用中经常遇到的数据管理、维护配置信息、统一命名服务、状态同步服务、集群管理、分布式应用配置项的管理等问题。

它提供了目录节点树（类似文件系统）数据存储方式，可以维护和监控存储数据的状态变化。通过监控这些数据状态的变化，实现基于数据的集群管理。

Zookeeper 不只是一个服务治理框架，还提供了文件系统、监听通知机制。如果使用的是 Zookeeper，则可以使用依赖 Java 环境的 Zkui 来搭建 Zookeeper 的可视化 Web 界面。

6.2.3 ETCD

ETCD 是一个高可用的分布式键值数据库，也可用于服务发现、配置共享。ETCD 采用一致性算法 Raft，基于 Go 语言实现。

随着 CoreOS、Kubernetes、Docker 等项目在开源社区日益火热，许多项目中都用 ETCD 作为高可用、强一致性的服务发现数据的存储仓库。

分布式系统中的数据分为控制数据和应用数据。ETCD 在使用场景中，默认处理的是控制数据。对于应用数据，只推荐在数据量很少，更新访问频繁的情况下使用 ETCD。

ETCD 具有以下特点。

- 简单：提供了基于“HTTP+JSON”的 API（gRPC），利用 CURL 命令就可以轻松使用。
- 快速：每个实例每秒可支持 1000 次写操作。
- 安全：提供了可选的 SSL 客户认证机制。
- 可信：使用的是 Raft 算法。

6.2.4 Consul

1. Consul 介绍

Consul 是由 HashiCorp 公司推出的一款开源工具，用于实现分布式系统的服务发现与服务配置。它内置了服务注册与发现框架、分布一致性协议实现、健康检查、Key-Value 存储、多数据中心方案。

Consul 使用 Go 语言编写，因此天然具有可移植性（支持 Linux、Windows 和 Mac OS X）。其安装包仅包含一个可执行文件，方便部署，可与 Docker 等轻量级容器无缝配合。

2. Consul 的功能特征

Consul 使用 Raft 算法（ETCD 也采用 Raft 算法）来保证一致性，比使用复杂的 Paxos 算法（Zookeeper 采用的算法）更简单。

在 Raft 算法中，只有最新的服务器才能成为领导者；而在 Paxos 算法中，任何服务器都可以成为领导者。Paxos 的灵活性会带来额外的复杂性和性能开销。

Consul 支持多数据中心，内外网的服务采用不同的端口号进行监听。采用多数据中心集群可以避免单数据中心的单点故障，但其部署则需要考虑网络延迟、分片等情况。Zookeeper 和 ETCD 均不提供多数据中心功能。

总的说来，Consul 具有以下特性：

- 支持健康检查。ETCD 不提供此功能。
- 支持 HTTP 和 DNS 协议接口。
- 官方提供了其 Web 管理界面。
- 支持服务发现。
- 采用 Key-Value 存储数据。
- 支持多数据中心。

6.2.5 比较 Eureka、Consul、ETCD、Zookeeper 和 Nacos

表 6-1 中比较了目前主流的服务中心框架。

表 6-1 Eureka、Consul、ETCD、Zookeeper、Nacos 的区别

项　目	Eureka	Consul	ETCD	Zookeeper	Nacos
编写语言	Java	Go	Go	Java	Java
客户端支持（接口）	HTTP	HTTP、DNS	HTTP、Etcd3、gRPC	跨语言弱，Curator 组件	HTTP、动态 DNS、UDP
服务健康检查	需要显式配置健康检查支持	提供详细的服务状态、内存、硬盘检查	连接心跳	长连接、Keepalive	TCP/HTTP/MySQL
多数据中心	无	通过 WAN 的 Gossip 协议支持	无	无	支持单机模式、集群模式、多集群模式
Key-Value 存储	无	支持	支持	支持	支持
一致性	只能保证最终一致性，不能保证强一致性	Raft	Raft	Paxos	Raft
CAP	AP（高的可用性）	AP（高的可用性）	CP（牺牲可用性）	CP(牺牲可用性)	通知遵循 CP 原则（一致性+分离容忍）和 AP 原则（可用性+分离容忍）
Watch 支持	支持	支持	支持	支持	支持
自身监控	Metrics	Metrics	Metrics	需要使用第三方组件	Metrics
安全	ACL	ACL/HTTPS	HTTPS	ACL	ACL/HTTPS
Spring Cloud 集成	支持（2.0 版暂时不支持）	支持	支持	支持	支持

在以上服务发现软件中，Eureka 和 Consul 使用得较为广泛。

Consul 自身功能强大，与 Spring Cloud 集成较为顺畅，而且运维的复杂度低（对 Docker 集成更好）。综合比较，Consul 算得上一个服务注册和配置管理的新星，值得关注和研究。

Consul 的官方已经提供了其与其他服务治理框架的详细对比信息，有兴趣的读者可以到官方网页进行查看。

6.2.6　了解 CAP（一致性、可用性、分区容错性）

1. CAP 概念

CAP 是一致性（Consistency）、可用性（Availability）、分区容错性（Partition Tolerance）的简称。

（1）一致性（C）：保证“读”操作能返回最新的结果。在支付场景中，对一致性有较高的要求。但在日志记录场中，对一致性的要求就较低，可以牺牲一致性来换取可用性。

（2）可用性（A）：非故障的节点应在合理的时间内返回合理的响应（不是错误和超时的响应）。可用性保证系统一直处于能正常使用的状态。

（3）分区容错性（P）：在分布式系统中，要能保证在部分机器断网或宕机的情况下有其他的服务器能继续提供服务。

2. 三种场景

一个分布式系统一定不能同时满足 C、A 和 P，所以存在如下三种场景。

（1）CP（一致性+分区容错性）：牺牲可用性，保证一致性。一致性要求较高的场景有支付、抢红包等。

（2）AP（可用性+分区容错性）：即牺牲一致性保证可用性，这样能提高用户体验和性能等。比如日志记录、数据投递、存储系统配置等场景。

（3）CA（一致性+可用性）：如果不能保证分区容错性，一旦产生断网宕机等意外情况，则系统就会无法工作。目前很少有场景会完全不考虑分区容错性。

由于分区容错性 P 在分布式系统中是必须要保证的，因此我们只能在 A 和 C 之间进行权衡。

6.2.7　在容器化时代如何选择“服务中心”

Eureka 优势在于其是完全基于 Java 实现的。使用 Eureka，需要添加 JAR 包依赖，这和其他 Java 应用程序的开发和部署类似。Java 程序员进行 Eureka 定制开发更容易，而且它与 Spring Cloud 的其他组件具有良好的适配性。

Eureka 的不足主要在于它的心跳机制，这种心跳机制导致服务的状态改变不及时。另外，需要在服务内添加 Eureka 客户端来实现注册和心跳。

- Consul 的优势在于：提供了主动检测服务状态功能、支持多数据中心。

- Consul 的不足在于：与 Eureka 一样，在非 Docker 容器环境中，也需要在服务内添加 Consul 客户端来实现注册和心跳。

由于微服务的数目庞大、部署困难，因此需要实现自动化部署。一般情况下，都采用容器部署。在选择服务治理软件时，也要考虑对容器的支持。

而容器化部署采用 Docker 的比较多。在 Docker 容器中，服务一般无法了解自己在宿主机的端口号和真实的网络地址，这导致服务自身的服务化注册比较困难。即使能注册也会对服务有侵入性，因为这是违背业务单一和低耦合原则的。所以，如果 Consul 要把注册的地址和端口号让容器来处理，则可以通过 Docker Registrator 来实现，不需要修改服务。Eureka 和 Consul 部署在不同环境中对服务的侵入性如图 6-4 所示。

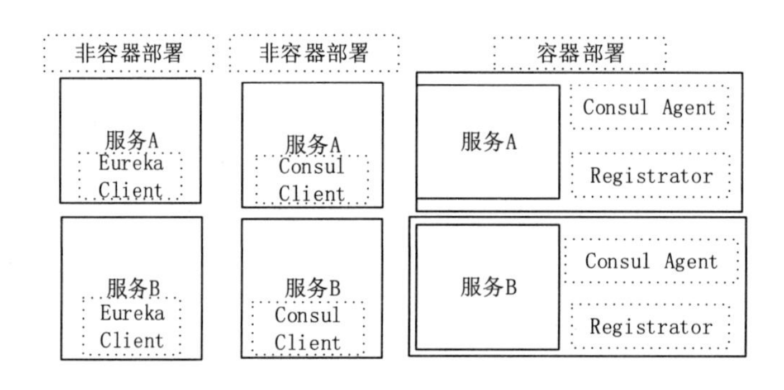

图 6-4　侵入性对比

综上所述，在容器化部署时代，应尽可能选择 Consul。

6.3　认识“服务发现”接口

6.3.1　如何进行服务的注册和发现

Spring Cloud Commons 通过封装 DiscoveryClient 接口来提供一个简单的接口，以发现客户端。Spring Cloud 会先寻找 DiscoveryClient 接口的实现，然后将它用作服务发现。在开发过程中，可以通过下面 3 个步骤来使用注册中心。

1. 添加依赖

添加 Spring Cloud 所支持的 Consul 的 Starter，如以下代码：

```
<!-- Spring Cloud Consul 的支持-->
<dependency>
<groupId>org.springframework.cloud</groupId>
```

```
<artifactId>spring-cloud-starter-consul-discovery</artifactId>
</dependency>
```

2. 启用注解

在启动类中添加注解@EnableDiscoveryClient。

3. 添加配置

在完成上面工作后，再配置“服务中心”的 IP 地址和端口号即可使用。

6.3.2　@EnableDiscoveryClient 与@EnableEurekaClient 的区别

在第 3 章的实例中使用过注解@EnableEurekaClient。在 Spring Cloud 中，启用“服务中心”可以通过两个注解来实现：@EnableDiscoveryClient 和 @EnableEurekaClient（@EnableEurekaClient 是专用于 Eureka 的注解），它们的用法基本一致。

- @EnableDiscoveryClient 基于 spring-cloud-commons。
- @EnableEurekaClient 基于 spring-cloud-netflix。

其共同点：启用后都能够让“服务中心”发现、扫描到服务。

其不同点：@EnableEurekaClient 只支持 Eureka，@EnableDiscoveryClient 除支持 Eureka 外还支持其他类型的“服务中心”。

如果选用的“服务中心”是 Eureka，则两个注解都可以使用。如果选用的是其他“服务中心”，则只能使用注解@EnableDiscoveryClient。

6.4　认识 Consul

6.4.1　Consul 的术语

在 Consul 中有以下术语。

- Agent：在 Consul 集群的每个成员上都会运行 Agent，Agent 是一个守护进程。Agent 有 Client 和 Server 模式。Agent 能运行 DNS 或者 HTTP 接口，并负责在运行时检查和保持服务同步。
- Client：一个转发所有 RPC 到 Server 的代理。这个 Client 是相对无状态的。Client 唯一执行的后台活动是加入 LAN gossip 池。它只需要较低的资源开销，并且仅消耗少量的网络带宽。
- Server：一个具有扩展功能的代理，它的功能包括参与 Raft 选举、维护集群状态、响应 RPC 查询、与其他数据中心交互 WAN gossip、转发查询给 Leader 或者远程数据中心。它在局域网内与本地客户端进行通信，通过广域网与其他数据中心进行通信。Server 保存集群中的配置信息，每个数据中心的 Server 数量推荐为 3~5 个。

- DataCenter：一个私有的、低延迟和高带宽的一个网络环境。
- Consensus：用来表明 Server 间就 Leader 选举和事务的顺序达成一致。由于这些事务都被应用到有限状态机上，所以 Consensus 代表复制状态机的一致性。
- Gossip：用于实现基于 UDP 的随机点到点的通信。
- LAN Gossip：它包含所有位于同一个局域网或者同一个数据中心的所有节点。
- WAN Gossip：它只包含分布在不同数据中心的所有节点。数据中心间通常采用因特网或者广域网进行通信。
- RPC：远程过程调用。这是一个允许 Client 请求 Server 的请求/响应机制。

6.4.2 Consul 的工作原理

Consul 作为“服务中心”对“服务提供者”和“服务消费者”进行治理。Consul 的工作原理如图 6-5 所示。

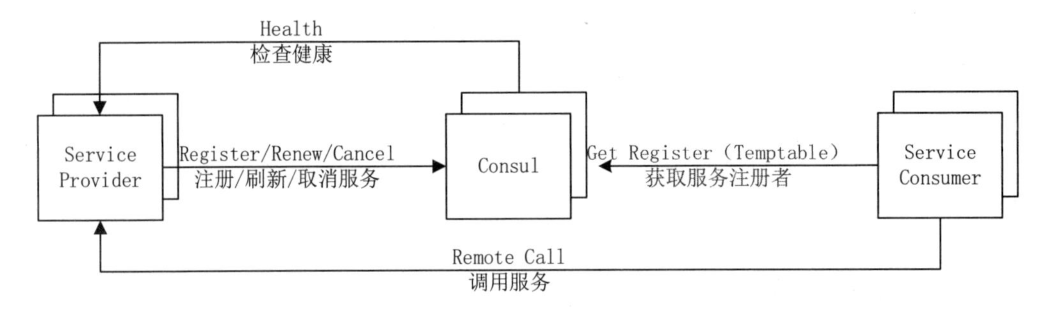

图 6-5 Consul 工作原理

具体说明如下。

（1）“服务提供者”（Service Provider）在启动时向 Consul 发送一个 POST 请求，告诉 Consul 自己的 IP 地址和端口号等。

（2）Consul 在接收到 Service Provider 的注册后，每隔 10s（默认）会向 Service Provider 发送一个健康检查的请求，以检验其是否健康。

（3）“服务消费者”（Service Consumer）在调用服务前，会先从 Consul 中获取一个存储“服务提供者”IP 地址和端口号的临时表，然后发送请求给 Service Provider（比如 GET 请求）。

（4）Consul 中的“服务提供者临时表”每隔 10s 更新一次，其中只包含通过了健康检查的 Service Provider。

6.4.3　集群的实现原理

Consul 集群（Consul Cluster）的实现原理如图 6-6 所示（图片来自官方）。

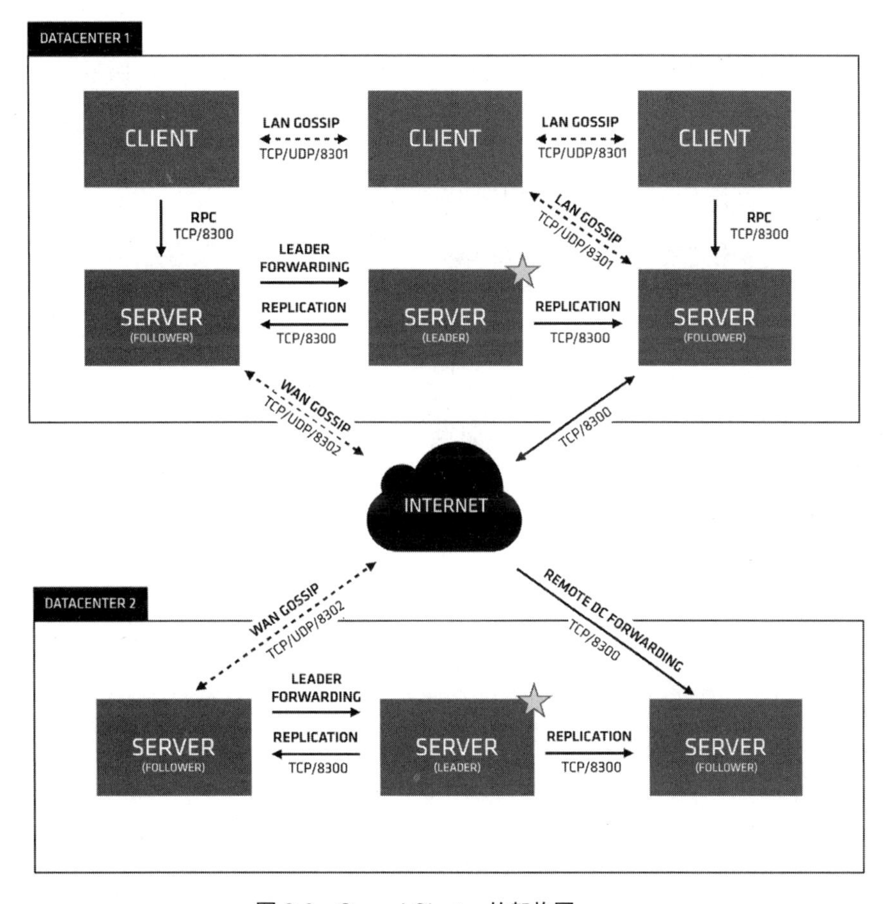

图 6-6　Consul Cluster 的架构图

从图 6-6 中可以看到，在每个数据中心中 Client 和 Server 是混合的。官方建议，一个数据中心的 Server 数量最好是 3～5 台，这是权衡可用性和性能后得到的一个值。因为，如果有太多的机器加入，则达成共识会变得很慢；而只有 1～2 台 Server 的数据中心可用性又不高。

数据中心并不限制 Client 的数量，可以将 Client 扩展到数千或者数万台。Consul 要求同一个数据中心的所有节点都必须采用 Gossip 协议。这样做的好处是：

- 不需要在 Client 上配置 Server 的 IP 地址。
- 检测节点故障工作采用的是分布式，而不是放在 Server 上。
- 便于消息层通知事件（如选举 Leader）。

数据中心的 Leader 是一个有额外工作的 Server，它是由所有 Server 选出的。Leader 负责处理所有的查询和事务。因为有一致性协议要求，所以事务也必须被复制到所有其他的节点中。每个数据中心的 Server 都是 Raft 节点集合的一部分。一个非 Leader 的 Server 在收到一个 RPC 请求后会将请求转发给集群 Leader。

为了允许数据中心能够以“Low-touch”方式发现彼此，在 Consul 中使用了 WAN gossip Pool，这个工具不同于 LAN Pool，它只包含其他 Server 节点的信息，用于优化网络延迟。这样便于一个新的数据中心很容易地加入现存的 WAN gossip。因为所有 Server 都运行在这个 WAN gossip Pool 中，所以 Server 也支持跨数据中心的请求。

一个 Server 在收到来自另一个数据中心的请求后，会随即将该请求转发给正确数据中心的一个 Server。该 Server 再转发给本地 Leader。数据中心之间只有一个很低的耦合。

Consul 提供的故障检测、连接缓存和复用功能，使得跨数据中心的请求都是相对快速和可靠的。

6.4.4 健康检查

在微服务架构中，微服务会存在多个实例，这些实例部署在多台主机中。因为网络、主机状态等诸多因素，所以单台主机上的服务出现问题的概率不低。这就要求我们能够监控每台主机、每个微服务实例的健康状态。

为了防止使用不健康的服务，“服务中心”需要进行健康检查。Consul 提供了强大而灵活的健康监测功能。

Consul 支持 5 种健康检测的方式，分别为 Script、HTTP、TTL（Time to Live）、TCP、Docker。

1. Script

在这种方式中，通过执行脚本来进行健康检测。见以下代码：

```
{
  "check": {
    "id": "Memory-check",
    "name": "Memory-check",
    "args": ["/Memory-check.py", "-limit", "1024MB"],
    "interval": "10s",
    "timeout": "1s"
  }
}
```

脚本按照指定时间来进行循环调用，默认超时时间是 30s，可以通过 timeout 属性来指定该值。

2. HTTP

这种方式是先按预设的时间间隔创建一个 HTTP 请求，然后根据 HTTP 响应代码来判断服务所处的状态。见以下代码：

```
{
  "check": {
    "id": " HTTP check",
    "name": "HTTP check",
    "http": "https://www.zh.com/health",
    "tls_skip_verify": false,
    "method": "POST",
    "header": {"x-user":["name", "zhonghua"]},
    "interval": "10s",
    "timeout": "1s"
  }
}
```

HTTP 默认的超时时间为在“timeout”中指定的值，最长时间为 10s。

3. TTL（Time to Live）

这种方式用于检查服务的“live”状态，该状态必须通过 HTTP 接口周期性更新。如果外部接口没有更新，则会被认为其状态不正常。TTL 检查会将其已知的最后状态存储到磁盘中，允许 Agent 通过重启来恢复到该状态。见以下代码：

```
{
  "check": {
    "id": " Status check",
    "name": "Status check",
    "notes": " Status check ",
    "ttl": "30s"
  }
}
```

4. TCP

这种方式是先按照预设的时间间隔与指定的服务建立一个 TCP 连接，然后根据连接的状态来标示服务的状态。见以下代码：

```
{
  "check": {
    "id": " TCP check",
    "name": "TCP check",
    "tcp": " www.zh.com",
    "interval": "10s",
    "timeout": "1s"
```

```
  }
}
```

默认情况下，TCP 检查的请求超时时间等于调用请求的间隔时间，最长为 10s。也可以自定义该值。

5. Docker

这种方式需要通过 Docker Exec API 来触发外部应用。见以下代码：

```
{
"check": {
    "id": "Memory-check",
    "name": "Memory-check",
    "docker_container_id": "f900c00ebf0e",
    "shell": "/bash",
    "args": ["/Memory-check.py"],
    "interval": "10s"
  }
}
```

上面代码中的 name 是必填的。id 在 Agent 范围内必须是唯一的。如果没提供 id，则默认用 name 作为 id。

Consul 除提供了服务发现和综合健康检查功能外，还提供了一个易于使用的 Key-Value 存储功能，用来存储分布式配置。默认情况下，配置文件存储在/config 文件夹中。

6.4.5 安装和实现 Consul 集群

1. Consul 的安装和启动

要实现 Consul“服务中心”功能，需要先安装 Consul。具体步骤如下。

（1）来到 Consul 官方网站，根据提示下载与系统匹配的服务器端。作者这里下载的是 Consul（1.6.0 Windows 版本）。

（2）下载后解压缩。

（3）用命令启动 Consul。在 DOS 窗口中进入 Consul 的解压缩目录，然后输入以下命令：

```
#-dev 表示以开发模式运行。如果用“ - server”，则表示以服务器模式运行
consul agent -dev
```

启动成功后将显示如图 6-7 所示信息。

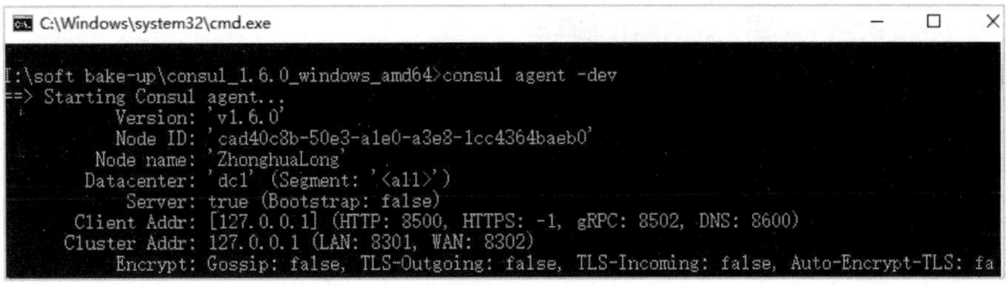

```
C:\Windows\system32\cmd.exe
I:\soft bake-up\consul_1.6.0_windows_amd64>consul agent -dev
==> Starting Consul agent...
           Version: 'v1.6.0'
           Node ID: 'cad40c8b-50e3-a1e0-a3e8-1cc4364baeb0'
         Node name: 'ZhonghuaLong'
        Datacenter: 'dc1' (Segment: '<all>')
            Server: true (Bootstrap: false)
       Client Addr: [127.0.0.1] (HTTP: 8500, HTTPS: -1, gRPC: 8502, DNS: 8600)
      Cluster Addr: 127.0.0.1 (LAN: 8301, WAN: 8302)
           Encrypt: Gossip: false, TLS-Outgoing: false, TLS-Incoming: false, Auto-Encrypt-TLS: fa
```

图 6-7　Consul 的启动界面

（4）访问 http://localhost:8500 即可进入 Consul 的管理界面。

Agent 可以在服务器或客户端模式下运行。

每个数据中心都必须至少有一台 Agent（Server 模式），但推荐使用 3~5 台。

Agent（Client 模式）是一个非常轻量级的进程，它用于注册服务、运行健康检查，并将查询转发给运行服务器模式的 Agent（Server 模式）。

2. 实现“服务中心”集群

当一个 Consul 的 Agent 启动后，它不知道任何其他节点。如果要了解其他集群成员，则 Consul Agent 必须加入该集群，在加入集群后它会与该集群中的成员进行通信。Agent 可以加入任何其他代理，而不仅仅是服务器模式下的代理。

3. 常用命令

Consul 有以下常用命令。

- consul members：查看集群成员信息。
- consul members -detailed：查看集群成员的详细信息。
- consul monitor：持续打印当前 Consul 的日志。

4. 对外接口

Consul 默认提供以下对外接口。

- http://host:8500/v1/status/leader：显示当前集群的 Leader。
- http://host:8500/v1/agent/members：显示集群所有成员的信息。
- http://host:8500/v1/status/peers：显示集群中的 Server 成员。
- http://host:8500/v1/catalog/services：显示所有服务。
- http://host:8500/v1/catalog/nodes：显示集群节点的详细信息。

6.4.6 在 Linux 中构建 Consul 集群

作者推荐在 Linux 中构建 Consul 集群。

1. 准备工作

（1）启动 3 台 CentOS 虚拟机，配置好 IP 地址，分别为：

Server 1：10.0.2.15

Server 2：10.0.2.16

Server 3：10.0.2.17

（2）在每台机器上的/usr/local 下新建一个文件夹，见以下命令：

```
mkdir  /usr/local/consul
```

（3）下载 Consul，并将其复制到/usr/local/consul 中。

执行以下命令下载 Consul。

```
sudo wget https://releases.hashicorp.com/consul/1.6.1/consul_1.6.1_linux_amd64.zip
```

如果是以最小化方式安装的 Linux，则 Wget 工具默认不会被安装。如果“wget”命令不能使用，则先安装 Wget 工具包。

（4）执行以下命令解压缩 Consul：

```
unzip consul_1.6.1_linux_amd64.zip
```

2. 启动 Server Agent

（1）进入 Consul 目录中执行命令：

```
sudo ./consul agent -server -bootstrap-expect 2 -data-dir=data -node=n1 -bind=10.0.2.15
-client=0.0.0.0 &
```

- server：以 Server 身份启动。
- bootstrap-expect：集群要求的最少 Server 数量。当低于这个数量时集群失效。
- data-dir：data 存放的目录。
- node：节点的 ID，在同一集群中不能存在重复的 ID。
- bind：监听的 IP 地址。
- client：客户端的 IP 地址。
- &：在后台运行（此为 Linux 脚本语法）。

（2）在 Server 2 中执行以下命令：

```
sudo ./consul agent -server -bootstrap-expect 2 -data-dir=data -node=n2 -bind=10.0.2.16
-client=0.0.0.0 &
```

（3）在 Server 3 中执行以下命令：

```
sudo ./consul agent -server -bootstrap-expect 2 -data-dir=data -node=n3 -bind=10.0.2.17
-client=0.0.0.0 &
```

（4）在 Server2、Server3 中分别执行：

```
./consul   join   10.0.2.15
```

至此整个 Consul Server 集群配置完成了。可以使用“consul members”命令查看集群中包含的“node”信息，使用“consul info”命令查看当前节点的状态。

3. 搭建管理工具

Consul 自带服务的 Web 界面，可以对 Key-Value 对、服务、节点进行操作。

下载 Consul Web UI（包含一个 HTML 文件和一个 static 文件），将其放到本机中的 Consul 目录下。

在本机启动 Consul 并设置 UI 文件目录，见以下代码：

```
sudo ./consul agent -server -bootstrap-expect 2 -data-dir=data -node=n1 -bind=10.0.2.15
-ui-dir=webui -client 0.0.0.0 &
```

打开浏览器访问本机 8500 端口，即可进入管理界面。

6.5　实例 5：用 Consul 实现“服务提供者”集群和“服务消费者”

本实例演示如何用 Consul 实现“服务提供者”集群和“服务消费者”。本实例的架构如图 6-8 所示。本书后面的实例会使用本实例中的这个“服务提供者”。

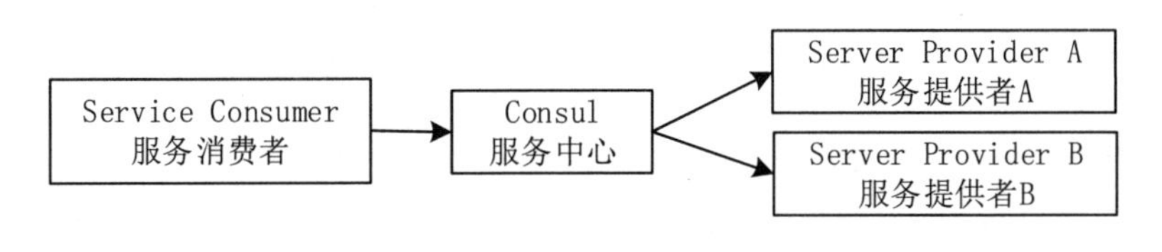

图 6-8　实例架构图

6.5.1　实现“服务提供者”集群

代码 本实例的源码在本书配套资源的“/Chapter06/Consul Provider”目录下。

1．添加依赖和配置

（1）添加 Consul、Actuator 的依赖以及 Web 依赖，见以下代码：

```
<!-- Spring Cloud Consul 的依赖-->
<dependency>
<groupId>org.springframework.cloud</groupId>
<artifactId>spring-cloud-starter-consul-discovery</artifactId>
</dependency>
<!--Actuator 的依赖-->
<dependency>
<groupId>org.springframework.boot</groupId>
<artifactId>spring-boot-starter-actuator</artifactId>
</dependency>
<!-- Spring Boot 的 Web 依赖-->
<dependency>
<groupId>org.springframework.boot</groupId>
<artifactId>spring-boot-starter-web</artifactId>
</dependency>
```

（2）添加配置文件 application-consul-provider1.properties，在配置文件中需要添加 Consul 的地址和端口号，以及注册“服务提供者”的名称，见以下代码：

```
spring.application.name=consul-provider
server.port=8504
#Consul 的地址和端口号默认是 localhost:8500
spring.cloud.consul.host=localhost
spring.cloud.consul.port=8500
#注册到 Consul 的服务名称
spring.cloud.consul.discovery.serviceName=service-provider
provider.name=p1
```

2．开启“服务注册”功能

在启动类中添加注解@EnableDiscoveryClient，以开启“服务注册”功能。

3．实现服务接口

“服务提供者”需要对外提供服务，所以需要编写服务接口以实现服务功能，见以下代码：

```
/**服务接口*/
@RestController
public class HelloController {
    /*注入“服务提供者”的名称*/
```

```
    @Value("${provider.name}")
    private String name;
    /*注入“服务提供者”的端口号*/
    @Value("${server.port}")
    private String port;
    /*提供的接口，用于返回信息*/
    @RequestMapping("/hello")
    public String hello() {
        String str="provider:" + name + " port:" + port;
        //返回数据
        return str;
    }
}
```

4. 配置“服务提供者”集群

接下来添加配置文件 application-consul-provider2.properties，添加 Consul 的地址和端口号，以及注册“服务提供者”名称，见以下代码：

```
spring.application.name=consul-provider
server.port=8505
#Consul 的地址和端口号默认是 localhost:8500。如果不是这个地址应自行配置
spring.cloud.consul.host=localhost
spring.cloud.consul.port=8500
#注册到 Consul 的服务名称
spring.cloud.consul.discovery.serviceName=service-provider
provider.name=p2
```

5. 启动“服务提供者”集群

打包“服务提供者”，然后进入打包后的 JAR 包目录，分别以 consul-provider1、consul-provider2 的配置参数启动“服务提供者”。命令如下：

```
java -jar demo-0.0.1-SNAPSHOT.jar --spring.profiles.active=consul-provider1
```

```
java -jar demo-0.0.1-SNAPSHOT.jar --spring.profiles.active=consul-provider2
```

这里的 demo-0.0.1-SNAPSHOT.jar 是 JAR 包名字。

运行命令后可以发现，在 Consul 控制中心有两个“服务提供者”，ID 分别是 consul-provider-8504、consul-provider-8505。

访问 http://localhost:8504/hello，网页中显示：provider:p1 port:8504。

访问 http://localhost:8505/hello，网页中显示：provider:p2 port:8505。

至此“服务提供者”集群已经实现，接下来实现“服务消费者”。

6.5.2 实现“服务消费者”

代码 本实例的源码在本书配套资源的“/Chapter06/Consul Consumer”目录下。

1. 添加依赖

添加 Spring Cloud Consul 的依赖、Spring Boot 的 Web 依赖，见以下代码：

```
<!-- Spring Cloud Consul 的依赖-->
<dependency>
<groupId>org.springframework.cloud</groupId>
<artifactId>spring-cloud-starter-consul-discovery</artifactId>
</dependency>
<!-- Spring Boot 的 Web 依赖-->
<dependency>
<groupId>org.springframework.boot</groupId>
<artifactId>spring-boot-starter-web</artifactId>
</dependency>
```

2. 添加配置

因为“服务消费者”只是消费者，不提供服务，所以不需要将其注册到 Consul 中，只需要设置配置项“spring.cloud.consul.discovery.register=false”即可（也可以不设置），见以下代码：

```
spring.application.name=consul-consumer
server.port=8506
spring.cloud.consul.host=127.0.0.1
spring.cloud.consul.port=8500
#因为不提供服务，所以不需要注册到 Consul 中
spring.cloud.consul.discovery.register=false
```

3. 编写服务调用接口

```
/**调用服务接口*/
@RestController
public class HelloController {
@Autowired
    private LoadBalancerClient loadBalancer;
    /*调用“服务提供者”接口*/
    @GetMapping("/hello")
public String hello() {
//调用“服务提供者”service-provider
ServiceInstance serviceInstance = loadBalancer.choose("service-provider");
URI uri = serviceInstance.getUri();
String callService = new RestTemplate().getForObject(uri + "/hello", String.class);
System.out.println(callService);
return callService;
    }
```

4. 测试

启动“服务中心”Consul、服务提供者、服务消费者，然后多次访问 http://localhost:8506/hello。如果网页中交替出现“provider:p1 port:8504”和“provider:p2 port:8505”，则说明通过 RestTemplate 已经实现了客户端负载均衡。

6.6 将“服务中心”从 Eureka 迁移到 Consul

Spring Cloud Commons 封装了 DiscoveryClient 提供的一个简单接口来发现客户端，Spring Cloud 会自动去寻找 DiscoveryClient 接口的实现用作服务发现。所以，从 Eureka 迁移到 Consul 很顺畅，通过下面几步骤即可实现。

1. 修改依赖和配置

（1）将现有“服务提供者”的依赖改为 Consul 的依赖。见以下代码：

```
<!-- Spring Cloud Consul 的依赖-->
<dependency>
<groupId>org.springframework.cloud</groupId>
<artifactId>spring-cloud-starter-consul-discovery</artifactId>
</dependency>
```

（2）将配置信息修改为 Consul 的地址和端口号，并添加服务名。见以下代码：

```
#Consul 的地址和端口号默认是 localhost:8500。如果不是这个地址应自行配置
spring.cloud.consul.host=localhost
spring.cloud.consul.port=8500
#注册到 Consul 的服务名称
spring.cloud.consul.discovery.serviceName=service-provider
```

2. 修改启动类

修改启动类的注解@EnableEurekaClient 为@EnableDiscoveryClient。

从上面步骤可以看出，在用 Spring Cloud 构建微服务时，服务与服务之间已经没有侵入性了，但是微服务架构对服务还是有一定的侵入性。

第 7 章 用 Ribbon 和 Feign 实现客户端负载均衡和服务调用

用 Ribbon 或 Feign 可以实现客户端负载均衡和服务调用。

本章首先讲解什么是负载均衡、负载均衡策略、自定义负载均衡策略、Ribbon 的工作原理，以及如何用 RestTemplate 发送请求；然后通过一个实例讲解如何在没有“服务中心”的情况实现自维护的客户端负载均衡；最后讲解如何使用 Feign、自定义 Feign 等。

7.1 认识负载均衡

负载均衡常常指的是服务器端的负载均衡，比如：架设多个服务器来响应用户请求，多个服务器通过一定的管理规则来处理请求的转发。例如，以前在线看视频时常会有线路的选择，这其实是从多个服务器中手动选择线路，用户充当了“负载均衡选择器”的角色。

下面具体讲解服务器端负载均衡和客户端负载均衡，以及两者的区别和联系。

7.1.1 服务器端负载均衡

服务器端负载均衡是应对高并发和进行服务器端扩容的重要手段。过去常说的负载均衡通常都是指服务器端负载均衡。图 7-1 是服务器端负载均衡架构。

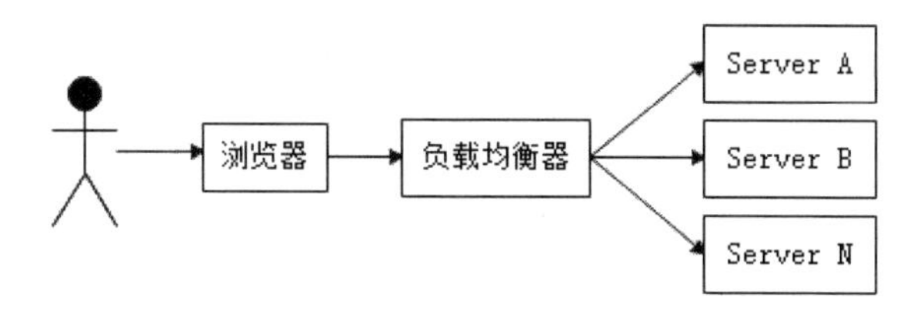

图 7-1　服务器端负载均衡架构

从 7-1 图可以看出，它和“超市顾客太多，增加收银员”的道理差不多。这里是增加了服务器，并增加了用于选择服务器的负载均衡器。

服务器端负载均衡，主要通过在客户端和服务器端之间增加负载均衡器来实现。而负载均衡器又分为硬件负载均衡和软件负载均衡：

- 硬件负载均衡主要采用 F5、Radware、Array、A10 等硬件设备。
- 软件负载均衡是在普通的服务器（硬件）上安装具有负载均衡功能的软件，以完成请求分发进而实现负载均衡。常见的负载均衡软件有 Nginx、LVS、Haproxy 等。

通过硬件和软件实现负载均衡的原理基本相同：它们都维护着一个正常服务清单，通过心跳机制来删除“出现故障的服务节点”或追加“恢复服务的节点”，以保证清单的有效性。

当客户端的请求到达服务器端的负载均衡器时，负载均衡器将按照某种配置好的规则从可用服务清单中选出一台服务器去处理客户端的请求。这就是服务器端负载均衡。

7.1.2　客户端负载均衡

客户端负载均衡的实现原理和服务器端负载均衡的实现原理差不多，它们的区别是：客户端本身拥有“服务提供者”清单，而服务器端负载均衡的“服务提供者清单”存储在负载均衡器中。

在客户端负载均衡中，所有的客户端节点都管理着一份自己要访问的服务提供者清单，这些清单都是从“服务中心”（Eureka、Consul 等）获取的。

7.2　认识 Ribbon

7.2.1　Ribbon 的工作原理

Ribbon 是 Netflix 公司的开源项目，是一款基于 HTTP 和 TCP 的客户端负载均衡组件，它是不可以独立部署的。Spring Cloud Ribbon 基于 Ribbon 实现，基于轮训、随机等规则自动调用服务，也可以根据需要自定义负载均衡算法，其工作原理如图 7-2 所示。

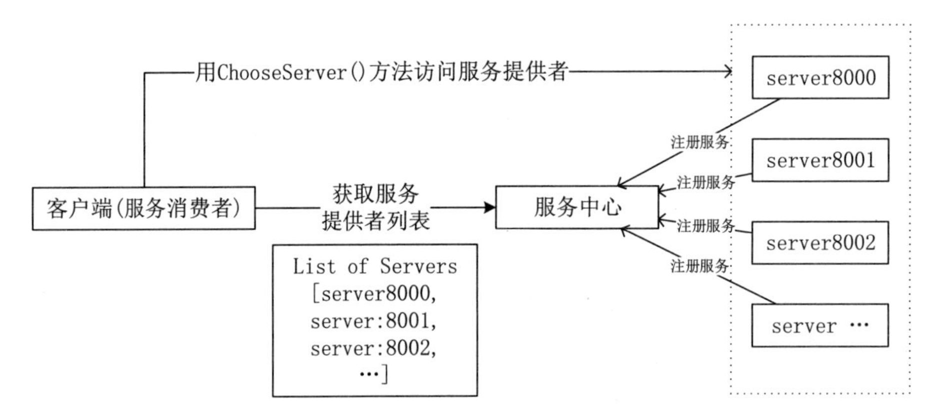

图 7-2　Ribbon 的工作原理

从图 7-2 中可以看出，Ribbon 在发起请求前，会从“服务中心”获取服务列表（清单），然后按照一定的负载均衡策略去发起请求，从而实现客户端的负载均衡。

Ribbon 本身也维护着“服务提供者清单”的有效性。如果它发现“服务提供者”不可用，则会重新从“服务中心”获取有效的“服务提供者清单”来及时更新。

在 Spring Cloud 中使用客户端负载均衡非常简便，只要开启注解@LoadBalanced 即可，这样客户端在发起请求时将自行选择一个“服务提供者”，从而实现负载均衡。

Spring Cloud Ribbon 一般和 Feign 一起使用。

7.2.2　Ribbon 的主要组件

Ribbon 有以下几个核心组件（接口类型）。

1. IClientConfig

它用于读取配置，其默认值是 DefaultConfigImpl。

2. ServerList

它用于获取“服务提供者”地址列表。它既可以是一组固定的地址，也可以是从“注册中心”中定期查询出的“服务提供者”地址列表。

3. ServerListFilter

它用于在原始的“服务提供者”地址列表中使用一定策略过滤一部分不符合条件的地址（仅当使用动态 ServerList 时使用）。

4. IRule

它负责处理负载均衡的规则，默认通过 ZoneAvoidanceRule 选择实例。Ribbon 的工作流程如下。

（1）通过 ServerList 获取所有可用的“服务提供者”地址列表。

（2）通过 ServerListFilter 过滤一部分“服务提供者”地址。

（3）在剩下的地址中通过 IRule 选出一台服务器。

5. Iping

它用来筛选掉 Ping 不通的实例。

6. ILoadBalancer

它是 Ribbon 的入口。

7. ServerListUpdater

它用于更新 ServerList。当“服务中心”上“服务提供者”实例的个数发生变化时，Ribbon 里的 ServerList 会根据默认值 PollingServerListerUpdate 定时更新“服务提供者”地址列表。

7.2.3 认识负载均衡器

在 Spring Cloud 中定义了 LoadBalancerClient 为负载均衡器接口，针对 Ribbon 实现了 RibbonLoadBalancerClient，通过 Ribbon 的 ILoadBalancer 接口来具体实现客户端负载均衡。

LoadBalancerClient（RibbonLoadBalancerClient 是实现类）在初始化时（execute()方法），会通过 ILoadBalancer（BaseLoadBalancer 是实现类）从服务注册中心获取“服务提供者”地址列表，并且每 10s 向“服务提供者”发送一次“ping”，来判断服务的可用性。如果服务的可用性发生了改变，或者服务数量和之前的不一致，则 RibbonLoadBalancerClient 会从“注册中心”更新“服务提供者”地址列表。LoadBalancerClient 有了这些“服务提供者”地址列表，即可根据具体的 IRule 来进行负载均衡。

LoadBalancerClient 主要职责有：添加服务器、选择服务器、获取所有的服务器列表、获取可用的“服务提供者”地址列表等。

IloadBalance 负载均衡器的源码如下：

```
public interface ILoadBalancer {
    void addServers(List<Server> var1);
    Server chooseServer(Object var1);
    void markServerDown(Server var1);
    @Deprecated
    List<Server> getServerList(boolean var1);
    List<Server> getReachableServers();
```

```
    List<Server> getAllServers();
}
```

其中，

- void addServers(List<Server> var1)：向负载均衡器中增加新的“服务提供者”地址列表。
- chooseServer(Object var1)：从“服务提供者”地址列表中挑选一个具体的服务实例。
- markServerDown(Server var1)：标示某个服务实例暂停服务。
- getReachableServers ()：获取可用的“服务提供者”地址列表。
- getAllServer()：获取所有的“服务提供者”地址列表。

1. AbstractLoadBalancer

AbstractLoadBalancer 类是 ILoadBalancer 的实现类。AbstractLoadBalancer 类的源码如下：

```
public abstract class AbstractLoadBalancer implements ILoadBalancer {
    public AbstractLoadBalancer() {
    }
    public Server chooseServer() {
        return this.chooseServer((Object)null);
    }
    public abstract List<Server> getServerList(AbstractLoadBalancer.ServerGroup var1);
    public abstract LoadBalancerStats getLoadBalancerStats();
    public static enum ServerGroup {
        ALL,
        STATUS_UP,
        STATUS_NOT_UP;
        private ServerGroup() {
        }
    }
}
```

可以看出，AbstractLoadBalancer 类实现了 ILoadBalancer 接口，并定义了一个关于“服务提供者”地址列表的分组枚举类 ServerGroup，其意义如下。

- ALL：所有服务。
- STATUS_UP：正常运行的服务。
- STATUS_NOT_UP：下线的服务。

在 AbstractLoadBalancer 类中，另外定义的几个方法的作用如下。

- chooseServer()：用来选取一个服务实例。
- getServerList()：用来获取某一个分组中所有的服务实例。

- getLoadBalancerStats()：用来获取 LoadBalancerStats 对象，它会保存每一个服务的所有细节信息。

2. BaseLoadBalancer

BaseLoadBalancer 类是 AbstractLoadBalancer 的一个实现类，它提供了以下功能：

- 用一个 List 集合来保存所有的服务实例，用另一个 List 集合来保存当前有效的服务实例。
- 在 BaseLoadBalancer 类中定义了一个 IpingStrategy 策略，用来描述检查服务的策略。
- chooseServer()方法调用 Irule 类中的 choose()方法来找到一个具体的服务实例。
- 在 BaseLoadBalancer 类中的构造方法中启动一个 PingTask()方法，以检查 Server 是否有效。
- markServerDown()方法用来标示某个服务是否有效。
- getReachableServers()方法用来获取所有有效的服务实例列表。
- getAllServers()方法用来获取所有服务的实例列表。
- addServers()方法用来向负载均衡器中添加一个新的服务实例列表。

3. DynamicServerListLoadBalancer

DynamicServerListLoadBalancer 类是 BaseLoadBalancer 类的一个子类，它对基础负载均衡器的功能做了进一步的扩展，主要是实现了服务实例清单在运行期间的动态更新能力，还提供了过滤服务实例清单功能。

4. ZoneAwareLoadBalancer

ZoneAwareLoadBalancer 类作为 DynamicServerListLoadBalancer 的子类，重写了 setServerListForZones()方法，以便调用 getLoadBalancer()方法来创建负载均衡器，并创建服务选择策略。

另外，ZoneAwareLoadBalancer 类会对 Zone 区域中的服务实例清单进行检查。如果对应的 Zone 没有实例，则 ZoneAwareLoadBalancer 类会清空 Zone 区域中的实例列表，防止在选择节点时出现异常。

在 DynamicServerListLoadBalancer 中没有重写 chooseServer()方法，依然使用的是 BaseLoadBalancer 类中的线性轮询策略。这种策略不具备区域感知功能，当需要跨区域调用时可能会产生长延迟。

7.2.4　了解注解@LoadBalanced

Spring Cloud 支持用 Feign 和 Restemplate 方式去调用服务，它使用“服务名+方法”形式去代替物理的 URL。这两种方式都是用 Ribbon 进行负载均衡的。

通常而言，通过 Ribbon 实现客户端负载均衡，主要是通过给 RestTemplate 添加注解@LoadBalaced 来整合 RestTemplate 和 Ribbon。例如，在定义 Ribbon 的 RestTemplate 时，具体方法如下：

```
@Bean
@LoadBalanced
    public RestTemplate rebbionRestTemplate(){
        return new RestTemplate();
    }
```

注解@LoadBalanced 用来标示 RestTemplate(RestTemplate 属于 Spring 而非 Ribbon)，以使用负载均衡的客户端（LoadBalancerClient）来配置 RestTemplate。

LoadBalancerClient 是在 Spring Cloud 中定义的一个接口，继承自 ServiceInstanceChooser 接口。

LoadBalancerClient 接口提供了以下 3 个方法。

- ServiceInstance choose(String serviceId)：父接口 ServiceInstanceChooser 的方法，根据传入的 serviceId 从负载均衡器中挑选服务实例。
- execute(String serviceId, ServiceInstance serviceInstance, LoadBalancerRequest request)：用以从负载均衡器中挑选出的服务实例来执行请求。
- URI reconstructURI(ServiceInstance instance, URI original)：为系统构建一个合适的“host:port”形式的 URI。在 Spring Cloud 中，一般用服务名称作为 host 来构建 URI（替代服务实例的“host:port”形式）进行请求，比如“http://Service/user”。在 URI 中，Service 实例对象是带有 host 和 port 的具体服务实例。

如果只想自定义某个 Ribbon 客户端的配置，则必须防止特定的包被注解@ComponentScan 扫描，否则它会对所有的 Ribbon 客户端生效。

7.2.5 Ping 机制

在负载均衡器中提供了 Ping 机制以检测“服务提供者”的有效性。Ping 机制每隔一段时间会执行“Ping”来判断服务器是否存活，该工作由 IPing 接口的实现类负责。Ribbon 默认的实现类为 DummyPing（不验证），默认情况下不会激活 Ping 机制。以下是 IPing 接口类的代码。

```
public interface IPing {
/*检查是否有存活的接口*/
    boolean isAlive(Server var1);
}
```

它有以下实现类。

- DummyPing：一个虚设的 IPing 实现，直接返回“true”。
- NoOpPing：什么也不做，直接返回 true。
- PingConstant：一个工具类的 IPing 实现。只要常量参数为 true 则表示服务实例存活，否则都是失效的服务实例。
- PingUrl：通过请求（request）访问服务返回的状态码来判定服务实例是否存活。根据状态码和返回的内容来判定服务实例是否有效。
- NIWSDiscoveryPing：通过“服务中心”（Discovery）判定服务实例是否存活。

7.3 认识负载均衡策略

7.3.1 Ribbon 支持的 9 大负载均衡策略

Ribbon 通过 IRule 接口定义负载均衡策略。IRule 接口是负载均衡策略的父接口，它的源码如下：

```
public interface IRule {
    Server choose(Object var1);
    void setLoadBalancer(ILoadBalancer var1);
    ILoadBalancer getLoadBalancer();
}
```

它的核心方法是 choose()，用来选择一个服务实例。

AbstractLoadBalancerRule 继承自 IRule，是一个负载均衡策略的抽象类，其主要定义了一个负载均衡器 ILoadBalancer。ILoadBalancer 根据负载均衡器中的信息来选择服务实例。定义 IRule 的主要目的是辅助均衡策略选取合适的服务实例，其默认采用的是线性轮询策略。

负载均衡策略主要有以下几种。

1. 线性轮询策略（Round Robin Rule）

BaseLoadBalancer 负载均衡器中默认采用线性轮询负载均衡策略（RoundRobinRule）。其工作流程为：

（1）RoundRobinRule 类的 choose(ILoadBalancer lb, Object key)方法初始化一个计数器 count。

（2）incrementAndGetModulo()方法获取一个下标（是先加 1，然后和服务清单总数取模获取到的，不会越界），是一个不断自增长的数。

（3）chooseServer(Object key)方法拿着下标去服务列表中取服务，每次循环计数器都会加 1。如果连续 10 次都没有取到服务，则会报“No available alive servers after 10 tries from load balancer.”警告。

2. 重试策略（Retry Rule）

重试策略使用在 RetryRule 类中定义的 choose(ILoadBalancer lb, Object key)方法来选择一个服务实例。

choose()方法也是采用 Round Robin Rule 中的 choose()方法来选择一个服务实例的。在选择实例时，

- 如果选到的服务实例正常，则返回数据。
- 如果选到的服务实例为 null 或失效，则 choose()方法会在失效时间前不断地进行重试。
- 如果超过了失效时间还是没取到，则返回一个 null。

3. 加权响应时间策略（WeightedResponseTimeRule）

WeightedResponseTimeRule 类是 RoundRobinRule 的一个子类，它对 RoundRobinRule 的功能进行了扩展。它根据每一个服务实例的运行情况先计算出该服务实例的一个权重，然后根据权重进行服务实例的挑选，这样能够调用到更优的服务实例。

在这个策略下，每 30s 计算一次各个服务实例的响应时间，以响应时间来计算权重。平均响应时间越短则权重越高，权重越高被选中的概率越高，反之则被选中的概率较低。

WeightedResponseTimeRule 中有一个名叫 DynamicServerWeightTask 的定时任务。它是一个后台线程，定期地从 status 里面读取响应时间，用来为每个服务实例计算权重。

4. 随机策略（RandomRule）

随机策略用来随机选择可用服务实例。其工作流程为：

（1）负载均衡通过 upList()和 allList()方法获得可用服务实例列表，然后初始化了一个 Random 对象以生成一个不大于服务实例总数的随机数。

（2）choose()方法将该随机数作为下标获取一个服务实例。轮询“index”，选择“index”对应位置的服务实例。

5. 客户端配置启用线性轮询策略（ClientConfigEnabledRoundRobinRule）

继承该策略默认的 choose()方法就能实现线性轮询机制。该策略没有特殊的处理逻辑，一般不直接使用它。

6. 最空闲策略（BestAvailableRule）

该策略是逐个考察各服务实例，然后选择一个最小的并发请求的服务实例来提供服务。BestAvailableRule 继承自 ClientConfigEnabledRoundRobinRule 类，最空闲策略的工作流程如下。

（1）根据在 loadBalancerStats()方法中保存的服务实例的状态信息来过滤失效的服务实例。

（2）判断 loadBalancerStats 是否为空。

- 如果 loadBalancerStats 不为空，则找出并发请求最小的服务实例来使用。
- 如果 loadBalancerStats 为空，则 BestAvailableRule 类将采用它的父类，即 ClientConfigEnabledRoundRobinRule 的服务选取策略（线性轮询）。

7. 过滤线性轮询策略 PredicateBasedRule

PredicateBasedRule 类是 ClientConfigEnabledRoundRobinRule 类的一个子类，它通过内部定义的一个过滤器过滤出一部分服务实例清单，然后用线性轮询的方式从过滤出来的服务实例清单中选取一个服务实例。

8. 区域感知轮询策略（ZoneAvoidanceRule）

该策略以区域、可用服务器为基础，选择服务实例并对服务实例进行分类。ZoneAvoidanceRule 类是 PredicateBasedRule 类的一个实现类，它有一个组合过滤条件（CompositePredicate）。ZoneAvoidanceRule 类中的过滤条件是“以 ZoneAvoidancePredicate()方法为主过滤条件”和“以 AvailabilityPredicate()方法为次过滤条件”组成的。在过滤成功后，继续采用线性轮询的方式从过滤结果中选择出一个服务实例。

9. 可用性过滤策略（AvailabilityFilteringRule）

该策略根据服务状态（宕机或繁忙）来分配权重，过滤掉那些因为一直连接失败或高并发的服务实例。它使用一个 AvailabilityPredicate()方法来包含过滤逻辑，其本质是检查服务实例的状态。

7.3.2 实例 6：自定义负载均衡策略

本实例演示如何自定义负载均衡策略。

代码 本实例的源码在本书配套资源的“/Chapter07/Ribbon Rule”目录下。

1. 添加依赖和配置

（1）添加依赖。

添加 Web 和 Ribbon 的依赖，见以下代码：

```
<!-- Spring Boot 的 Web 依赖-->
<dependency>
```

```
<groupId>org.springframework.boot</groupId>
<artifactId>spring-boot-starter-web</artifactId>
</dependency>
<!--Ribbon 的依赖-->
<dependency>
<groupId>org.springframework.cloud</groupId>
<artifactId>spring-cloud-starter-netflix-ribbon</artifactId>
</dependency>
```

（2）添加配置项。

下面配置 3 个“服务提供者”（见 listOfServers 属性的值），但在测试时只开启后面两个，配置见以下代码：

```
spring.application.name=Ribbon Rule
server.port=9003
#配置“服务提供者”
provider.ribbon.listOfServers=localhost:8503,localhost:8504,localhost:8505
```

2. 开启负载均衡支持

在启动类中添加注解@LoadBalanced 以开启客户端负载均衡，然后实例化 RestTemplate。见以下代码：

```
/*开启客户端负载均衡*/
@LoadBalanced
/*实例化 RestTemplate */
@Bean
RestTemplate restTemplate() {
      return new RestTemplate();
}
```

3. 编写配置类，配置规则

接下来启用配置类注解@Configuration，并用注解@RibbonClient 配置服务名，然后实例化了 Ribbon 规则，见以下代码（这里配置的是随机规则）：

```
/**配置类*/
@Configuration
@RibbonClient(name = "provider", configuration = RibbonClientConfiguration.class)
public class RibbonConfig {
    /*Ribbon 的规则*/
@Bean
    public IRule iRule() {
        return new RandomRule ();
    }
}
```

除这种配置方式外，还可以用配置文件的方式进行配置，见以下代码：

```
ServiceA.ribbon.NFLoadBalancerRuleClassName: com.netflix.loadbalancer.RandomRule
```

其中“ServiceA”代表对服务 A 进行配置。

4. 编写测试控制器

在控制器中编写测试代码，用于测试自定义的负载均衡策略，见以下代码：

```
/**Ribbon 的规则测试类*/
@RestController
public class TestController {
//注入 LoadBalancerClient
    @Autowired
    private LoadBalancerClient loadBalancerClient;
    Date date=new Date();
    SimpleDateFormat sdf=new SimpleDateFormat("yyy-MM-dd hh:mm:ss");
    @GetMapping("/test")
    public void test() {
        ServiceInstance serviceInstance = loadBalancerClient.choose("provider");
        System.out.println(serviceInstance.getHost() + serviceInstance.getPort()+" "+sdf.format(date));
    }
}
```

5. 测试策略

多次访问 http://localhost:9003/test，在控制台中会输出以下信息：

```
localhost8505 2019-09-22 07:31:55
localhost8503 2019-09-22 07:31:55
localhost8505 2019-09-22 07:31:55
localhost8505 2019-09-22 07:31:55
localhost8505 2019-09-22 07:31:55
localhost8504 2019-09-22 07:31:55
```

根据上方输出的信息可以知道 Ribbon 是随机地访问服务的。如果想尝试其他策略，则需要修改规则。

7.4　实例 7：在没有“服务中心”的情况下，实现自维护的客户端负载均衡

本实例演示在没有“服务中心”的情况下用 Ribbon 实现自维护的客户端负载均衡。

代码 本实例的源码在本书配套资源的“/Chapter07/Consumer Ribbon No Discovery”目录下。

7.4.1 添加依赖和配置，并启用客户端负载均衡

1. 添加依赖

添加 Web 和 Ribbon 的依赖，见以下代码：

```
<!-- Spring Boot 的 Web 依赖-->
<dependency>
<groupId>org.springframework.boot</groupId>
<artifactId>spring-boot-starter-web</artifactId>
</dependency>
<!--Ribbon 的依赖-->
<dependency>
<groupId>org.springframework.cloud</groupId>
<artifactId>spring-cloud-starter-netflix-ribbon</artifactId>
</dependency>
```

2. 添加配置

配置中自定义了应用程序的名称、端口号，以及“服务提供者”集群的信息（IP 地址和端口号），见以下代码：

```
spring.application.name=Ribbon No Discovery
server.port=9001
logging.level.ROOT=DEBUG
#Ribbon 自己维护的“服务提供者”信息
provider.ribbon.listOfServers=localhost:8504,localhost:8505
```

3. 开启客户端负载均衡

在启动类中通过注解@LoadBalanced 来开启 Ribbon 的客户端负载均衡，然后实例化 RestTemplate 以实现请求的发送，见以下代码：

```
//代表是 Spring Boot 应用程序的入口类
@SpringBootApplication
public class ConsumerApplication {
    public static void main(String[] args) {
        SpringApplication.run(ConsumerApplication.class, args);
    }
    /*表示开启客户端负载均衡*/
    @LoadBalanced
    /*实例化 RestTemplate */
    @Bean
    RestTemplate restTemplate() {
        return new RestTemplate();
    }
}
```

7.4.2　编写负载均衡控制器

下面实现客户端服务均衡。这里不使用“服务中心”，而是自己维护“服务提供者”清单。注意，在使用 RestTemplate 构造请求时，URL 中的“provider”是在配置文件中配置的。

```
/**实现客户端服务均衡，不使用“服务中心”，而是自己维护“服务提供者”清单*/
@RestController
public class HelloController {
@Autowired
private RestTemplate restTemplate;
@GetMapping("/hello")
public String hello() {
return restTemplate.getForObject("http://provider/" + "hello", String.class);
}
}
```

restTemplate.getForObject()与 loadBalancerClient.choose()方法不能放在一个方法中，因为 restTemplate.getForObject()包含了 choose()方法。

7.4.3　测试客户端负载均衡

启动“服务提供者”（采用在第 6 章中构建的“服务提供者”，本书后面都采用的这个“服务提供者”），然后访问 http://localhost:9001/hello。如果交替出现“provider:p1 port:8504”和“provider:p2 port:8505”，则说明已通过 Ribbo 实现了客户端负载均衡。

7.5　了解 Feign

7.5.1　Feign 简介

Spring Cloud 的“服务发现”功能除可以用 RestTemplate 客户端实现外，还可以用 Feign 客户端实现。Feign 是一个声明式的 Web Service 客户端，它使得编写 Web Service 客户端变得容易。

要使用 Feign 客户端，需要先添加依赖，然后创建接口并为接口添加注解。

Feign 客户端可以使用 Feign 客户端特有的注解或 JAX-RS 注解，还支持热插拔的编码器和解码器。Spring Cloud 为 Feign 客户端添加了 Spring MVC 的注解支持。Feign 在整合了 Ribbon 后可以提供负载均衡功能。

Feign 客户端的工作过程如下。

（1）建立与“服务提供者”的网络连接。

（2）构造请求。

（3）发送请求到“服务提供者”。

（4）处理“服务提供者”返回的响应结果。

在项目中，如果在接口中使用了注解@FeignClient，则 Feign 客户端会针对这个接口创建一个动态代理。调用该接口，实质就是调用 Feign 客户端创建的动态代理：Feign 客户端的动态代理会根据接口上的@RequestMapping 等注解动态构造出要请求的服务地址和方法，并针对这个地址发起请求并解析响应，如图 7-3 所示。

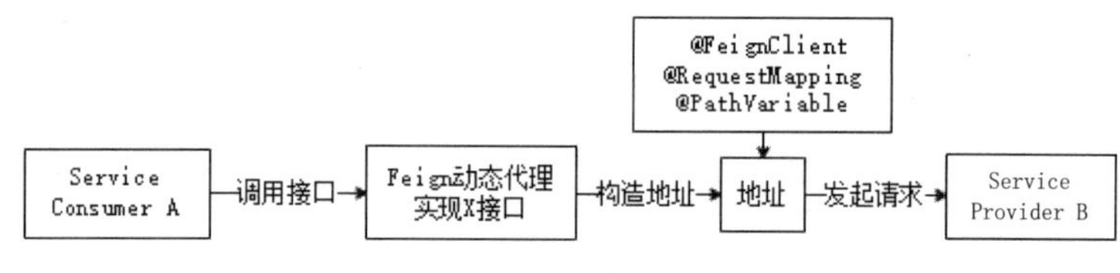

图 7-3　Feign 的工作原理

从图 7-3 中可以看出，当“Service Consumer A”调用定义了注解@FeignClient 的“X”接口时，Feign 客户端构建一个动态代理，然后构造出地址，并向接口中定义的“Service Provider B”发出请求。

7.5.2　了解 Feign 的 Bean

Spring Cloud Netflix 默认为 Feign 客户端提供了表 7-1 中列出的 Bean。

表 7-1　Spring Cloud Netflix 为 Feign 客户端提供的 Bean

BeanType（Bean 类型）	说　明	默认值
Decoder	解码器，用于将响应消息体转换成对象	ResponseEntityDecoder
Encoder	编码器，用于将对象转换成 HTTP 请求的消息体	SpringEncoder
Logger	日志管理器	Slf4jLogger
Contract	契约，支持注解	SpringMvcContract
Feign.Builder	Feign 的入口	（Hystrix）Feign.Builder
Client	用于定义 Feign 的底层用什么接口去请求	与 Ribbon 配合时是 LoadBanlancerfeignClient，不和 Ribbon 配合时是 Feign.Client.Default
RequestInterceptor	拦截器，用于为每个请求添加通用的逻辑，例如给每个请求加 Header	无

Feign 客户端默认不提供以下 Bean，但仍可以从应用的上下文中查找这些 Bean，然后创建 Feign 客户端。

- Logger.Level。
- Retryer。
- ErrorDecoder。
- Request.Options。
- Collection<RequestInterceptor>。

可以在 FeignClient 的配置文件中创建 Bean，见以下代码：

```
@Configuration
public class FeignConfiguration {
@Bean
public Contract feignContract() {
/*Spring Cloud Netflix 默认的 SpringMvcController 将被替换为 feign.Contract.Default
*将契约改为 Feign 原生的默认契约。这样就可以使用 Feign 自带的注解了
*/
    return new feign.Contract.Default();
}
}
```

简单来讲就是：

先定义接口请求用注解@GetMapping，例如“@GetMapping(value = "/hello")”。

然后就可以使用 Feign 自带的注解@RequestLine 了，例如“@RequestLine("GET /hello")”。

7.5.3　压缩请求和响应

如果要对请求和响应进行压缩处理，则应在配置文件中配置以下代码：

```
#支持请求压缩
feign.compression.request.enabled=true
#支持响应压缩
feign.compression.response.enabled=true
#支持媒体类型列表
feign.compression.request.mime-types=text/xml,application/xml,application/json
#支持请求媒体文件大小
feign.compression.request.min-request-size=2048
```

7.5.4　了解注解@QueryMap

OpenFeign 的注解@QueryMap 提供了对 POJOs 的支持，它可以用作 GET 请求的参数。

但是，注解@QueryMap 不能在 Spring Cloud 中使用，因为它缺少“value”属性。Spring Cloud OpenFeign 提供了一个功能相同的注解@SpringQueryMap 来替换注解@QueryMap。

下面举例说明如何使用注解@SpringQueryMap。

（1）定义一个类，在类中定义了两个参数，见以下代码：

```
public class User {
    private String name;
    private Long id;
    //省略了 Getters 和 Setters
}
```

（2）通过注解@SpringQueryMap 来使用 User 类，见以下代码：

```
@FeignClient("QueryMapDemo")
public interface Demo {
    @GetMapping(path = "/demo")
    String demoEndpoint(@SpringQueryMap User user);
}
```

7.5.5 使用 Feign

1. 添加依赖

要使用 Feign，需要先添加相关依赖，见以下代码：

```
<!-- Openfeign 的依赖-->
<dependency>
<groupId>org.springframework.cloud</groupId>
<artifactId>spring-cloud-starter-openfeign</artifactId>
</dependency>
```

2. 开启支持

在启动类中添加注解@EnableFeignClients，以开启 Feign 功能。

3. 接口类中使用

在开启 Feign 功能后，需要在接口类使用注解@FeignClient 编写属性，见以下代码：

```
@FeignClient(name ="service-provider")
```

其中的 name 代表远程服务名，即“服务提供者”配置文件中配置项 spring.application.name 的值。注意，要确保此接口类中的方法名和参数和远程服务中的保持一致。

7.6　实例 8：覆盖 Feign 的默认配置

本实例演示如何覆盖 Feign 的默认配置。

代码 本实例的源码在本书配套资源的“/Chapter07/Feign Configuration”目录下。

7.6.1　添加依赖和配置，并启用支持

1. 添加依赖

要使用 Feign 功能，需要添加 Feign 的依赖。这里添加“服务中心”Consul 的依赖以实现服务的调用，见以下代码：

```
<!--Consul 的依赖-->
<dependency>
<groupId>org.springframework.cloud</groupId>
<artifactId>spring-cloud-starter-consul-discovery</artifactId>
</dependency>
<!--Openfeign 的依赖-->
<dependency>
<groupId>org.springframework.cloud</groupId>
<artifactId>spring-cloud-starter-openfeign</artifactId>
<version>2.1.2.RELEASE</version>
</dependency>
```

2. 添加配置文件

这里只需要配置“服务中心”的 IP 地址和端口号，见以下代码：

```
spring.application.name=Feign Configuration
server.port=8700
spring.cloud.consul.host=127.0.0.1
spring.cloud.consul.port=8500
#因为不提供服务，所以设置不需要将其注册到 Consul 中
spring.cloud.consul.discovery.register=false
```

3. 添加支持

在启动类中添加注解 @EnableDiscoveryClient（用于支持“服务中心”）和 @EnableFeignClients（用于支持 Feign）。

7.6.2　自定义 Feign 的配置

接下来自定义 Feign 的配置。

```
/**自定义 Feign 的配置*/
@Configuration
public class FeignConfiguration {
    @Bean
    public Contract feignContract() {
        /*Spring Cloud Netflix 默认的 SpringMvcController 将被替换为 feign.Contract.Default
         *用 feign.Contract.Default 将契约改为 Feign 原生的契约，然后即可使用 Feign 自带的注解了
         */
        return new feign.Contract.Default();
    }
}
```

用feign.Contract.Default将契约改为Feign原生的契约，然后即可使用Feign自带的注解了。

7.6.3 自定义 Feign 的接口

因为上面配置了“feign.Contract.Default”，所以在接口中可以使用 Feign 原生的注解 @RequestLine 了。

具体见以下代码：

```
@FeignClient(contextId = "feignClient", name = "service-provider", configuration =
FeignConfiguration.class)
public interface MyFeignClient {
    /*将 Spring MVC 注解修改为 Feign 原生的注解@RequestLine*/
    @RequestLine("GET /hello")
    public String hello();
}
```

7.7 实例 9：实现在 Feign 中记录日志

本实例演示如何实现在 Feign 中记录日志。

代码 本实例的源码在本书配套资源的“/Chapter07/Feign Logger”目录下。

每一个被创建的 Feign 客户端都有一个 Logger 日志，它只能响应 DEBUG 级别的日志。该 Logger 日志默认的名称为“Feign 客户端对应的接口的限定名”。

7.7.1 添加配置项

在配置文件中添加要记录日志的包，见以下代码：

```
logging.level.com.example.demo=DEBUG
```

com.example.demo 代表要记录日志的包。每个 FeignClient 都是单独配置的。

7.7.2　设置记录日志等级

创建配置类，用来配置记录日志的等级，见以下代码：

```
@Configuration
public class FeignConfiguration {
    @Bean
    Logger.Level feignLoggerLevel() {
        return Logger.Level.FULL;
    }
}
```

日记的等级有以下几个：

- NONE：不记录（默认）。
- BASIC：只记录请求方法、URL、响应状态码和执行时间。
- HEADERS：记录基本信息、请求和响应标题。
- FULL：记录请求、响应的标题、正文和元数据。

7.7.3　实现接口类

接口类用于调用“服务提供者”接口为控制器提供接口，见以下代码：

```
@FeignClient(contextId = "feignClient", name = "service-provider", configuration =
FeignConfiguration.class)
public interface MyFeignClient {
/*调用服务提供者接口*/
@GetMapping(value = "/hello")
public String hello();
}
```

7.7.4　实现调用接口

在控制器中调用接口类的接口以对外提供功能，见以下代码：

```
@RestController
public class HelloController {
    @Autowired
    MyFeignClient myFeignClient;
    @GetMapping("/hello")
    public String index() {
```

```
        return myFeignClient.hello();
    }
}
```

接下来访问 http://localhost:8701/hello，可以看到控制台输出以下日志信息（其中记录了请求和响应的标题、正文和元数据）：

```
[MyFeignClient#hello] ---> GET http://service-provider/hello HTTP/1.1
[MyFeignClient#hello] ---> END HTTP (0-byte body)
[MyFeignClient#hello] <--- HTTP/1.1 200 (63ms)
[MyFeignClient#hello] content-length: 45
[MyFeignClient#hello] content-type: text/plain;charset=UTF-8
[MyFeignClient#hello] date: Sat, 28 Sep 2019 04:16:25 GMT
[MyFeignClient#hello]
[MyFeignClient#hello] provider:p1 port:8503
[MyFeignClient#hello] <--- END HTTP (45-byte body)
```

7.8 用 Feign 构建多参数请求

7.8.1 用 GET 方式构建多参数请求

可以通过以下两种方式构建多参数请求：

```
@FeignClient(name = "service-provider")
public interface MyFeignClient {
/*多参数请求 1*/
@GetMapping(value = "/get1")
public String get1(@RequestParam("id") Long id, @RequestParam("name") String name);
/*多参数请求 2*/
@GetMapping(value = "/get2")
public User get2(@RequestParam Map<String, Object> map);
}
```

如果需要调用上面的方式 2，则应在控制器接口处调用，见以下代码：

```
    @RequestMapping("/get2")
    public User get2(Long id, String name) {
        HashMap<String,Object> stringObjectHashMap=new HashMap<String, Object>();
        stringObjectHashMap.put("id",1);
        stringObjectHashMap.put("name","longzhonghua");
        return myFeignClient.get2(stringObjectHashMap);
    }
```

7.8.2　用 POST 方式构建多参数请求

如果“服务提供者”是通过注解@RequestBody 获取数据的，则可以通过以下代码来发送请求：

```
@FeignClient(name = "service-provider")
public interface MyFeignClient {
@PostMapping(value = "/post")
    public User post(@RequestBody User user);
}
```

7.9　Ribbon 和 Feign 的区别

很多人很容易混淆 Ribbon 和 Feign，因为它们都用于调用远程服务。下面介绍两者的区别。

1. 启动类所使用的注解

Ribbon 用的是注解@RibbonClient，而 Feign 用的是注解@EnableFeignClients。

2. 服务的指定位置

Ribbon 的服务是在注解@RibbonClient 中声明的，而 Feign 的服务则是在注解@FeignClient 中声明的。

3. 调用方式

Ribbon 需要自己构建 HTTP 请求来模拟 HTTP 请求，然后使用 RestTemplate 将该请求发送给其他服务。即，Ribbon 使用@RibbonClient(value="服务名称") 和 RestTemplate 调用远程服务对应的方法。

Feign 则是在 Ribbon 的基础上进行了封装，它采用的是接口方式，不需要自己构建 HTTP 请求，只需将“其他服务的方法”定义成抽象方法即可。即，Feign 在接口上使用“@FeignClient("指定服务名")”方式来调用服务。注意，注解@FeignClient 的属性值应与远程服务中的方法名完全一致。

4. Maven 依赖

Ribbon 的 Maven 依赖是 spring-starter-ribbon。

Feign 的 Maven 依赖是 spring-starter-openfeign。

综上所述，Ribbon 使用了 RestTemplate，所以其代码的可读性、可维护性和开发体验一般；而 Feign 则相对好很多。Ribbon 性能强，灵活性强。

第 8 章 用 Hystrix 实现容错处理

用 Hystrix 可以轻松地实现微服务的容错处理。

本章首先介绍雪崩效应、主流的容错项目，以及如何在 Feign 客户端中用 Hystrix 实现服务调用；然后通过一个实例介绍如何用 Hystrix Dashboard 实现数据的可视化监控；最后介绍如何用 Turbine 实现聚合监控数据。

8.1 雪崩效应

8.1.1 什么是雪崩效应

雪崩就是雪塌方。在山坡上的积雪，如果积雪的内聚力小于重力或其他力量，则积雪便向下滑动，从而逐渐引起积雪的崩塌。

在微服务架构中，服务之间通常存在级联调用。比如，服务 A 调用服务 B，而服务 B 需要调用服务 C，而服务 C 又需要调用服务 D。如果其中任意一个点不可用，或者存在响应延时，则可能造成很多服务不可用，即产生级联故障。

如果这类请求很多，服务不可用导致积累的请求越来越多，则占用的计算机资源越来越多，太多的请求会很快耗尽系统的资源，从而导致系统瓶颈出现，造成其他的请求也不可用，最终造成整个系统不可用。这种现象被称为“服务雪崩”。

简单的理解就是：“服务提供者”不可用导致“服务消费者”（可能同时是服务提供者）不可用，并将不可用逐渐放大到整个微服务系统，进而造成系统崩溃。

在图 8-1 中，Service A、Service B 都是“服务提供者”，同时 Service B 又是 Service A 的“服务消费者”，Service B 还为多个消费者提供服务。如果 Service A 不可用，则会引起 Service B 不可用，Service B 会将不可用像滚雪球一样放大到多个消费者，最终形成服务雪崩。

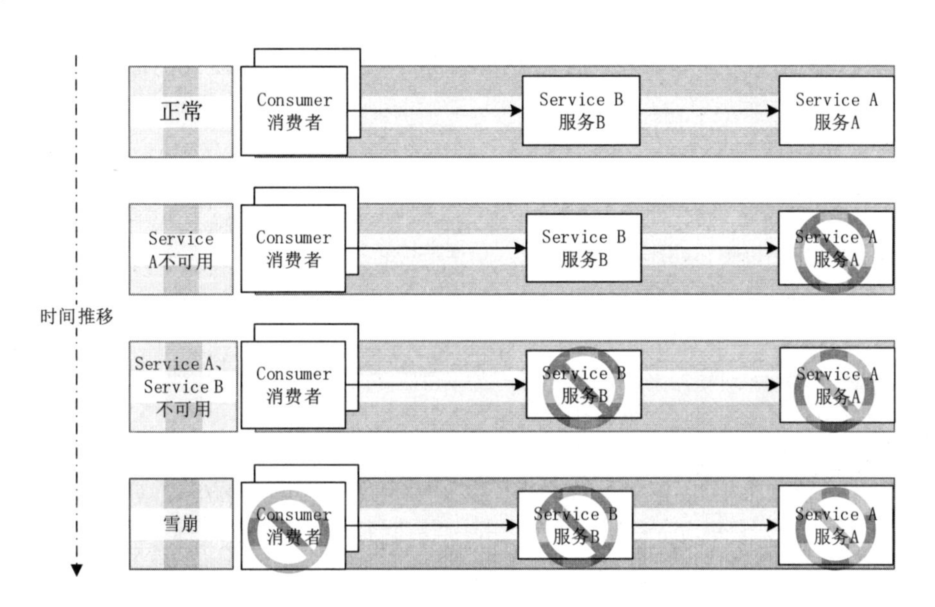

图 8-1　服务雪崩

8.1.2　造成服务雪崩的原因

微服务等分布式架构已经可以达到非常高的可用状态，但依然有很多不可控的系统因素会导致雪崩。造成雪崩主要有以下 7 个原因。

1. 流量激增

例如，新闻事件、促销活动、爬虫采集、恶意攻击、用户重试等导致的访问量突然增大。

2. 硬件故障

例如，单点的硬件损坏使得集群的服务压力加大，从而出现服务延迟，服务延迟不断加剧导致雪崩。

3. 程序中的 Bug

程序中的 Bug 不可能完全避免。有的 Bug 并无大碍，但有的 Bug 则可能造成服务雪崩，例如，程序中有循环调用等逻辑问题，或是资源未释放引起的内存泄漏等都可能导致服务雪崩。

4. 缓存问题

缓存穿透、缓存击穿、缓存雪崩也可能导致服务雪崩。

（1）缓存穿透。

产生缓存穿透的原因是：用户不断请求缓存或数据库中没有的数据。如，请求 ID 为“-1”的数据，或 ID 为特别大但不存在的数据。这种用户多半是攻击者或编写不严谨的爬虫，这会导致数据库压力过大。

对于缓存穿透，可以通过以下方法来处理：

- 在接口层增加校验，如用户鉴权校验、防止爬虫。
- 增加 ID 的基础校验，如设置当 ID≤0 或 ID＞max（从数据库中查询得到的最大 ID）时直接拦截请求。
- 将 Key-Value 对写为 Key-Null 对，缓存有效时间可以在合理范围内设置长点，但又不能设置得太长，因为太长可能导致其他正常情况也没法使用。

（2）缓存击穿。

缓存击穿是指，缓存中没有数据，但数据库中有数据（一般是因为缓存时间到期了），这时并发用户特别多，去缓存中没读取到数据，又去数据库中读取数据，引起数据库压力瞬间增大。对于缓存击穿，可以通过设置热点数据永远不过期、加互斥锁等解决。

（3）缓存雪崩。

缓存雪崩是指，缓存中数据大批量过期，而此时的查询量巨大，从而引起数据库压力过大甚至宕机。

对于缓存雪崩，可以通过把缓存数据的过期时间设置为随机，防止同一时间有大量数据过期。如果缓存数据库是分布式部署的，则可以将热点数据均匀地分布在不同的缓存数据库中。还可以设置热点数据永远不过期。

5. 资源耗尽

资源耗尽主要有以下两种原因：

（1）服务调用者不可用导致同步等待，进而造成资源耗尽。

（2）用户大量请求，以及重试流量（如用户重试，代码逻辑重试）加大。

6. 线程同步等待

如果系统间采用的是同步服务调用模式，核心服务和非核心服务共用一个线程池和消息队列，若一个核心业务线程调用非核心线程，这个非核心线程（如第三方系统）出现问题，则会导致核心线程阻塞。进程间的调用是有超时限制的，如果这个核心线程断掉，则可能引发雪崩。

7．配套资源不可用

比如，数据中心掉线，电信基础网络服务出现城市集群故障。出现这类事故的概率较低，但是曾经也出现过一段时间几十个城市无法联网的状况。

对于可控的导致雪崩的因素一定要尽量避免，比如优化代码、尽可能地做更多的资源冗余。在 Spring Cloud 架构中，我们可以使用 Sentinel 或 Hystrix 来解决雪崩问题。

8.2 主流的容错项目

在分布式系统中，系统的稳定性至关重要。而系统的稳定性又依赖很多不可控的因素，比如，网络连接不可用或变慢、资源繁忙难以响应或暂时不可用等。要构建稳定、可靠的分布式系统，必须有一套容错方法。目前主流的分布式容错解决框架有 Sentinel、Resilience4j、Hystrix。

8.2.1 流量防卫兵 Sentinel

2012 年阿里巴巴集团开发出 Sentinel，于 2018 年正式将其开源。Sentinel 是一款面向分布式服务架构的轻量级流量控制组件，主要以流量为切入点，从限流、流量整形、熔断降级、系统自适应保护、系统负载保护等多个维度来保障微服务的稳定性。

Sentinel 的核心思想是：根据设置的规则来为资源执行相应的流控、降级、系统保护策略。在 Sentinel 中，资源定义和规则配置是分离的。用户可以先通过 Sentinel API 给对应的业务逻辑定义资源，然后在需要时动态配置规则。

它的核心库（Java 客户端）不依赖任何框架/库，能够运行在所有 Java 环境中，同时对 Dubbo、Spring Cloud 等框架也有较好的支持。

它的控制台（Dashboard）是基于 Spring Boot 开发的，打包后可以直接运行，不需要额外的 Tomcat 等应用容器。

Sentinel 的开源生态如图 8-2 所示（该图来自 Sentinel 官方）。

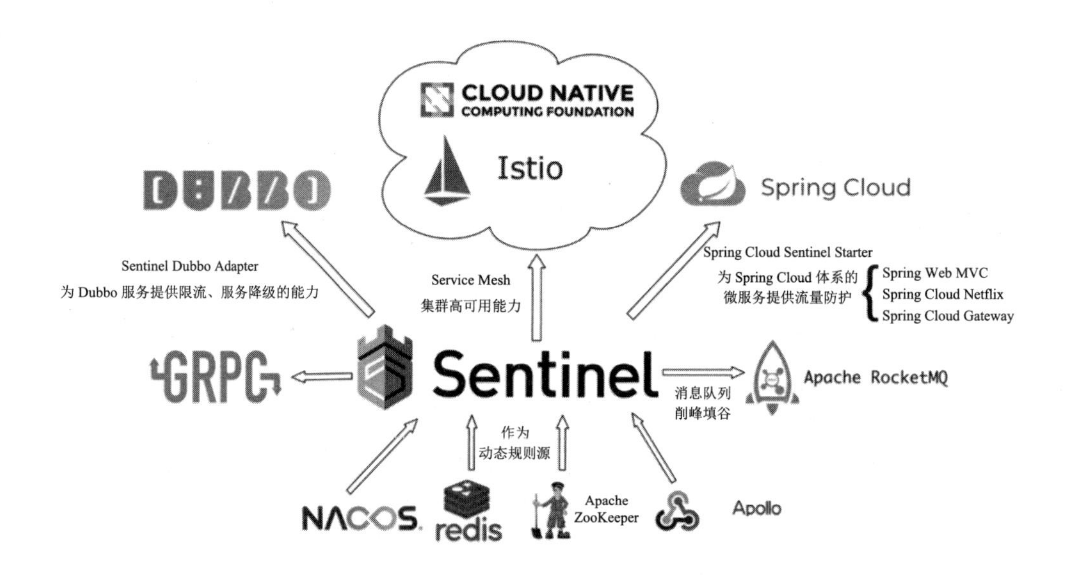

图 8-2 Sentinel 的开源生态

8.2.2 容错框架 Resilience4j

Resilience4j 是一个比较轻量的、模块化的熔断降级库。它由熔断、限速器、自动重试等功能组成，这些功能都被拆成了单独的模块，这样整体结构很清晰，用户可以根据需要引入相应功能的依赖。它针对函数式编程设计，API 比较简洁优雅。有简单的限速器和自动重试特性，使用场景丰富。

Resilience4j 的模块都是独立编译的，可以根据需要独立引入。Resilience4j 主要有以下模块。

- 熔断器（Circuit breaking）：resilience4j-circuitbreaker。
- 限流（Rate limiting）：resilience4j-ratelimiter。
- 隔离舱（Bulkheading）：resilience4j-bulkhead。
- 同步和异步重试（Automatic retrying）：resilience4j-retry。
- 缓存（Response caching）：resilience4j-cache。
- 超时处理（Timeout handling）：resilience4j-timelimiter。

Resilience4j 在较小的项目中使用比较方便，但是 Resilience4j 只适用于限流降级的基本场景，无法适用于非常复杂的企业级服务架构。另外，Resilience4j 缺乏生产级别的配套设施（如提供规则管理和实时监控能力的控制台）。

8.2.3 容错框架 Hystrix

Hystrix 是由 Netflix 开源的一款容错框架，包含隔离（线程池隔离、信号量隔离）、熔断、降级回退和缓存容错、缓存、批量处理请求、主从分担等常用功能。

8.2.4　对比 Sentinel、Hystrix 和 Resilience4j

Sentinel、Hystrix 和 Resilience4j 对比情况见表 8-1。

表 8-1　Sentinel、Hystrix 和 Resilience4j 对比情况

项　目	Sentinel	Hystrix	Resilience4j
隔离策略	信号量隔离（并发线程数限流）	线程池隔离/信号量隔离	信号量隔离
熔断降级策略	基于响应时间、异常比率、异常数	基于异常比率	基于异常比率、响应时间
实时统计	滑动窗口（LeapArray）	滑动窗口（基于 RxJava）	环形缓冲器（Ring Bit Buffer）
动态规则	支持多种数据源	支持多种数据源	有限支持
扩展性	多个扩展点	插件形式	接口形式
基于注解的支持	支持	支持	支持
限流	基于 QPS，支持基于调用关系的限流	有限的支持	简单的 Rate Limiter 模式
流量整形	支持预热模式、匀速器模式、预热排队模式	不支持	简单的 Rate Limiter 模式
系统自适应保护	支持	不支持	不支持
控制台	提供开箱即用的控制台，可配置规则、查看秒级监控、机器发现等	简单的监控查看	不提供控制台，可对接其他监控系统

8.3　Hystrix 处理容错的机制

Hystrix 从以下四个方面来解决服务雪崩问题。

- 隔离（线程池隔离和信号量隔离）：限制调用分布式服务的资源，使得某一个服务出现问题不会影响其他服务调用。
- 降级机制：在超时、资源不足时（线程或信号量）进行降级，在降级后可以配合降级接口返回托底数据。
- 熔断：当失败率达到阈值时自动触发降级（如因网络故障、超时造成的失败率高等）。
- 缓存：提供了请求缓存、请求合并实现。

除此之外，它还支持实时监控、报警、控制。

8.3.1　熔断机制

由熔断器来执行熔断工作。熔断器在生活场景也非常多，比如，电器的保险丝就是一个熔断器。家里的电器几乎都有保险丝。保险丝的作用是：当电器出现电路短路时损坏保险丝，从而保护电器

或者保护电器主要部件。

Hystrix 的熔断器可以实现快速失败。如果它在一段时间内侦测到某个调用触发了设定的规则的错误，则会强迫其以后的多个调用快速失败，不再访问远程服务器，从而防止应用程序等待和对资源的消耗。

熔断器也能够诊断错误是否已经修正。如果已经修正，则熔断器会关闭，让应用程序再次尝试调用操作。

熔断器能够记录最近调用发生错误的次数，然后允许操作继续或立即返回错误。熔断器开关的转换逻辑如图 8-3 所示。

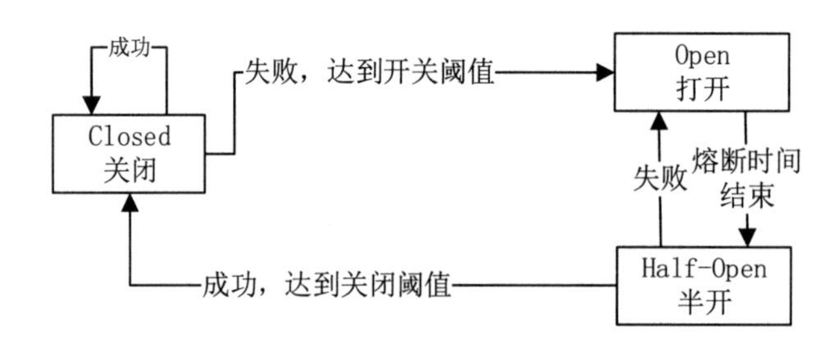

图 8-3　熔断器开关的转换逻辑

熔断器的工作流程如下。

（1）在正常状态下，电路处于关闭状态（Closed）。

（2）如果调用服务持续出错或者超时达到一个阈值，则断路器会直接切断请求链，电路被打开进入熔断状态（Open），以避免发送大量无效请求而影响系统吞吐量，后续一段时间内的所有调用都会被拒绝。

（3）一段时间以后，保护器会尝试进入半熔断状态（Half-Open），允许少量请求进行尝试。如果调用仍然失败，则回到熔断状态；如果调用成功，则回到电路 Closed 状态。

可以看出，断路器有自我检测并恢复的能力。

8.3.2　隔离机制

防止病毒扩散的常用办法是隔离病毒携带者，从而保护正常个体。在分布式系统中，也常采用隔离办法来进行容错处理。隔离模式主要有线程池隔离模式和信号量隔离模式。

1．线程池隔离模式

在 Hystrix 的线程池隔离模式下，会为每一个依赖建立一个线程池，以存储对当前依赖的请求。

线程池对请求进行处理：隔离线程的依赖、限制线程的并发访问和阻塞扩张。这样每个依赖可以根据权重分配资源（线程），一部分依赖出现问题不会影响其他依赖使用资源。线程池隔离模式的工作原理如图 8-4 所示。

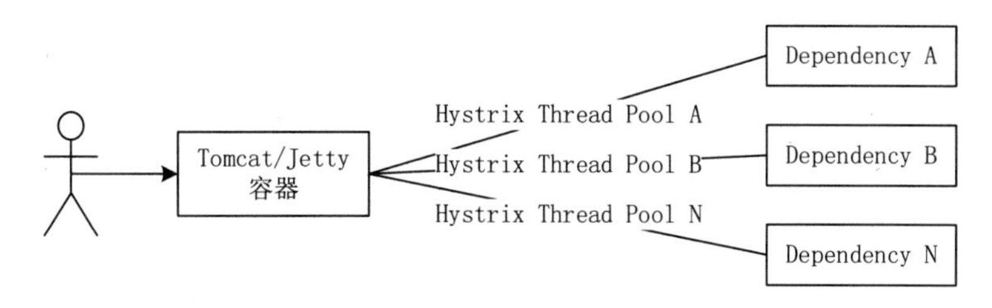

图 8-4　线程池隔离模式的工作原理

线程池隔离模式有以下好处。

- 应对突发流量：当流量洪峰到来时，不能及时处理的请求会被存储到线程池队里慢慢处理。
- 运行环境被隔离：根据依赖划分出多个线程池，进行资源隔离。这样就算调用服务的代码存在 Bug，或因其他原因导致自己所在线程池被耗尽，也不会对系统的其他服务造成影响。

线程池隔离模式在带来好处的同时，也存在一定的不足：要为每个依赖的服务申请线程池，会带来一定的资源消耗。如果对系统性能有严格要求，而且确信自己调用服务的客户端代码不会出问题，则可以使用信号量隔离模式来隔离资源。

2. 信号量隔离模式

信号量隔离模式的工作原理如图 8-5 所示。

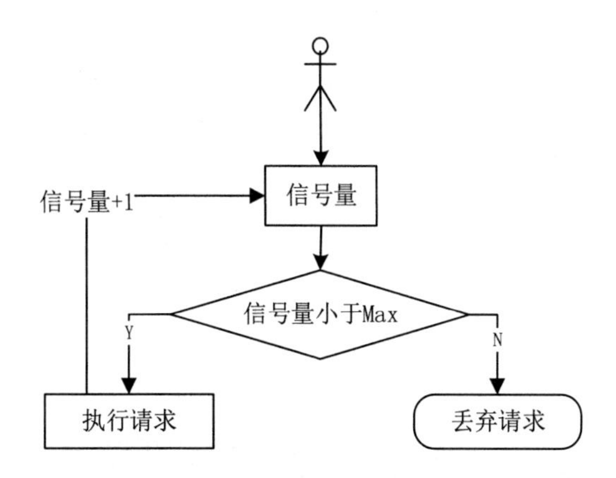

图 8-5　信号隔离模式工作原理

（1）记录当前运行的数量。

（2）判断信号量的值（记录当前有多少个线程在运行）。如果大于设置的最大线程值，则丢弃该类型的新请求；如果小于设置的值，则执行计数操作，信号量+1。

（3）放行请求。

信号量隔离模式无法应对突发流量，因为这种模式严格控制线程数量，所以当数量超过信号量时立即丢弃请求。

线程池隔离和信号量隔离的区别见表 8-2（两种方式只能选其一）。

表 8-2 线程池隔离和信号量隔离的区别

项　　目	线程池隔离	信号量隔离
线程	与调用线程非相同线程	与调用线程相同（Jetty 线程）
开销	排队、调度、上下文开销等	无线程切换，开销低
异步	支持	不支持
并发支持	支持，根据最大线程池大小	支持，根据最大信号量值
堆积请求的处理方式	等待	丢弃

8.3.3 降级机制

服务降级是指：如果整体资源快不够了，则将某些服务先关掉，等到资源足够时再重新开启这些服务。和熔断的目的一样，该机制也是用来保证上游服务的稳定性。

根据业务场景的不同，降级一般采用以下两种模式。

- fallback 模式：如果服务失败，则通过 fallback 返回静态值来进行降级。
- 服务级联的模式：如果服务失败，则调用备用服务。服务级联模式会尽可能返回数据。但如果考虑不充分，则有可能导致级联的服务崩溃。例如，在缓存失败后把全部流量导到数据库，则可能导致数据库瞬间宕机。因此，级联模式会增加管理的难度。

熔断和降级的关注点不一样：熔断是下层依赖的服务一旦产生故障就断掉；而降级则需要对服务进行分级，把产生故障的服务丢掉，换一个轻量级的方案。

8.3.4 缓存机制

缓存机制是将请求结果缓存起来，如果有相同“key”的请求发送过来，则将直接从缓存中取出结果，以减少请求开销。采用这种机制会对排查故障造成一定的困扰。

8.4 实例 10：在 Feign 中用 Hystrix 实现服务调用的容错

本实例演示在用 Feign 调用微服务出现错误时如何通过 Hystrix 实现容错。

代码 本实例的源码在本书配套资源的"/Chapter08/Hystrix"目录下。

8.4.1 了解 Feign 对 Hystrix 的支持

1. 启用或禁用 Hystrix 支持

如果 Hystrix 在类路径下，则默认启用。如果要禁用 Feign 的 Hystrix 支持，则需要在配置文件中设置"feign.hystrix.enabled=false"。

如果要在某个客户端上禁用 Hystrix 支持，则创建一个 Feign.Builder，并将 scope 设置为"prototype"，见以下代码：

```
@Configuration
public class FooConfiguration {
    @Bean
    @Scope("prototype")
    public Feign.Builder feignBuilder() {
        return Feign.builder();
    }
}
```

2. 支持 Hystrix Fallbacks

Hystrix 支持"回退"概念，如果熔断打开有错误，则执行默认动作。如果要启用回退功能，则需要给注解@FeignClient 设置 fallback 属性以实现回退的类名。用法见以下代码：

```
@FeignClient(name = "hello", fallback = HystrixClientFallback.class)
protected interface HystrixClient {
    @RequestMapping(method = RequestMethod.GET, value = "/hello")
    Hello fail ();
}
static class HystrixClientFallback implements HystrixClient {
    @Override
    public Hello fail () {
        return new Hello("fallback");
    }
}
```

HystrixClientFallback 类是回退的处理类。这里有一个局限性：Feign 的回退应与 Hystrix 的回退一起工作，fallback 目前不支持返回 com.netflix.hystrix.HystrixCommand 和 rx.Observable 方法。

3. Feign 和@Primary

当 Feign 和 Hystrix fallback 一起使用时，如果有多个同样类型的 Bean 存在 ApplicationContext，则会引起注解 @Autowired 不工作，因为没有一个被标示为主

（@Primary）的 Bean。

而 Spring Cloud Netflix 标识所有的 Feign 实例都是“@Primary”，因此 Spring Framework 将不知道哪个 Bean 将被注入，这时需要关闭某些不必要的 Bean 的“@Primary”属性。关闭方法见以下代码：

```
@FeignClient(name = "hello", primary = false)
public interface HelloClient {
    //
}
```

在了解了 Feign 和 Hystrix 后，下面开始具体操作。

8.4.2 添加依赖和配置，并启用支持

1. 添加依赖

这里要添加 Web、Consul、Feign 的依赖。因为 Feign 已经集成了 Hystrix，所以不需要再添加 Hystrix 依赖，见以下代码：

```
<!-- Spring Boot 的 Web 依赖-->
<dependency>
<groupId>org.springframework.boot</groupId>
<artifactId>spring-boot-starter-web</artifactId>
</dependency>
<!--Consul 的依赖-->
<dependency>
<groupId>org.springframework.cloud</groupId>
<artifactId>spring-cloud-starter-consul-discovery</artifactId>
</dependency>
<!--Openfeign 的依赖-->
<dependency>
<groupId>org.springframework.cloud</groupId>
<artifactId>spring-cloud-starter-openfeign</artifactId>
</dependency>
```

2. 添加配置

增加配置以开启 Hystrix 支持，见以下代码：

```
spring.application.name=Hystrix
server.port=9901
spring.cloud.consul.host=127.0.0.1
spring.cloud.consul.port=8500
#开启支持
feign.hystrix.enabled=true
```

3. 添加对 Feign 的支持

在启动类中添加注解@EnableFeignClients，以支持 Feign 来调用服务。

8.4.3　实现回调类

创建继承于 MyFeignClient 的 HelloHystrix 类，实现回调的方法，见以下代码：

```
@Component
public class HelloHystrix implements MyFeignClient {
@Override
public String hello() {
return "出现错误 ";
}
}
```

8.4.4　添加 fallback 属性

在 Feign 中使用 Hystrix 是非常简单的，因为 Feign 已经集成了 Hystrix。使用方法见以下代码：

```
/**
*添加回调处理类，在服务熔断时返回 fallback 类中的内容
*name：远程服务名，即在被调用的微服务的 spring.application.name 中配置的名称
*此类中的方法名和参数需要与远程服务中的方法名和参数保持一致
*/
@FeignClient(name = "service-provider", fallback = HelloHystrix.class)
public interface MyFeignClient {
    @RequestMapping(value = "/hello")
    public String hello();
}
```

8.4.5　测试 fallback 状态

接下来进行容错测试。我们只开启 Consul“服务中心”，然后访问 http://localhost:9901/hello 会提示错误。当把“服务提供者”也开启时则会返回正确的内容，这说明实现了容错。

8.5　实例 11：用 Hystrix Dashboard 实现数据的可视化监控

除容错处理外，Hystrix 还提供了实时的监控，它会实时、累加地记录所有关于 HystrixCommand 的执行信息，包括每秒执行了多少请求、请求中有多少成功多少失败等。

Hystrix Dashboard 是一款针对 Hystrix 进行实时监控的工具。Hystrix Dashboard 可以可视

化地查看实时监控数据，可以直观地显示出各 Hystrix Command 的请求响应时间、请求成功率等数据。

本实例演示如何用 Hystrix Dashboard 实现数据的可视化监控。

代码 本实例的源码在本书配套资源的“/Chapter08/HystrixDashboard”目录下。

8.5.1 添加依赖和配置

1. 添加依赖

这里添加 Consul、Hystrix、Hystrix-dashboard、Actuator、Feign 的依赖，见以下代码：

```
<!--Consul 的依赖-->
<dependency>
<groupId>org.springframework.cloud</groupId>
<artifactId>spring-cloud-starter-consul-discovery</artifactId>
</dependency>
<!--Hystrix 的依赖-->
<dependency>
<groupId>org.springframework.cloud</groupId>
<artifactId>spring-cloud-starter-netflix-hystrix</artifactId>
</dependency>
<!--Hystrix-dashboard 的依赖-->
<dependency>
<groupId>org.springframework.cloud</groupId>
<artifactId>spring-cloud-starter-netflix-hystrix-dashboard</artifactId>
</dependency>
<!--Actuator 的依赖-->
<dependency>
<groupId>org.springframework.boot</groupId>
<artifactId>spring-boot-starter-actuator</artifactId>
</dependency>
<!--Openfeign 的依赖-->
<dependency>
<groupId>org.springframework.cloud</groupId>
<artifactId>spring-cloud-starter-openfeign</artifactId>
</dependency>
```

2. 添加配置

在配置文件中设置 Hystrix 的“enabled”值为“true”，以开启 Hystrix，见以下代码：

```
spring.application.name=HystrixDashboard
server.port=9902
spring.cloud.consul.host=127.0.0.1
```

```
spring.cloud.consul.port=8500
feign.hystrix.enabled=true
```

8.5.2　配置启动类和 Servlet

在启动类中启用 Hystrix Dashboard 和熔断器的注解。Spring Boot 2.0 的版本需要配置 Servlet 才会有数据，见以下代码：

```
//代表是 Spring Boot 应用程序的入口类
@SpringBootApplication
//启用客户端的服务发现和注册功能
@EnableDiscoveryClient
@EnableFeignClients
@EnableHystrixDashboard
@EnableCircuitBreaker
public class HystrixDashboardApplication {
    public static void main(String[] args) {
        SpringApplication.run(HystrixDashboardApplication.class, args);
    }
    /*配置 servlet。Spring Boot 2.0 版本需要配置 servlet*/
    @Bean
    public ServletRegistrationBean getServlet() {
        HystrixMetricsStreamServlet streamServlet = new HystrixMetricsStreamServlet();
        ServletRegistrationBean registrationBean = new ServletRegistrationBean(streamServlet);
        registrationBean.setLoadOnStartup(1);
        registrationBean.addUrlMappings("/actuator/hystrix.stream");
        registrationBean.setName("HystrixMetricsStreamServlet");
        return registrationBean;
    }
}
```

做好这些工作后，可以参考 8.4 节的回调类和 fallback 属性的设置，这里不重复讲解。

8.5.3　查看监控数据

（1）启动项目，然后访问 http://localhost:9902/hystrix。

（2）在监控路径输入框中输入 http://localhost:9902/actuator/hystrix.stream，即可进入监控页面查看监控数据。

2.x 版本单个应用的监控地址：Single Hystrix App: https://hystrix-app:port/actuator/hystrix.stream

1.x 版本单个应用的监控地址：Single Hystrix App: https://hystrix-app:port/hystrix.stream

进入监控页面后可以看到如图 8-6 所示的界面。

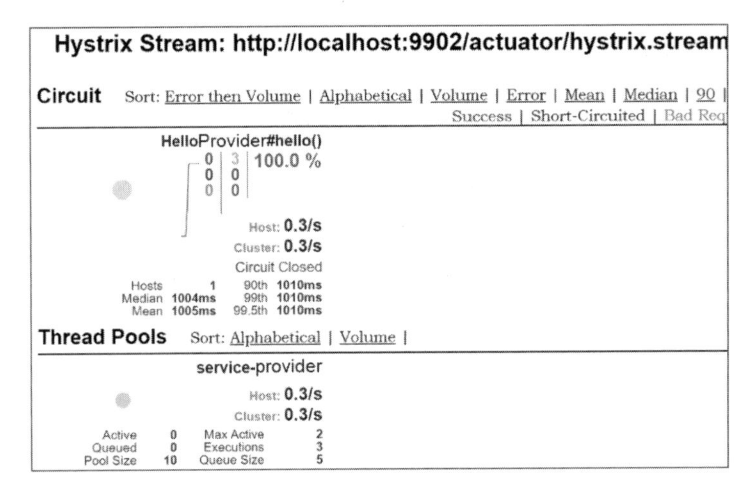

图 8-6　监控面板界面

8.6　实例 12：用 Turbine 聚合监控数据

8.5 节已经用 Hystrix Dashboard 实现了数据监控，但是只能看到单个应用内的服务信息，这明显不够。在微服务系统中，服务实例有多个。很多时候需要把服务实例的状态以集群的形式展现出来，这样可以更好地把握整个系统的状态。

Netflix 提供了 Turbine，可以把多个“hystrix.stream”的内容聚合为一个数据源供 Dashboard 展示。

代码 本实例的源码在本书配套资源的“/Chapter08/Turbine”“/Chapter08/Dashboard”“/Chapter08/Dashboard2”目录下。

8.6.1　添加依赖并启用支持

1. 添加依赖

这里需要添加 Turbine、Consul、Hystrix-dashboard、Actuator、Hystrix 的依赖，见以下代码：

```
<!--Turbine 的依赖-->
<dependency>
<groupId>org.springframework.cloud</groupId>
<artifactId>spring-cloud-netflix-turbine</artifactId>
</dependency>
```

```
<!--Consul 的依赖-->
<dependency>
<groupId>org.springframework.cloud</groupId>
<artifactId>spring-cloud-starter-consul-discovery</artifactId>
</dependency>
<!--Hystrix-dashboard 的依赖-->
<dependency>
<groupId>org.springframework.cloud</groupId>
<artifactId>spring-cloud-starter-netflix-hystrix-dashboard</artifactId>
</dependency>
<!--Actuator 的依赖-->
<dependency>
<groupId>org.springframework.boot</groupId>
<artifactId>spring-boot-starter-actuator</artifactId>
</dependency>
<!--Hystrix 的依赖-->
<dependency>
<groupId>org.springframework.cloud</groupId>
<artifactId>spring-cloud-starter-netflix-hystrix</artifactId>
</dependency>
```

2. **配置 Turbine 支持**

在启动类中添加注解@EnableTurbine，以激活对 Turbine 的支持。

8.6.2　创建多个“服务消费者”

这里直接复制 1 份 8.5 节的项目，然后修改端口号和方法。这里不重复讲解，若有不明之处，可以下载本书源代码查看。

8.6.3　配置多监控点

在配置文件中添加以下代码：

```
spring.application.name=Turbine
server.port=9903
spring.cloud.consul.host=127.0.0.1
spring.cloud.consul.port=8500
feign.hystrix.enabled=true
turbine.appConfig=HystrixDashboard,HystrixDashboard2
turbine.aggregator.clusterConfig= default
turbine.clusterNameExpression= new String("default")
```

- turbine.appConfig：配置“服务中心”的 serviceId 列表，表明监控哪些服务。
- turbine.aggregator.clusterConfig：指定聚合哪些集群，默认为“default”。如果有多个值，则可以使用“，”进行分割。可通过 http://IP:PORT/turbine.stream?cluster=

{clusterConfig }查看监控数据。

- turbine.clusterNameExpression：集群名称表达式。
  - clusterNameExpression：用来指定集群名称，默认为应用名。
  - clusterNameExpression 为 default 时，turbine.aggregator.clusterConfig 可以不写，因为默认就是 default。
  - 当 clusterNameExpression 为 metadata['cluster']时，如果要监控的应用配置了“ eureka.instance.metadata-map.cluster:clusterName1 ”，则需要配置 turbine.aggregator.clusterConfig 的值为 clusterName1，即“turbine.aggregator.clusterConfig: clusterName1”。

8.6.4 启动并测试聚合监控

（1）启动 Dashboard、Dashboard2 和 Turbine 聚合监控。

（2）访问 http://localhost:9902/hello 和 http://localhost:9904/hello 以产生数据。

（3）访问 http://localhost:9903/hystrix。

（4）在出现的界面的监控地址中输入 http://localhost:9903/turbine.stream，即可看到如图 8-7 所示效果。

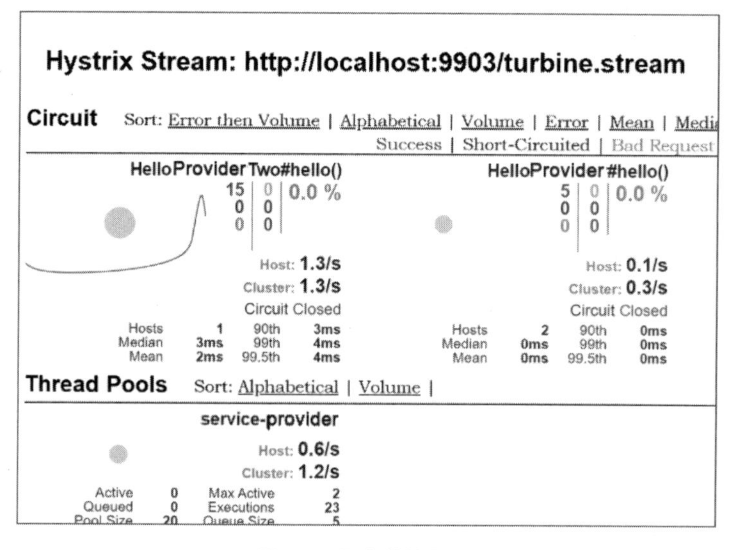

图 8-7 聚合监控界面

第 9 章 用 Spring Cloud Gateway 构建微服务网关

Spring Cloud Gateway 是 Spring Cloud 官方推出的第二代网关框架。网关在微服务系统中有着非常重要的作用。

本章首先介绍什么是微服务网关、Spring Cloud Gateway 的工作流程，并比较 Spring Cloud Gateway 和 Zuul 的优缺点；然后介绍 Spring Cloud Gateway 的路由、过滤器及限流；最后介绍如何实现路由容错和限流，以及如何监控 Spring Cloud Gateway 的端点。

9.1 认识微服务网关

9.1.1 什么是微服务网关

“网关”（API Gateway）这个词很容易让人想起城门、海关之类的词，它的功能也正如这些名词一样，具有关卡的作用。在微服务生产环境中，用户调用微服务要经过网关。

在单体应用中，调用服务极其简单。但在微服务中，调用服务就比较麻烦，因为不同的微服务可能使用了不同的开发语言和协议。在微服务中，通过网关来处理服务的调用。

9.1.2 为什么要使用微服务网关

网关是微服务架构中不可或缺的部分。使用网关后，客户端和微服务之间的网络结构如图 9-1 所示。

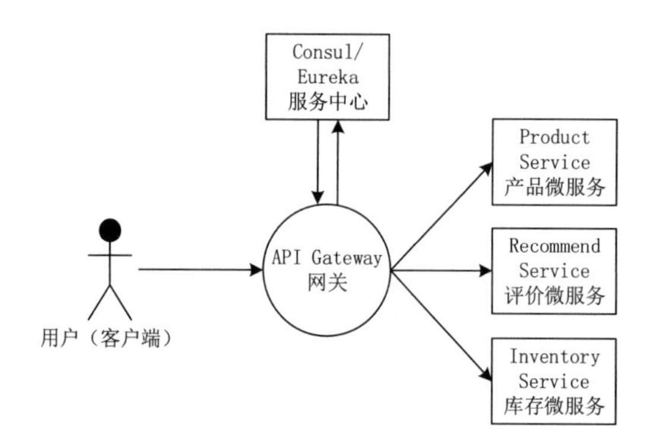

图 9-1 微服务网关架构图

从图 9-1 中可以看出，网关统一向外部系统（如访问者、服务）提供 REST API。在 Spring Cloud 中，使用 Zuul、Spring Cloud Gateway 等作为 API Gateway 来实现动态路由、监控、回退、安全等功能。

9.1.3 认识 Spring Cloud Gateway

Spring Cloud Gateway 是 Spring Cloud 生态系统中的网关，它是基于 Spring 5.0、Spring Boot 2.0 和 Project Reactor 等技术开发的，旨在为微服务架构提供一种简单有效的、统一的 API 路由管理方式，并为微服务架构提供安全、监控、指标和弹性等功能。其目标是替代 Zuul。

Spring Cloud Gateway 用“Netty + Webflux”实现，不要加入 Web 依赖，否则会报错。它需要加入 Webflux 依赖。

1. 特点

Spring Cloud Gateway 具有以下特点：

- 基于 Spring Framework 5、Project Reactor 和 Spring Boot 2.0 构建。
- 能够匹配任何请求属性的路由。
- 易于编写谓词（Predicates）和过滤器（Filters）。
- 其 Predicates 和 Filters 可作用于特定路由。
- 支持路径重写。
- 支持动态路由。
- 集成了 Hystrix 断路器。
- 集成了 Spring Cloud DiscoveryClient。
- 支持限流。

2. 相关概念

（1）Route（路由）。

路由是网关的基本单元。它由一个 ID、一个目标 URI、一组断言（Predicates）和一组过滤器（Filters）来定义，即：

路由 = ID + URI + Predicates + Filters

如果断言为真，则进行路由匹配。

（2）Predicate（断言）。

Predicate 的输入类型是 ServerWebExchange。ServerWebExchange 中包含 ServerHttpRequest。Predicate 根据输入决定是否匹配路由。

（3）Filter（过滤器）。

过滤器用于过滤并处理请求，类似于 Spring WebMVC 的 Web 过滤器。

过滤器支持重写数据，它可以修改用户或服务发送过来的请求数据、服务返回的结果数据。但由于 Gateway 是异步的，所以最好不要对响应的 Body 进行操作。如果实在需要操作，则需要重写 writeWith()方法。过滤器有两种类型：

- GlobalFilter。默认对所有路由有效。
- GatewayFilter。需要指定生效的范围。

9.1.4 Spring Cloud Gateway 的工作流程

Spring Cloud Gateway 的工作流程如图 9-2 所示。

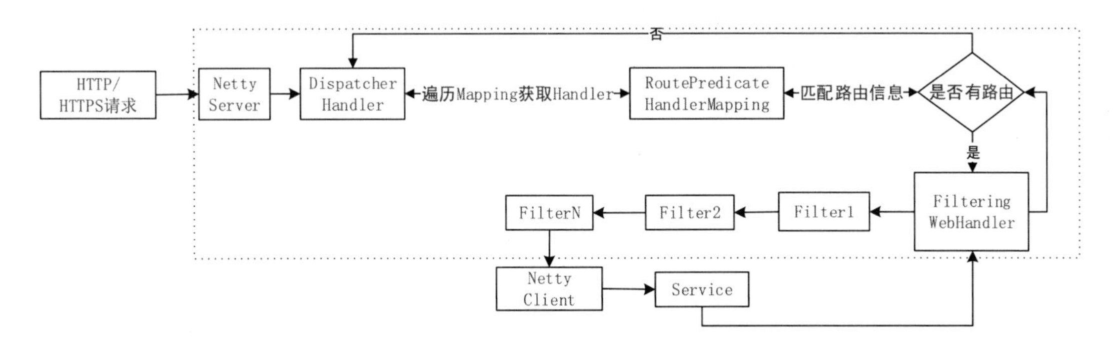

图 9-2　Spring Cloud Gateway 工作流程

工作流程为：

（1）客户端向 Spring Cloud Gateway 发出请求。

（2）DispatcherHandler 接收用户请求。

（3）RoutePredicateHandlerMapping 进行路由匹配。

（4）如果网关处理程序发现请求与路由匹配，则将请求发送到 FilteringWebHandler（即网关的处理程序）。如果发现请求与路由不匹配，则将请求返给 DispatcherHandler 处理。

（5）FilteringWebHandler 通过特定过滤器发送请求，先执行所有“PRE”逻辑，然后进行代理请求，最后执行“POST”逻辑。

（6）FilteringWebHandler 将请求转发到具体的服务中。

（7）FilteringWebHandler 将处理结果返给用户。

9.1.5 比较 Zuul 与 Spring Cloud Gateway

除网关模式外，Zuul 还提供了自动转发机制、鉴权、流量转发、请求统计等功能。

Spring Cloud Gateway 是 Spring Cloud 的新组件，用来代替网关 Zuul。它旨在通过“Netty+Webflux”为微服务架构提供简单有效的、统一 API 的路由管理方法。

Zuul 与 Spring Cloud Gateway 的主要区别如下。

Zuul 2.x 没有被 Spring Cloud 集成，所以这里比较 Zuul 1.x 和 Spring Cloud Gateway。

1. 开源组织

开源组织对开源产品的维护情况会极大地影响开源产品的前景。Spring Cloud Gateway 和 Zuul 都是顶尖的开源组织的产品。

- Spring Cloud Gateway 是 Spring Cloud 微服务平台的一个子项目，属于 Spring 开源社区，开发和维护它的是大名鼎鼎的 Pivotal。
- Zuul 是美国最大的视频点播服务商 Netflix 公司的开源项目。

所以从组织上来说两者都是极优秀的。但 Netflix 公司已经宣布停止维护 Zuul 2.x，并且没有开发新版本计划，这对 Zuul 的前景会产生巨大的影响。

2. 底层实现

Zuul 1.x 构建于 Servlet 2.5，兼容 Servlet 3.x，使用的是阻塞式的 API，不支持长连接（如 Websockets）。

Spring Cloud Gateway 是基于 Spring Boot 2.x 的，构建于 Spring 5 以上的版本。它使用的

是非阻塞式的 API，支持 Websockets。

3. 请求方式

Zuul 1.x 采用的是同步请求，数据被封装在 RequestContext 里。

Spring Cloud Gateway 采用的是异步请求，数据被封装在 ServerWebExchange 里。

4. 性能表现

Zuul 1.x 和 Spring Cloud Gateway 的区别见表 9-1。

表 9-1　Zuul 1.x 和 Spring Cloud Gateway 的区别

项　目	Zuul 1.x	Spring Cloud Gateway
连接方式	Servlet API	Reactor
支持服务器	Tomcat、Undertow	Netty
功能	基本路由规则，仅支持 Path 的路由	较多路由规则，可以支持 Header、Cookie、Query、Method 等丰富的 Predict 定义

9.2 路由（Route）

代码 本节的源码在本书配套资源的"/Spring Cloud Gateway/Gateway"目录下。

9.2.1 认识路由的谓词接口和谓词工厂

在 Java 8 中引入了一个函数式接口 Predicate，它接收一个输入参数并返回一个布尔值结果。

Spring Cloud Gateway 通过 Predicate 接口组合简单条件来判断当前路由是否满足给定条件。该接口包含许多默认方法，用于将 Predicate 组合成复杂的逻辑，以校验请求参数、判断数据是否改变、是否需要更新等。

使用路由的流程如下。

（1）加载路由中的 Predicate。

（2）用 Predicate 判断路由是否可用。

9.2.2 认识配置路由规则的方式

Spring Cloud Gateway 的路由规则配置是由一系列 RouteDefinitionLocator 类来管理的。默认情况下，PropertiesRouteDefinitionLocator 使用 Spring Boot（Spring Cloud 基于 Spring Boot）的@ConfigurationProperties 机制来加载属性。

Spring Cloud Gateway 网关路由有两种默认的配置方式。

1. 通过 Java API 的方式

如果通过 Java API 的方式，则直接通过 RouteLocatorBuilder 接口来构建路由规则。构建方法见以下代码：

```
/*通过 Java API 的方式来构建路由规则*/
@Bean
public RouteLocator customRouteLocator(RouteLocatorBuilder builder) {
    return builder.routes()
/*注意：这里是转发到“http://www. phei.com.cn/hello/**” */
            .route("hello", r -> r.path("/hello/**")
                    .uri("http://www. phei.com.cn "))
            .build();
}
```

这里是通过在启动类中配置注解@Bean 来自定义 RouteLocator。注意，这里转发到的是 http://www.phei.com.cn/hello/**。上述代码的功能与下面“2. 通过配置文件配置”的功能相同。

2. 通过配置文件的方式

还可以通过配置文件 application.properties 或 application.yml 来配置路由规则。

（1）application.yml 方式，见以下代码：

```
server:
  port: 8220
spring:
  cloud:
    application:
      name: Gateway
    gateway:
      routes:
        - id: hello
          uri: http://www.phei.com.cn
          predicates:
            - Path=/hello/**
```

各字段含义如下。

- id：自定义的路由 ID。
- uri：目标服务地址。
- predicates：路由条件。Predicate 接收一个输入参数，然后返回一个布尔值结果。

（2）application.properties 方式，见以下代码：

```
#id：自定义的路由 ID
spring.cloud.gateway.routes[0].id=hello
#uri：目标服务地址
spring.cloud.gateway.routes[0].uri=http://www.phei.com.cn
#predicates：路由条件。Predicate 根据输入参数返回一个布尔值。其包含多种默认方法来将 Predicate 组合成复杂的路由逻辑
spring.cloud.gateway.routes[0].predicates[0]=Path=/hello/**
```

9.2.3 实例 13：用 Java API 和配置文件方式构建路由

本实例演示如何用 Java API 和配置文件方式构建路由。

代码 本实例的源码在本书配套资源的“/Chapter09/Gateway Forward”目录下。

1. 添加依赖

Spring Cloud Gateway 是使用“Netty+Webflux”实现的，因此不能再引入 Web 模块的依赖，否则会报错。它需要的具体依赖见以下代码：

```
<!-- Spring Cloud Gateway 的依赖-->
<dependency>
<groupId>org.springframework.cloud</groupId>
<artifactId>spring-cloud-starter-gateway</artifactId>
</dependency>
```

2. 在配置文件中配置路由

在配置文件中配置路由，见以下代码：

```
spring.application.name=Gateway Forward
server.port=8221
#配置日志
logging.level.ROOT=DEBUG
#id：自定义的路由 ID
spring.cloud.gateway.routes[0].id=hello
#uri：目标服务地址
spring.cloud.gateway.routes[0].uri=http://www.phei.com.cn
#predicates：路由条件。Predicate 根据输入返回一个布尔值。其包含多种默认方法来将 Predicate 组合成复杂的路由逻辑
spring.cloud.gateway.routes[0].predicates[0]=Path=/hello/**
```

这里配置了一个路由 ID 为“hello”的路由规则，其作用是：当请求访问 http://localhost:8221/hello/long 时，将请求转发到 http://www.phei.com.cn /long。

3. 通过 Java API 方式配置路由

在启动类中，通过注解@Bean 实现一个自定义 RouteLocator 类来实现自定义路由转发规则，见以下代码：

```
@SpringBootApplication
public class GatewayApplication {
    public static void main(String[] args) {
        SpringApplication.run(GatewayApplication.class, args);
    }
    /*用代码方式实现转发*/
    @Bean
    public RouteLocator routeLocator (RouteLocatorBuilder builder) {
        return builder.routes()
/*注意，这里是转发到“http://www.phei.com.cn/hello2/**” */
            .route("hello2", r -> r.path("/hello2/**")
            .uri("http://www.phei.com.cn"))
            .build();
    }
}
```

4．**测试路由效果**

（1）启动项目，访问 http://localhost:8221/hello/long，可以看到控制台输出如下信息：

```
[f925f117] HTTP GET "/hello/long"
Route matched: hello
Mapping [Exchange: GET http://localhost:8221/hello/long] to Route{id='hello',
uri=http://www.phei.com.cn:80, order=0, predicate=Paths: [/hello/**], match trailing slash: true,
gatewayFilters=[]}
[f925f117] Resolved [UnknownHostException: www.phei.com.cn] for HTTP GET /hello/long
```

通过上面的输出信息可以看出，当请求匹配了路由 ID 为“hello”的路由时，匹配的路由方式是“Paths”。Spring Cloud Gateway 会把请求转发到地址 http://www.phei.com.cn/hello/long。

（2）访问 http://localhost:8221/hello2/long，可以看到控制台输出如下信息：

```
[e66d83ff] HTTP GET "/hello2/long"
Route matched: hello2
Mapping [Exchange: GET http://localhost:8221/hello2/long] to Route{id='hello2',
uri=http://www.phei.com.cn:80, order=0, predicate=Paths: [/hello2/**], match trailing slash: true,
gatewayFilters=[]}
[e66d83ff] Resolved [UnknownHostException:www.phei.com.cn] for HTTP GET /hello2/long
```

通过上面输出信息可以看出，当前访问匹配了路由 ID 为“hello2”的路由。

9.2.4 实例 14：应用 Spring Cloud Gateway 的 11 种路由规则

本实例演示如何应用 Spring Cloud Gateway 的 11 种路由规则。

代码 本实例的源码在本书配套资源的“/Chapter09/Gateway Configuration file”目录下。

Spring Cloud Gateway 通过 RoutePredicateFactory 创建 Predicate。Spring Cloud Gateway 预置了很多 RoutePredicateFactory，进行简单的配置即可得到想要的路由规则（Predicate）。这些路由规则会根据 HTTP 请求的不同属性来进行匹配。多个路由规则可以通过逻辑进行组合。Spring Cloud Gateway 预置的规则见表 9-2。

表 9-2　Spring Cloud Gateway 预置的路由规则

谓词工厂	类　型	说　明
AfterRoutePredicateFactory	datetime	请求时间满足在配置时间之后
BeforeRoutePredicateFactory	datetime	请求时间满足在配置时间之前
BetweenRoutePredicateFactory	datetime	请求时间满足在配置时间之间
CookieRoutePredicateFactory	Cookie	请求指定 Cookie 正则匹配指定值
HeaderRoutePredicateFactory	Header	请求指定 Header 正则匹配指定值
CloudFoundryRouteServiceRoutePredicateFactory	Header	请求 Headers 是否包含指定名称
MethodRoutePredicateFactory	Method	请求 Method 匹配配置的 Methos
PathRoutePredicateFactory	Path	请求路径正则匹配指定值
QueryRoutePredicateFactory	Queryparam	请求查询参数正则匹配指定值
RemoteAddrRoutePredicateFactory	Remoteaddr	请求远程地址匹配配置指定值
HostRoutePredicateFactory	Host	请求 Host 匹配指定值

1. Path 路由谓词工厂

在 9.2.2 节已经用 Path 路由谓词工厂实现了一个完整的实例。具体见以下代码：

```
#id：路由 ID
spring.cloud.gateway.routes[0].id=hello
#uri：目标服务地址
spring.cloud.gateway.routes[0].uri=http://www.phei.com.cn
#predicates：路由条件。Predicate 根据输入参数返回一个布尔值。其包含多种默认方法来将 Predicate 组合成复杂
的路由逻辑
spring.cloud.gateway.routes[0].predicates[0]=Path=/hello/**
```

它的匹配规则是：如果请求访问的地址是 http://host:port/hello/123，则直接将请求转发到 http://www.phei.com.cn/hello/123。“**”代表所有的字符串。

2. After 路由谓词工厂

After 路由谓词工厂接收类型为 datetime 的参数。此谓词工厂匹配当前日期时间之后发生的请求。用法见以下代码：

```
#id：路由 ID
spring.cloud.gateway.routes[2].id=After_Route
#uri：目标服务地址
```

```
spring.cloud.gateway.routes[2].uri=http://after-route.phei.com.cn
#predicates：路由条件。Predicate 根据输入参数返回一个布尔值。其包含多种默认方法来将 Predicate 组合成复杂的路由逻辑
spring.cloud.gateway.routes[2].predicates[0]=After=2017-04-17T06:06:06+08:00[Asia/Shanghai]
```

3. Before 路由谓词工厂

Before 路由谓词工厂接收类型为 datetime 的参数。此谓词工厂匹配在当前日期时间之前发生的请求。用法见以下代码：

```
#id：路由 ID
spring.cloud.gateway.routes[1].id=Before_Route
#uri：目标服务地址
spring.cloud.gateway.routes[1].uri=http://before-route.phei.com.cn
#predicates：路由条件。Predicate 根据输入参数返回一个布尔值。其包含多种默认方法来将 Predicate 组合成复杂的路由逻辑
spring.cloud.gateway.routes[1].predicates[0]=Before=2021-04-17T06:06:06+08:00[Asia/Shanghai]
```

当请求访问 http://localhost:8220/hello123 时，如果当前日期是 2020-04-17，则将请求匹配到这个路由，因为定义的路由规则是在 2021-4-17 日之前。

本实例的 11 个规则都写在一个项目里，所以可能存在多个匹配的情况。建议读者自己分开编写测试。

4. Between 路由谓词工厂

Between 路由谓词工厂采用两个“datetime”参数：datetime1 和 datetime2。此谓词工厂匹配在 datetime1 之后且在 datetime2 之前发生的请求。datetime2 参数必须在 datetime1 之后。用法见以下代码：

```
#id：路由 ID
spring.cloud.gateway.routes[3].id=Between_Route
#uri：目标服务地址
spring.cloud.gateway.routes[3].uri=http://between-route.phei.com.cn
#predicates：路由条件。Predicate 根据输入参数返回一个布尔值。其包含多种默认方法来将 Predicate 组合成复杂的路由逻辑
spring.cloud.gateway.routes[3].predicates[0]=Between=2017-04-17T06:06:06+08:00[Asia/Shanghai],2021-04-17T06:06:06+08:00[Asia/Shanghai]
```

5. Cookie 路由谓词工厂

Cookie 路由谓词工厂采用两个参数：Cookie 名称和正则表达式。此谓词工厂匹配具有给定名称的 Cookie，值与正则表达式匹配。用法见以下代码：

```
#id：路由 ID
spring.cloud.gateway.routes[4].id=Cookie_Route
#uri：目标服务地址
spring.cloud.gateway.routes[4].uri=http://www.phei.com.cn
#predicates：路由条件。Predicate 根据输入参数返回一个布尔值。其包含多种默认方法来将 Predicate 组合成复杂的路由逻辑
spring.cloud.gateway.routes[4].predicates[0]=Cookie=name,longzhonghua
```

6. Header 路由谓词工厂

Header 路由谓词工厂采用两个参数：Header 名称和正则表达式。此谓词工厂用正则表达式匹配 Header。用法见以下代码：

```
#id：路由 ID
spring.cloud.gateway.routes[5].id=Header_Route
#uri：目标服务地址
spring.cloud.gateway.routes[5].uri=http://www.phei.com.cn
#predicates：路由条件。Predicate 根据输入参数返回一个布尔值。其包含多种默认方法来将 Predicate 组合成复杂的路由逻辑
#curl http://localhost:8220   -H "X-Request-Id:123"
spring.cloud.gateway.routes[5].predicates[0]=Header=X-Request-Id, \d+
```

7. Host 路由谓词工厂

Host 路由谓词工厂采用 1 个参数：主机名。此谓词工厂与匹配该模式的主机的头部匹配。用法见以下代码：

```
#id：路由 ID
spring.cloud.gateway.routes[6].id=Host_Route
#uri：目标服务地址
spring.cloud.gateway.routes[6].uri=http://www.phei.com.cn
#predicates：路由条件。Predicate 根据输入参数返回一个布尔值。其包含多种默认方法来将 Predicate 组合成复杂的路由逻辑
spring.cloud.gateway.routes[6].predicates[0]=Host=**.phei.com.cn
```

8. Method 路由谓词工厂

Method 路由谓词工厂采用 1 个参数：要匹配的 HTTP 方法。具体用法见以下代码：

```
#id：路由 ID
spring.cloud.gateway.routes[7].id=Method_Route
#uri：目标服务地址
spring.cloud.gateway.routes[7].uri=http://www.phei.com.cn
#predicates：路由条件。Predicate 根据输入参数返回一个布尔值。其包含多种默认方法来将 Predicate 组合成复杂的路由逻辑
spring.cloud.gateway.routes[7].predicates[0]=Method=GET
```

9. Query 路由谓词工厂

Query 路由谓词工厂包含 1 个必需的参数和 1 个可选的正则表达式。用法见以下代码：

```
#id：路由 ID
spring.cloud.gateway.routes[9].id=Query_Route
#uri：目标服务地址
spring.cloud.gateway.routes[9].uri=http://www.phei.com.cn
#predicates：路由条件。Predicate 根据输入参数返回一个布尔值。其包含多种默认方法来将 Predicate 组合成复杂的路由逻辑
spring.cloud.gateway.routes[9].predicates[0]=Query=name
#?name=x&id=1
#Query=name,lon.
#其中“.”代表一个字符
#?name=long
```

10. RemoteAddr 路由谓词工厂

RemoteAddr 路由谓词工厂采用 CIDR 符号（IPv4 或 IPv6）字符串的列表（最小值为 1），例如 192.168.0.1/16（其中 192.168.0.1 是 IP 地址，16 是子网掩码）。用法见以下代码：

```
#id：路由 ID
spring.cloud.gateway.routes[10].id=ip_Route
#uri：目标服务地址
spring.cloud.gateway.routes[10].uri=http://www.phei.com.cn
#predicates：路由条件。Predicate 根据输入参数返回一个布尔值。其包含多种默认方法来将 Predicate 组合成复杂的路由逻辑
spring.cloud.gateway.routes[10].predicates[0]=RemoteAddr=192.168.1.1/255
```

11. Weight 路由谓词工厂

Weight 路由谓词工厂是基于路由权重的，在配置时需要指定分组和权重值。

代码 以下源码在本书配套资源的“/Chapter09/Gateway Configuration file weight”目录下。

使用方法见以下代码：

```
spring.application.name=Gateway
server.port=8222
logging.level.ROOT=DEBUG
#id：路由 ID
spring.cloud.gateway.routes[0].id=Weight_Route1
#uri：目标服务地址
spring.cloud.gateway.routes[0].uri=http://hello1.phei.com.cn
#predicates：路由条件。Predicate 根据输入参数返回一个布尔值。其包含多种默认方法来将 Predicate 组合成复杂的路由逻辑
spring.cloud.gateway.routes[0].predicates[0]=Path=/hello/**
spring.cloud.gateway.routes[0].predicates[1]=Weight=Weight,4
```

```
#id：路由 ID
spring.cloud.gateway.routes[1].id=Weight_Route2
#uri：目标服务地址
spring.cloud.gateway.routes[1].uri=http://hello2.phei.com.cn
#predicates：路由条件。Predicate 根据输入参数返回一个布尔值。其包含多种默认方法来将 Predicate 组合成复杂的路由逻辑
spring.cloud.gateway.routes[1].predicates[0]=Path=/hello/**
spring.cloud.gateway.routes[1].predicates[1]=Weight=Weight,6
```

上述代码中配置了两个对“/hello/**”路径转发的路由。这两个路由是同一个权重分组，但 Weight_Route1 权重为 4，Weight_Route2 权重为 6。如果有 10 个访问“/hello/**”路径的请求，则会有 4 个请求被路由到 Weight_Route1，6 个请求被路由到 Weight_Route2。

9.2.5　实例 15：测试多种路由规则匹配优先级

在 9.2.4 中已经讲解了根据权重来分配路由。本节讲解如何综合使用 Spring Cloud Gateway 的多个路由规则，以便满足实际项目需求。读者将了解路由匹配的优先级。

代码　本实例的源码在本书配套资源的“/Chapter09/Gateway Configuration In Combination”目录下。

1. 编写综合路由规则

通过编写综合路由规则以测试路由权重，见以下代码：

```
spring.application.name=Gateway
server.port=8222
logging.level.ROOT=DEBUG

#id：路由 ID
spring.cloud.gateway.routes[0].id=Weight_Route1
#uri：目标服务地址
spring.cloud.gateway.routes[0].uri=http://hello1.phei.com.cn
#predicates：路由条件。Predicate 根据输入参数返回一个布尔值。其包含多种默认方法来将 Predicate 组合成复杂的路由逻辑
spring.cloud.gateway.routes[0].predicates[0]=Path=/hello/**
spring.cloud.gateway.routes[0].predicates[1]=Weight=Weight,4
spring.cloud.gateway.routes[0].predicates[2]=Query=name

#id：路由 ID
spring.cloud.gateway.routes[1].id=Weight_Route2
#uri：目标服务地址
spring.cloud.gateway.routes[1].uri=http://hello2.phei.com.cn
#predicates：路由条件。Predicate 根据输入参数返回一个布尔值。其包含多种默认方法来将 Predicate 组合成复杂的路由逻辑
spring.cloud.gateway.routes[1].predicates[0]=Path=/hello/**
spring.cloud.gateway.routes[1].predicates[1]=Weight=Weight,6
```

```
#id：路由 ID
spring.cloud.gateway.routes[2].id=Path_Route1
#uri：目标服务地址
spring.cloud.gateway.routes[2].uri=http://test1.phei.com.cn
#predicates：路由条件。Predicate 根据输入参数返回一个布尔值。其包含多种默认方法来将 Predicate 组合成复杂的路由逻辑
spring.cloud.gateway.routes[2].predicates[0]=Path=/test/**

#id：路由 ID
spring.cloud.gateway.routes[3].id=Path_Route1
#uri：目标服务地址
spring.cloud.gateway.routes[3].uri=http://test2.phei.com.cn
#predicates：路由条件。Predicate 根据输入参数返回一个布尔值。其包含多种默认方法来将 Predicate 组合成复杂的路由逻辑
spring.cloud.gateway.routes[3].predicates[0]=Path=/test/**
```

2. 测试路由规则匹配情况

在完成上面代码编写后，启动项目进行测试。

（1）访问 http://localhost:8222/hello/?name=longzhonghua，控制台提示如下信息：

```
: [5c679cb0] HTTP GET "/hello/?name=longzhonghua"
: Route matched: Weight_Route2
```

根据上述信息可以知道，此路径匹配路由 Weight_Route2。

（2）访问 http://localhost:8222/hello/?user=longzhonghua，控制台提示如下信息：

```
: [5c679cb0] HTTP GET "/hello/?user=longzhonghua"
: Route matched: Weight_Route2
```

根据上述信息可以知道，此路径匹配路由 Weight_Route2。

（3）访问 http://localhost:8222/test，控制台提示如下信息：

```
: [5c679cb0] HTTP GET "/test"
: Route matched: Path_Route1
```

根据上述信息可以知道，此路径匹配路由 Path_Route1。

从上面的测试结果和路由配置的信息可以得出，Spring Cloud Gateway 的路由匹配优先级计算规则如下。

- 根据权重匹配：同一组路由的优先级由权重（Weight）决定，优先匹配权重高的路由。
- 根据路由 id 值匹配：不同组路由的优先级根据路由 ID 来计算。优先匹配 ID 小的路由。即，当一个请求满足多个路由的谓词条件时，请求只会被首个成功匹配的路由转发。

- 当各种 Predicates 同时存在同一个路由时，请求必须同时满足所有的条件才会被这个路由匹配。

9.2.6　实例 16：将网关注册到“服务中心”，实现服务转发

在微服务架构中，服务的相互调用都依赖“服务中心”。而“服务中心”中往往注册了很多服务，如果每个服务都需要单独配置，则会是一份很烦琐、枯燥的工作。

Spring Cloud Gateway 提供了一种默认转发功能，当网关被注册到“服务中心”后，网关会代理“服务中心”的转发服务。本实例演示如何将网关注册到“服务中心”，实现服务转发。

代码 本实例的源码在本书配套资源的“/Chapter09/Gateway Consul”目录下。

1. 添加依赖

添加 Spring Cloud Gateway、Spring Cloud Consul 的依赖，见以下代码：

```
<!-- Spring Cloud Gateway 的依赖-->
<dependency>
<groupId>org.springframework.cloud</groupId>
<artifactId>spring-cloud-starter-gateway</artifactId>
</dependency>
<!-- Spring Cloud Consul 的依赖-->
<dependency>
<groupId>org.springframework.cloud</groupId>
<artifactId>spring-cloud-starter-consul-discovery</artifactId>
</dependency>
```

2. 添加配置

配置“服务中心”的地址和端口号，并开启 Spring Cloud Gateway 与“服务中心”的整合支持，见以下代码：

```
spring.application.name=Gateway Consul
server.port=8221
#Consul 的地址和端口号默认是 localhost:8500。如果不是这个地址应自行配置
spring.cloud.consul.host=localhost
spring.cloud.consul.port=8500
#表示是否与“服务中心”的发现组件进行结合
spring.cloud.gateway.discovery.locator.enabled=true
#配置日志
logging.level.org.springframework.cloud.gateway=debug
```

从上面代码可以看出，要实现网关转发到服务实例的功能，需要通过以下步骤：

（1）将配置项“spring.cloud.gateway.discovery.locator.enabled”的值设置为“true”。

（2）配置“服务中心”的 IP 地址和端口号。

整合后的服务访问路径变为“http://网关地址:端口/服务中心 serviceId/方法”。

3. 测试配置

启动“服务中心”和“服务提供者”，访问 http://localhost:8221/service-provider/hello，可以正常访问到服务。这里的“localhost:8221”代表 Spring Cloud Gateway 的地址，“service-provider”代表在“服务中心”注册的服务名，“hello”代表服务提供的方法。

9.3 过滤器（Filter）

9.3.1 过滤器的基本知识

微服务系统中的服务非常多。如果每个服务都自己做鉴权、限流、日志输出，则非常不科学。所以，可以通过网关的过滤器来处理这些工作。在用户访问各个服务前，应在网关层统一做好鉴权、限流等工作。

1. Filter 的生命周期

根据生命周期可以将 Spring Cloud Gateway 中的 Filter 分为“PRE”和“POST”两种。

- PRE：代表在请求被路由之前执行该过滤器。此种过滤器可用来实现参数校验、权限校验、流量监控、日志输出、协议转换等功能。
- POST：代表在请求被路由到微服务之后执行该过滤器。此种过滤器可用来实现响应头的修改（如添加标准的 HTTP Header）、收集统计信息和指标、将响应发送给客户端、输出日志、流量监控等功能。

2. Filter 分类

根据作用范围，Filter 可以分为以下两种。

- GatewayFilter：网关过滤器。此种过滤器只应用在单个路由或者一个分组的路由上。
- GlobalFilter：全局过滤器。此种过滤器会应用在所有的路由上。

9.3.2 网关过滤器（GatewayFilter）

网关过滤器（GatewayFilter）允许以某种方式修改传入的 HTTP 请求，或输出的 HTTP 响应。网关过滤器作用于特定路由。Spring Cloud Gateway 内置了许多网关过滤器工厂来编写网关过滤器。内置的网关过滤器工厂有如下 20 个。

1. AddRequestHeader 网关过滤器工厂

它用于在请求头中添加自定义键值对。

2. AddRequestParameter 网关过滤器工厂

它用于在请求中添加请求参数的键值对。

3. AddResponseHeader 网关过滤器工厂

它用于在响应头中添加键值对。

4. Hystrix 网关过滤器工厂

它用于将断路器引入网关路由中，让服务免受级联故障的影响，并在故障时提供回退响应。在使用时需要一个名为“HystrixCommand”的参数。

5. PrefixPath 网关过滤器工厂

它用于使用简单的 Prefix 参数。

6. PreserveHostHeader 网关过滤器工厂

它用于设置路由过滤器的请求属性，检查是否发送原始主机头或由 HTTP 客户端确定主机头。

7. RequestRateLimiter 网关过滤器工厂

它用于确定当前请求是否允许继续。如果不允许，则返回提示“HTTP 429 – Too Many Requests”。

8. RedirectTo 网关过滤器工厂

它用于接收请求的状态和 URL 的参数。该状态是一个重定向的 300 系列的 HTTP 代码，如 301。URL 是 Location 头部的值。

9. RemoveNonProxyHeaders 网关过滤器工厂

它用于从转发的请求中删除请求头。

10. RemoveRequestHeader 网关过滤器工厂

它用于删除请求头，它需要请求头名。

11. RemoveResponseHeader 网关过滤器工厂

它用于删除响应头，它需要响应头名。

12. RewritePath 网关过滤器工厂

它用于使用 Java 正则表达式重写请求路径。

13. SaveSession 网关过滤器工厂

它用于在转发下游调用之前强制执行保存 Session 操作。

14. SecureHeaders 网关过滤器工厂

它用于为响应添加安全头。

15. SetPath 网关过滤器工厂

它提供了一种方法，该方法允许通过路径的模板段来操作请求路径。它使用了 Spring 框架的 URI 模板，支持多种匹配。

16. SetResponseHeader 网关过滤器工厂

它用于设置响应头，需要有一个 Key-Value 对。

17. SetStatus 网关过滤器工厂

它用于设置请求响应状态，它需要一个 Status 参数，该参数的值必须是有效的 Spring HttpStatus。例如，整型的 404 或枚举类型的字符串 NOT_FOUND。

18. StripPrefix 网关过滤器工厂

它用于剥离前缀。它需要 parts 参数，表明在请求被发送到下游之前从请求路径中剥离的元素数量。

19. Retry 网关过滤器工厂

它用于进行重试，它需要 Retries、Statuses,、Methods 和 Series 参数，意义如下。

- Retries：重试的次数。
- Statuses：重试的 HTTP 状态代码，用 org.springframework.http.HttpStatus 表示。
- Methods：重试的 HTTP 方法，用 org.springframework.http.HttpMethod 表示。
- Series：重试的状态代码，用 org.springframework.http.HttpStatus.Series 表示。

20. RequestSize 网关过滤器工厂

它用于限制请求的大小。当请求超过限制时启用，限制请求到达下游服务。该过滤器将 RequestSize（请求的大小）作为参数。

9.3.3 全局过滤器（GlobalFilter）

全局过滤器由一系列特殊的过滤器组成。它会应用到所有路由中。

Spring Cloud Gateway 内置了 9 种 GlobalFilter：

- Forward Routing Filter。
- LoadBalancerClient Filter。
- Netty Routing Filter。
- Netty Write Response Filter。
- RouteToRequestUrl Filter。
- Websocket Routing Filter。
- Gateway Metrics Filter。
- Combined Global Filter and GatewayFilter Ordering。
- Marking An Exchange As Routed。

GlobalFilter 通常是用于配置一些具体的路由。

1. Forward 路由过滤器（Forward Routing Filter）

它在 exchange 的属性 ServerWebExchangeUtils.GATEWAY_REQUEST_URL_ATTR 的值中查找 URI。如果 URI 是 forward 协议（如：forward:///localendpoint），则它将用 Spring DispatcherHandler 处理请求。

2. LoadBalancerClient 路由过滤器（LoadBalancerClient Filter）

它在 exchange 的属性 ServerWebExchangeUtils.GATEWAY_REQUEST_URL_ATTR 的值中查找 URI。如果 URI 是 lb 协议（如 lb://myservice），则它用 Spring Cloud LoadBalancerClient 将名称（lb://myservice 中的 myservice）解析为实际的主机和端口，并替换 URI 中的相同属性。过滤器还会查看 ServerWebExchangeUtils.GATEWAY_SCHEME_PREFIX_ATTR 属性，以判断它是否等于“lb”。

3. Netty 路由过滤器（Netty Routing Filter）

如果 ServerWebExchangeUtils.GATEWAY_REQUEST_URL_ATTR 中的 URI 使用的是 HTTP 或 HTTPS 协议，则运行 Netty 路由过滤器。它用 Netty HttpClient 发出下游代理请求。响应放在 ServerWebExchangeUtils.CLIENT_RESPONSE_ATTR 的交换属性(exchange)中，以便在以后的过滤器中使用。

4. Netty 写响应过滤器（Netty Write Response Filter）

如果在 ServerWebExchangeUtils.CLIENT_RESPONSE_ATTR 的值中存在 Netty HttpClientResponse，则运行 Netty 写响应过滤器。它在所有其他过滤器完成后运行，并将代理响应写回到网关客户端的响应数据中。

5. RouteToRequestUrl 过滤器（RouteToRequestUrl Filter）

如果在 ServerWebExchangeUtils.GATEWAY_ROUTE_ATTR 的值中存在 Route 对象，则运行路由到请求地址。它根据请求 URI 创建一个新 URI，新 URI 位于 ServerWebExchangeUtils.GATEWAY_REQUEST_URL_ATTR 的值中。如果 URI 具有协议前缀，例如 lb:ws://serviceid，则将从 URI 中剥离 lb 协议并放置在 ServerWebExchangeUtils.GATEWAY_SCHEME_PREFIX_ATTR 中，以便稍后在过滤器中使用。

6. Websocket 路由过滤器（Websocket Routing Filter）

如果 ServerWebExchangeUtils.GATEWAY_REQUEST_URL_ATTR 值中的 URI 是 ws 协议或 wss 协议，则运行 Websocket 路由过滤器。它利用 Spring Web Socket 底层代码将 Websocket 请求转发到下游。

可以通过在 URI 前面添加 lb 来对 Websockets 进行负载均衡，例如 lb:ws://serviceid。注意：如果在普通 HTTP 上使用 SockJS 作为回退，则应配置正常的 HTTP 路由及 Websocket 路由。

7. 网关指标过滤器（Gateway Metrics Filter）

要启用它需要添加 spring-boot-starter-actuator 的依赖。默认情况下，只要属性 spring.cloud.gateway.metrics.enabled 未设置为“false”，网关指标过滤器就会运行。此过滤器会添加一个名为“gateway.requests”的指标（Metrics），其中包含以下属性：

- routeId：路由 ID。
- routeUri：API 将被路由到的 URI。
- outcome：由 HttpStatus.Series 分类的结果。
- status：HTTP 请求返给客户端的状态。

8. 组合式全局过滤器和网关过滤器排序（Combined Global Filter and GatewayFilter Ordering）

当请求进入并匹配到一个路由时，Filtering Web Handler 会将 GlobalFilter 的所有实例和 GatewayFilter 的所有路由特定实例添加到过滤器链中。这个组合的过滤器链由 org.springframework.core.Ordered 接口排序，通过 getOrder()方法或注解@Order 来设置。

Spring Cloud Gateway 对过滤器逻辑执行的“PRE”阶段和“POST”阶段进行了区分。

9. 路由交换（Marking An Exchange As Routed）

网关在路由了 ServerWebExchange 后，会通过将 gatewayAlreadyRouted 添加到 exchange 属性来将该交换标识为“路由”。一旦请求被标识为路由，则其他路由过滤器会跳过该请求。可以用便捷方法将交换标识为路由，或检查交换是否已路由。

9.3.4　实例 17：用 AddRequestHeader 过滤器工厂给请求添加 Header 参数

本实例演示如何用 AddRequestHeader 过滤器工厂给请求添加 Header 参数。

代码 本实例的源码在本书配套资源的“/Chapter09/Gateway Configuration Filter”目录下。

1. 添加网关的依赖

添加网关的依赖，见以下代码:

```
<!-- Spring Cloud Gateway 的依赖-->
<dependency>
<groupId>org.springframework.cloud</groupId>
<artifactId>spring-cloud-starter-gateway</artifactId>
</dependency>
```

2. 添加配置文件

在配置文件中设置 Header 的 Key-Value 值（key_name,key_value），见以下代码：

```
spring.application.name=Gateway
server.port=8220
logging.level.ROOT=DEBUG
#id：路由 ID
spring.cloud.gateway.routes[0].id=AddRequestHeader_Route
#uri：目标服务地址
spring.cloud.gateway.routes[0].uri=http://www.phei.com.cn
#predicates：路由条件。Predicate 根据输入参数返回一个布尔值。其包含多种默认方法来将 Predicate 组合成复杂
的路由逻辑
spring.cloud.gateway.routes[0].predicates[0]=Method=GET
spring.cloud.gateway.routes[0].filters[0]=AddRequestParameter=key_name,key_value
```

3. 测试

访问 http://localhost:8220/hello，在控制台输出以下信息：

```
[3fa75145] HTTP GET "/hello"
RouteDefinition AddRequestHeader_Route applying {_genkey_0=GET} to Method
RouteDefinition AddRequestHeader_Route applying filter {_genkey_0=key_name, _genkey_1=key_value}
to AddRequestParameter
```

从上述信息可以看出，已经通过 ID 为“AddRequestHeader_Route”的路由的添加上了设置的 Key-Value（key_name,key_value）。

9.4 实例 18：实现路由容错

通过路由可以定义已知的规则，但开发人员和设计人员不可能考虑到所有用户的所有请求，而且路由设计可能存在变更，网络等基础设施可能产生错误，所以需要进行路由容错管理。路由容错主要通过处理未定义的路由和路由熔断来实现。

本实例演示如何实现路由容错。

代码 本实例的源码在本书配套资源的“/Chapter09/Gateway Configuration Fault-Tolerance Routing”目录下。

9.4.1 处理未定义的路由

处理未定义路由的目的是提供报错信息，以便进行有效反馈。可以通过先定义一个“NotFound”路由，然后设置该路由，最后匹配来实现。即如果其他路由都没有匹配上请求，则由 NotFound 路由匹配。具体的步骤如下。

1. 添加路由配置

在配置文件中添加一个通用的“NotFound”路由，以过滤域名下的所有路径（如果匹配成功，则返回“NotFound”页面）。本实例还添加了一个用于测试的正常路由“hello Route”。见以下代码：

```
spring.application.name=Fault-Tolerance Routing
server.port=8220
logging.level.ROOT=DEBUG
#id：定义“NotFound”路由 ID
spring.cloud.gateway.routes[1].id=Fault-Tolerance Routing
#uri：目标服务地址
spring.cloud.gateway.routes[1].uri=forward:/notfound
#predicates：路由条件。Predicate 根据输入参数返回一个布尔值。其包含多种默认方法来将 Predicate 组合成复杂的路由逻辑
spring.cloud.gateway.routes[1].predicates[0]=Path=/**

#id：路由 ID
spring.cloud.gateway.routes[0].id=hello Route
#uri：目标服务地址
spring.cloud.gateway.routes[0].uri=http://hello.phei.com.cn
#predicates：路由条件。Predicate 根据输入参数返回一个布尔值。其包含多种默认方法来将 Predicate 组合成复杂的路由逻辑
spring.cloud.gateway.routes[0].predicates[0]=Path=/hello
```

2. 编写路由容错控制器

此控制器会在没匹配到路由时返回信息，见以下代码：

```
/**路由容错控制器*/
@RestController
public class NotFoundController {
    @RequestMapping(value = "/notfound")
    public Mono<Map<String, String>> notFound() {
        Map<String, String> stringMap = new HashMap<>();
        stringMap.put("code", "404");
        stringMap.put("data", "Not Found");
        return Mono.just(stringMap);
    }
}
```

3. 测试路由

（1）启动项目，访问 http://localhost:8220/hello，可以通过控制台看到成功匹配了路由“hello Route”。

（2）访问其他任意页面（不存在的页面），例如 http://localhost:8220/helloworld 则会匹配路由 ID 为“Fault-Tolerance Routing”的路由，返回下方控制器信息：

```
{"code":"404","data":"Not Found"}
```

9.4.2　用 Hystrix 处理路由熔断

熔断器主要应用在请求超时、服务器端错误等使用场景中。可以将 Gateway 与 Hystrix 进行集成，只需要在配置文件中配置 filters（或 default filter），然后加入 fallbackUri 的实现即可。

代码 本实例的源码在本书配套资源的“/Chapter09/Gateway Configuration　Fault-Tolerance Routing Hystrix”目录下。

1. 添加配置

添加配置以开启 Hystrix 的支持，并用 Hystrix 作为名称生成 HystrixCommand 对象来进行熔断管理，见以下代码：

```
spring.application.name=Fault-Tolerance Routing Hystrix
server.port=8220
spring.cloud.consul.host=127.0.0.1
spring.cloud.consul.port=8500
logging.level.ROOT=info

#开启支持
feign.hystrix.enabled=true
```

```
#id：路由 ID
spring.cloud.gateway.routes[0].id=Fault-Tolerance Routing Hystrix
#uri：目标服务地址
spring.cloud.gateway.routes[0].uri=lb://service-provider
#predicates：路由条件。Predicate 根据输入参数返回一个布尔值。其包含多种默认方法来将 Predicate 组合成复杂的路由逻辑
spring.cloud.gateway.routes[0].predicates[0]=Path=/hello
#过滤器的名字，Gateway 将用 Hystrix 作为名称生成 HystrixCommand 对象来进行熔断管理
spring.cloud.gateway.routes[0].filters[0].name=Hystrix
spring.cloud.gateway.routes[0].filters[0].args.name=fallbackcmd
#配置了 fallback 时要回调的路径。当 Hystrix 的 fallback 被调用时，请求将转发到 fallback
#这里的 fallback 是在路由控制器中定义的方法
spring.cloud.gateway.routes[0].filters[0].args.fallbackUri=forward:/fallback
```

Hystrix 支持以下两个参数。

- name：HystrixCommand 的名字。
- fallbackUri：fallback 对应的 URI。这里的 URI 仅支持“forward: schemed”格式。

2. 创建回调方法

此方法是在过滤器中定义的转发路径，具体见以下代码：

```
/**
*路由容错控制器
*/
@RestController
public class NotFoundController {
    @RequestMapping(value = "/fallback")
    public Mono<Map<String, String>> notFound() {
        Map<String, String> stringMap = new HashMap<>();
        stringMap.put("code", "100");
        stringMap.put("data", "Service Not Available");
        return Mono.just(stringMap);
    }
}
```

3. 测试

（1）启动 Consul“服务中心”、服务提供者、本项目，然后访问 http://localhost:8220/hello，可正常获得服务。

（2）停止“服务提供者”后再次访问 http://localhost:8220/hello，则调用了路由的回调方法，输出如下信息：

```
{"code":"100","data":"Service Not Available"}
```

（3）关闭“服务中心”，然后再次访问 http://localhost:8220/hello，依然调用了路由的回调方法，输出如下信息：

```
{"code":"100","data":"Service Not Available"}
```

上面（2）（3）步骤说明完成了路由容错。

本实例在请求出现超时、服务宕机时都可以得到反馈信息，确保了网关服务的鲁棒性。

9.5 限流

9.5.1 为什么要限流

一般而言，正常的流量越多越好，比如用户快速增长、热点事件带来蜂拥的人流。但在实际的网络流量中，除正常的流量外，还有很多非正常的流量，比如网络攻击、恶意爬虫（搜索引擎的爬虫会为业务带来好处，应该归为正常流量）。

网络攻击不会给业务带来好处，而是会过度地消耗服务资源，所以在高并发的应用中，需要通过限流来保障服务对所有用户的可用性。

限流和缓存、降级一样，也是保护高并发系统的利器。

9.5.2 常见的限流措施

高并发系统常采用以下限流措施：

- 限制总并发数。如，数据库连接池、线程池。
- 限制瞬时并发数。如，Nginx 的 limit_conn 模块可以限制瞬时并发连接数。
- 限制时间窗口内的平均速率。如，Nginx 的 limit_req 模块。
- 限制消息中间件的消费速率。
- 限制远程接口的调用速率。
- 限制每秒的平均速率。
- 对线程池进行隔离。如果超过线程池的负载，则进行熔断。
- 通过 Tomcat 容器限制线程数来控制并发。

除上述措施外，还可以根据网络连接数、网络流量、时间窗口的平均速度、用户访问频次、IP 地址、URI、CPU 和内存负载等来限流。

一般限流都在网关层实现，比如使用 Nginx、Zuul、Spring Cloud Gateway、Openresty、Kong 等。当然也有人在应用层通过 AOP 这种方式限流。

9.5.3 限流算法

常见的限流算法有：计数器、漏桶、令牌桶。限流算法不是 Spring Cloud Gateway 独有的，而是一种通用算法。

1. 计数器算法

采用计数器限流，是特别简单和粗暴的。

算法的实现方法是：从第一个请求进来开始计时，在接下来的时间内（如 1s），每来一个请求，就把计数加 1；如果累加的数字达到了设定的值（如 QPS 为 100），则后续的请求就会被全部拒绝；等单位时间结束后把计数恢复成 0，重新开始计数。

计数器限流方法存在“突刺现象”：如果在 1s（单位时间）内的前 100ms 已经通过了 100 个请求，则后面的 900ms 内的请求全部会被拒绝。

既然存在“突刺现象”，那把单位时间设置得更短些能否解决问题呢？比如设置为 10ms。这种想法是可以的，但依旧不能解决“突刺现象”，反而会增加计数器的负担。

为了解决“突刺现象”，可以采取更平滑的限流算法：漏桶算法和令牌桶算法。

2. 漏桶算法

漏桶（Leaky Bucket）算法的原理是：把请求先放入漏桶里等待，然后漏桶以一定的速度处理进入漏桶中的请求；如果请求的进入速度过大，则导致漏桶装不下请求而拒绝后续的请求。其原理如图 9-3 所示。

图 9-3　漏桶算法的原理

在漏桶算法里有两个变量（桶的大小、漏洞的大小）决定着限流情况。

一般情况下，用于服务的软硬件资源是特定的（即漏桶的漏出速率是固定的），所以即使是在理想状态下（没有拥塞），漏桶算法对于突发流量来说是缺乏效率的。

3. 令牌桶算法

令牌桶算法（Token Bucket）和现在各大机构使用的叫号机很类似：当请求到达时，先去令牌桶（叫号机）中取得一个令牌（排号），然后等待响应。

这样做的好处是：可以非常方便地改变速率，按需改变放入桶中的令牌速率；可以定时或者根据实时计算来增加令牌数量。其原理如图 9-4 所示。

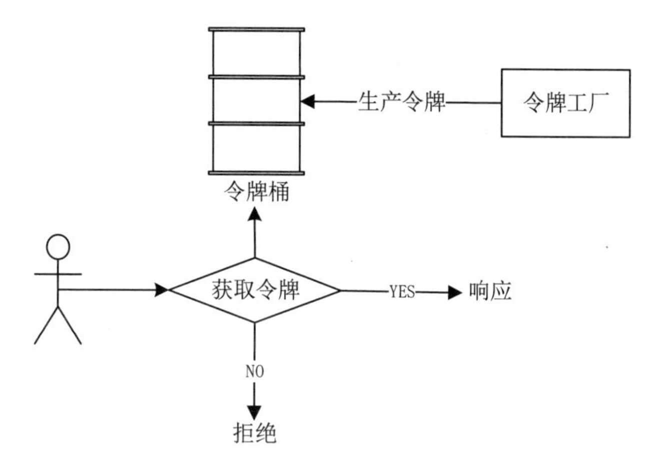

图 9-4　令牌桶算法的原理

采用令牌桶算法的框架主要有 RateLimiter、Bucket4j、RateLimitJ。

9.5.4　实例 19：用 Spring Cloud Gateway 内置的限流工厂实现限流

本实例演示如何用 Spring Cloud Gateway 内置的限流工厂实现限流。

代码　本实例的源码在本书配套资源的“/Chapter09/Gateway Limit”目录下。

在 Spring Cloud Gateway 上实现限流很简单，只需要编写相应过滤器即可。具体步骤如下。

1. 添加依赖

Spring Cloud Gateway 内置了限流工厂“RequestRateLimiterGatewayFilterFactory”，它底层是使用 Redis 的 Lua 脚本实现的，所以在添加好 Spring Cloud Gateway 依赖后还需要添加 Redis 的依赖，见以下代码：

```
<!-- Spring Cloud Gateway 的依赖-->
<dependency>
<groupId>org.springframework.cloud</groupId>
<artifactId>spring-cloud-starter-gateway</artifactId>
</dependency>
<!--Redis 的依赖-->
<dependency>
<groupId>org.springframework.boot</groupId>
<artifactId>spring-boot-starter-data-redis-reactive</artifactId>
```

```
</dependency>
```

2. 修改启动项，添加根据 IP 地址限流的 Bean

见以下代码：

```
@SpringBootApplication
public class GatewayApplication {
    public static void main(String[] args) {
        SpringApplication.run(GatewayApplication.class, args);
    }
        @Bean
    public KeyResolver ipKeyResolver() {
        //根据 IP 地址限流
        return exchange -> Mono.just(exchange.getRequest().getRemoteAddress().getHostName());
    }
}
```

3. 编写配置文件

接下来编写配置文件，在其中添加 Redis 的地址信息，并添加一个路由过滤器以便根据 IP 地址限制流量。这里默认使用 Spring Cloud Gateway 内置的令牌桶算法。见以下代码：

```
# Redis 数据库的索引（默认为 0）
spring.redis.database=1
# Redis 服务器的 IP 地址
spring.redis.host=127.0.0.1
# Redis 服务器的连接端口
spring.redis.port=6379
# Redis 服务器的连接密码（默认为空）
spring.cloud.gateway.routes[0].id=test-ip
spring.cloud.gateway.routes[0].uri= lb://test-ip
spring.cloud.gateway.routes[0].predicates[0]=Path=/test-ip/**
# 限流过滤器使用的是 Gateway 内置的令牌算法
spring.cloud.gateway.routes[0].filters[0].name=RequestRateLimiter
#令牌补充的频率，每次就 1 个
spring.cloud.gateway.routes[0].filters[0].args.redis-rate-limiter.replenishRate=1
#令牌桶的最大容量，即允许在 1s 内完成的最大请求数
spring.cloud.gateway.routes[0].filters[0].args.redis-rate-limiter.burstCapacity=2
#用于限流的键的解析器的 Bean 对象的名字。它使用 SpEL 表达式根据#{@beanName}从 Spring 容器中获取 Bean 对象。在 YML 配置文件中需要用双引号包裹
spring.cloud.gateway.routes[0].filters[0].args.key-resolver=#{@ipKeyResolver}
```

4. 测试效果

启动 Redis 并启动项目，如果不停刷新地址“http://localhost:8220/test-ip”，则在控制台输出以下信息：

```
response: Response{allowed=false, headers={X-RateLimit-Remaining=0,
X-RateLimit-Burst-Capacity=2, X-RateLimit-Replenish-Rate=1}, tokensRemaining=-1}
[1541aa5f] Completed 429 TOO_MANY_REQUESTS
```

其中提示了“429 TOO_MANY_REQUESTS”，说明通过 IP 地址限流已经成功实现。

9.6　高可用

实现高可用的常用措施有降级、限流、异地多活等，而实现高并发的常用措施有异步、缓存等。网关是整个微服务系统极为关键的门户，所以也要对其实现高可用。

在微服务系统中要实现网关高可用，可以通过将请求发送到 Nginx 或者 F5，接着 Nginx 或者 F5 将请求转入后端的 Spring Cloud Gateway 集群，然后 Spring Cloud Gateway 集群通过“服务中心”(Eureka、Consul) 调用后端服务，如图 9-5 所示。

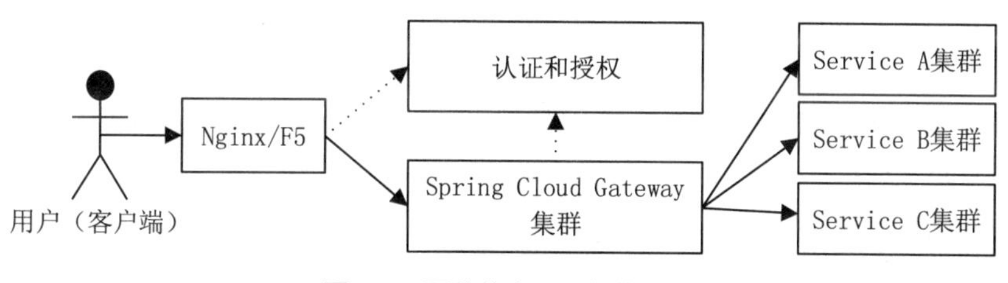

图 9-5　网关的高可用架构图

9.7　Spring Cloud Gateway 的端点

9.7.1　认识 Spring Cloud Gateway 的端点

Spring Cloud Gateway 提供了端点 (其他的 Spring Cloud 组件也会提供自身的端点) 来提供路由相关的操作，如获取过滤器列表、获取路由列表、获取路由信息、添加路由信息、刷新路由信息等。要使用 Spring Cloud Gateway 的这些端点，需要为 Spring Cloud Gateway 添加 Spring Boot Actuator (spring-boot-starter-actuator) 的依赖，并将 Spring Cloud Gateway 的端点暴露。

Spring Cloud Gateway 的所有端点都挂在 /actuator/gateway 下 (路径为：Host/actuator/gateway/)。表 9-3 中列出了 Spring Cloud Gateway 的所有端点。

表 9-3　Spring Cloud Gateway 的端点

ID	HTTP 方法（Method）	描　　述
globalfilters	GET	展示所有的全局过滤器
routefilters	GET	展示所有的过滤器工厂
refresh	POST	清空路由缓存
routes	GET	获取所有路由列表
routes/{id}	GET	获取指定 id 的路由信息
routes/{id}	POST	添加一个路由
routes/{id}	DELETE	移除一个路由

9.7.2　实例 20：通过 Spring Cloud Gateway 的端点添加动态路由

本实例将通过 Spring Cloud Gateway 的端点添加动态路由。

代码 本实例的源码在本书配套资源的“/Chapter09/Gateway Actuator”目录下。

1. 添加依赖

Spring Cloud Gateway 的端点被纳入 Spring Boot Actuator 中了，所以需要引用 Actuator 的依赖。见以下代码：

```
<!-- Spring Cloud Gateway 的依赖-->
<dependency>
<groupId>org.springframework.cloud</groupId>
<artifactId>spring-cloud-starter-gateway</artifactId>
</dependency>
<!--Actuator 的依赖-->
<dependency>
<groupId>org.springframework.boot</groupId>
<artifactId>spring-boot-starter-actuator</artifactId>
</dependency>
```

2. 开启端点支持

为了远程访问 Spring Cloud Gateway 的端点，需要通过 HTTP 或 JMX 启用和公开它们。开启方法见以下代码：

```
#默认为 true
management.endpoint.gateway.enabled=true
management.endpoints.web.exposure.include=gateway
```

3. 添加动态路由

在开启端点支持后，要想动态添加路由配置，只需发送 POST 请求即可，消息体如下：

```
{
	"id": "hello3",
	"predicates": [{
		"name": "Path",
		"args": {
			"_genkey_0": "/hello3/**"
		}
	}],
	"filters": [],
	"uri": "http://www.phei.com.cn",
	"order": 0
}
```

- 路由路径为：http://localhost:8220/actuator/gateway/routes/hello3。
- 路由 ID：hello3。

上述消息体可以通过 Postman 发送，如图 9-6 所示。

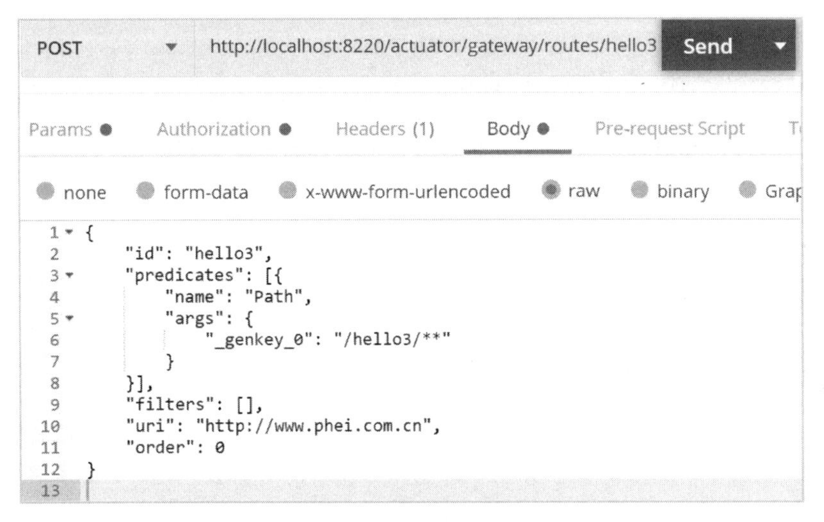

图 9-6　发送动态路由

接下来根据路由 ID 获取路由信息：访问 http://localhost:8220/actuator/gateway/routes/hello3，页面返回如下信息。

```
{"id":"hello3","predicates":[{"name":"Path","args":{"_genkey_0":"/hello3/**"}}],"filters":[],"uri":"http://www.phei.com.cn","order":0}
```

上述信息表示已经成功添加了路由信息。如果没有返回成功消息，则可以用 POST 方法提交空消息体到 http://localhost:8220/actuator/gateway/refresh 以刷新路由列表。

第 10 章 用 Spring Cloud Sleuth 实现微服务链路跟踪

Spring Cloud Sleuth 提供了微服务链路跟踪的解决方案，其兼容 Zipkin、HTrace 和 Log-based。

本章首先介绍链路跟踪的技术需求、Dapper 和主流的链路跟踪项目；然后介绍 Sleuth 和 Zipkin；最后介绍如何用 Sleuth 实现日志采样，以及如何在 Spring Cloud 中整合 Zipkin。

10.1 微服务链路跟踪

10.1.1 为什么要实现微服务链路跟踪

一个完整的微服务系统一般由成百上千，甚至几万、几十万、几百万的服务实例构成。在这种规模下，如果出现问题，则准确跟踪问题点会十分困难。所以，需要用链路跟踪工具来监控微服务状态，当出现问题时能及时定位问题点，快速解决问题。

总体来说，实现微服务链路跟踪主要有以下需求。

1. 实现监控

完备的监控系统可以提供及时、准确的性能报告，可以了解请求的路径、请求耗费的时间、网络延迟状况、单个业务逻辑耗费时间等指标。

2. 决策

我们可以分析系统瓶颈、解决系统存在的问题，以及为当前和未来的决策提供基础数据。

3. 避免技术债务

系统会根据业务需求不断地进行演变，如果过去遗留的问题没处理好，则会对新的功能产生影响。如果没有跟踪技术，则会产生大量技术债务。技术债务的累计会对修改或升级带来更多的问题。

4. 快速定位故障

如果要解决问题，则首先需要发现问题，然后定位问题的故障点、及时采取措施解决问题。发现、定位、解决问题都非常重要，如果任何一点没有能及时得到解决，则在发生故障后解决会花费非常长的时间。

在微服务架构中，能在出现问题前预警问题，在出现问题后快速定位故障点非常重要。如果缺少这种快速定位故障点的机制，则关键业务停止或出现性能问题会对业务影响极大。一个完备的系统需要提供快速检测（预警）、隔离和修复问题的方式。

10.1.2　微服务链路跟踪的技术要求

在明确了链路跟踪的必要性后，就可以设计和规划链路跟踪技术了。一个好的链路跟踪技术应满足以下要求。

1. 低消耗

跟踪系统本质是发现某个系统的性能或故障问题，所以它不能反过来影响被监控系统的性能，至少需要做到“链路跟踪的价值要比使用链路跟踪对性能的影响要大很多”，或者影响可以忽略，否则就没有使用链路跟踪系统的价值，因此低消耗是必需的。

2. 应用透明

应用透明即要求链路跟踪技术对业务系统是透明的，没有侵入性，不会影响开发人员开发业务，或者不会因为开发人员的疏忽而失效。可以把代码植入控制流、RPC 库等公共组件中。

3. 延展性

链路跟踪系统应能满足业务系统的发展需求。当系统越来越庞大和复杂后，链路跟踪技术依然能快速地跟踪产生的数据，并及时地对数据进行统计和生成报表。

4. 可控采样率

可以通过设置采样率来平衡性能消耗和采样质量。

5. 可视化

具有可视化的控制台也是链路跟踪的一个重要需求。

10.2 一些开源的链路跟踪项目——Skywalking、Pinpoint、Zipkin 和 CAT

目前已有非常多的链路跟踪项目是开源的，例如 Apache 的 Skywalking、Naver 的 Pinpoint、Twitter 的 Zipkin、美团点评的 CAT 等。它们都可以用于微服务的链路跟踪。

它们的区别见表 10-1。

表 10-1　比较 Skywalking、Pinpoint、Zipkin 和 CAT

类别	SkyWalking	Pinpoint	Zipkin	CAT
实现方式	Java 探针，字节码增强	Java 探针，字节码增强	拦截请求，发送（HTTP、MQ）数据至 Zipkin 服务	代码埋点（拦截器、注解、过滤器等）
接入方式	Java Agent 字节码	Java Agent 字节码	基于 linkerd 或者 Sleuth 方式，引入配置即可	代码侵入
Agent 到 Collector 的协议	gRPC	Thrift	HTTP、MQ	HTTP/TCP
OpenTracing	支持	不支持	支持	不支持
颗粒度	方法级	方法级	接口级	代码级
全局调用统计	支持	支持	不支持	支持
Traceid 查询	支持	不支持	支持	不支持
报警	支持	支持	不支持	支持
JVM 监控	支持	不支持	不支持	支持
MQ 监控	支持	不支持	不支持	不支持
健壮度	★★★★	★★★★★	★★	★★★★★
数据存储	ES、H2	Hbase	ES、MySQL、Cassandra、内存	MySQL、HDFS
功能	强大	强大	简单	简单
部署	烦琐	烦琐	简单	烦琐
社区活跃度	中	中	高	中
文档	完善	完善	完善	少
优点	完全无侵入，支持应用拓扑图及单个调用链查询，功能完善	完全无侵入，进行改动启动方式，功能完善	在 Sleuth 中可以很简单、很好地集成，代码无侵入，对外提供 query 接口，容易二次开发	功能完善

续表

类别	SkyWalking	Pinpoint	Zipkin	CAT
缺点	兼容性差，依赖多	不支持查询单个调用链。二次开发难	因为默认使用 HTTP 请求传递信息，所以比较耗费性能。数据分析比较简单	代码侵入性高，需要埋点。文档混乱
出品的公司	Apache 孵化器	Naver	Twitter	大众点评

Spring Cloud 对 Zipkin 支持非常好，所以 10.3 节将讲解 Sleuth 和 Zipkin。

10.3　认识 Sleuth 和 Zipkin

10.3.1　Sleuth

Spring Cloud 借助了 Google Dapper、Twitter Zipkin 和 Apache HTrace 的设计，提供了分布式跟踪的解决方案 Sleuth。其兼容 Zipkin、HTrace 和 Log-based 追踪微服务的服务调用链路。

Sleuth 有以下术语。

1. 跨度（Span）

它是链路跟踪的基本工作单元。Span 通过一个 64 位的 ID 来唯一标识，它还包含摘要、时间戳事件、关键值注释（tags）和进度 ID。

2. 跟踪（Trace）

一系列 Span 组成一个树状结构（即一个 Trace）。和 Span 一样，Trace 以另一个 64 位的 ID 来标识。

3. 标注（Annotation）

Annotation 用于及时记录一个事件，可以定义请求的开始和停止等信息。比如，客户端发起一个请求，Annotion 会描述这个 Span 的开始；服务器端获得请求并准备开始处理它，Annotion 可以根据服务器端收到请求的时间戳、客户端发送请求的时间戳来计算网络延迟。

10.3.2　Zipkin

Zipkin 主要提供链路追踪的可视化功能。

Zipkin 的原理：在服务调用的请求和响应中加入 ID，表明上下游请求的关系；利用这些信息，可以可视化地分析服务调用链路和服务间的依赖关系。

10.4 实例 21：用 Sleuth 实现日志采样

本实例通过 Spring Cloud 的 Sleuth 来实现日志采样功能。

代码 本实例的源码在本书配套资源的“/Chapter10/Sleuth”目录下。

1. 添加依赖

添加 Sleuth 和 Web 依赖，见以下代码：

```
<!--Sleuth 的依赖-->
<dependency>
<groupId>org.springframework.cloud</groupId>
<artifactId>spring-cloud-starter-sleuth</artifactId>
</dependency>
<!--Web 的依赖-->
<dependency>
<groupId>org.springframework.boot</groupId>
<artifactId>spring-boot-starter-web</artifactId>
</dependency>
```

2. 添加配置

为了更详细地查看服务通信时的日志信息，需要添加抽样采集率和日志级别，见以下代码：

```
#设置抽样采集率为 100%
sleuth.sampler.probability=1
spring.application.name=Sleuth Demo
server.port=8200
#为了更详细地查看服务通信时的日志信息，需要将 Feign 和 Sleuth 的日志级别设置为 debug，即加入如下内容
logging.level.org.springframework.cloud.sleuth=debug
```

注意，Sleuth 在 Spring Boot 1.0 和 Spring Boot 2.0 中设置采样率的配置是不一样的。

例如，设置抽样采集率为 30%时（默认为 0.1，即 10%），各个版本的写法如下：

（1）Spring Cloud 1.0 的写法见以下代码：

```
sleuth.sampler.percentage=0.3
```

（2）Spring Boot 2.0 的写法见以下代码：

```
sleuth.sampler.probability=0.3
```

3. 添加测试接口

添加一个请求服务接口以测试 Sleuth，见以下代码：

```
@SpringBootApplication
@RestController
public class SleuthApplication {
	public static void main(String[] args) {
		SpringApplication.run(SleuthApplication.class, args);
	}
	private static Logger log = LoggerFactory.getLogger(SleuthApplication.class);

@GetMapping("/hello")
	public String home() {
		log.info("处理 hello 页");
		return "Hello World";
	}
}
```

4. 测试

完成上面工作后，启动启动类，访问 http://localhost:8200/hello，控制台会输出如下信息：

```
2019-09-23 11:43:10.222  INFO [Zipkin Demo,eff77419df13e5c9,eff77419df13e5c9,false]
```

这行输出的意思如下。

- Zipkin Demo：服务名称。
- eff77419df13e5c9：是 TranceId。一条链路中只有一个 TranceId。
- eff77419df13e5c9：是 spanId。
- false：是否将数据输出到其他服务中。如果是 true，则会把信息输出到其他可视化的服务中。

10.5 实例 22：在 Spring Cloud 中使用 Zipkin

本实例演示如何在 Spring Cloud 中使用 Zipkin。

代码 本实例的源码在本书配套资源的“/Chapter10/Zipkin Demo”目录下。

10.5.1 搭建 Zipkin 服务器

接下来我们搭建一个 Zipkin 服务器。

方式 1

使用 Zipkin 官方的 Shell 进行下载。使用如下命令即可下载最新版本的 Zipkin：

```
curl -sSL https://zipkin.io/quickstart.sh | bash -s
```

下载后启动 Zipkin 服务器：

```
java -jar zipkin.jar
```

方式 2:

到 Maven 中央仓库下载。使用浏览器访问如下地址即可下载：

```
https://repo1.maven.org/maven2/io/zipkin/java/zipkin-server/2.12.9/zipkin-server-2.12.9-exec.jar
```

和方式 1 不一样的是，这种方式下载下来的文件名为“zipkin-server-{版本号}-exec.jar”。

由于 Zipkin 实际上是一个 Spring Boot 项目，所以使用以上两种方式下载的都是 JAR 包，可以直接运行。作者这里下载的是2.12.9版本，它基于Spring Boot v2.1.4.RELEASE版。启动Zipkin需要运行以下命令：

```
java -jar zipkin-server-2.12.9-exec.jar
```

启动后，访问 http://localhost:9411/zipkin/即可进入控制台。

用 Spring Boot 1.0 版本构建 Zipkin 服务器是通过注解@EnableZipkinServer 来完成的，但是 Spring Boot 2.0 已经不支持该注解了，所以需要下载 Zipkin 的服务器端。

10.5.2 添加依赖和配置

1. 添加依赖

由于Zipkin的依赖包含Sleuth的依赖，所以这里只引入Zipkin的依赖，以及“服务中心”Consul的依赖，见以下代码：

```
<!--Web 的依赖-->
<dependency>
<groupId>org.springframework.boot</groupId>
<artifactId>spring-boot-starter-web</artifactId>
</dependency>
<!-- Spring Cloud Consul 的依赖-->
<dependency>
<groupId>org.springframework.cloud</groupId>
<artifactId>spring-cloud-starter-consul-discovery</artifactId>
</dependency>
<!--Zipkin 的依赖-->
<dependency>
<groupId>org.springframework.cloud</groupId>
<artifactId>spring-cloud-starter-zipkin</artifactId>
</dependency>
```

2. 添加配置

需要配置 Zipkin 的地址(默认的端口号是 9411),以及设置日志采样比率。这里设置使用 HTTP 的方式传输数据，见以下代码：

```
spring.application.name=Zipkin Demo
server.port=8200
spring.cloud.consul.host=127.0.0.1
spring.cloud.consul.port=8500
#因为只是消费者，不提供服务，所以不需要将其注册到 Consul 中
spring.cloud.consul.discovery.register=false
#pring.zipkin.base-url 指定了 Zipkin 服务器的地址和端口号
spring.zipkin.base-url=http://localhost:9411
#设置用 HTTP 方式传输数据
spring.zipkin.sender.type=web
#spring.sleuth.sampler.percentage 将采样比例设置为 1.0，即全部都需要
sleuth.sampler.probability=1.0
#为了更详细地查看服务通信时的日志信息，可以将 Feign 和 Sleuth 的日志级别设置为 debug
logging.level.org.springframework.cloud.openfeign=debug
logging.level.org.springframework.cloud.sleuth=debug
```

10.5.3 测试链路数据

在完成上面工作后，启动项目会有数据产生。进入 Zipkin 的控制台可以看到如图 10-1 所示的数据信息。

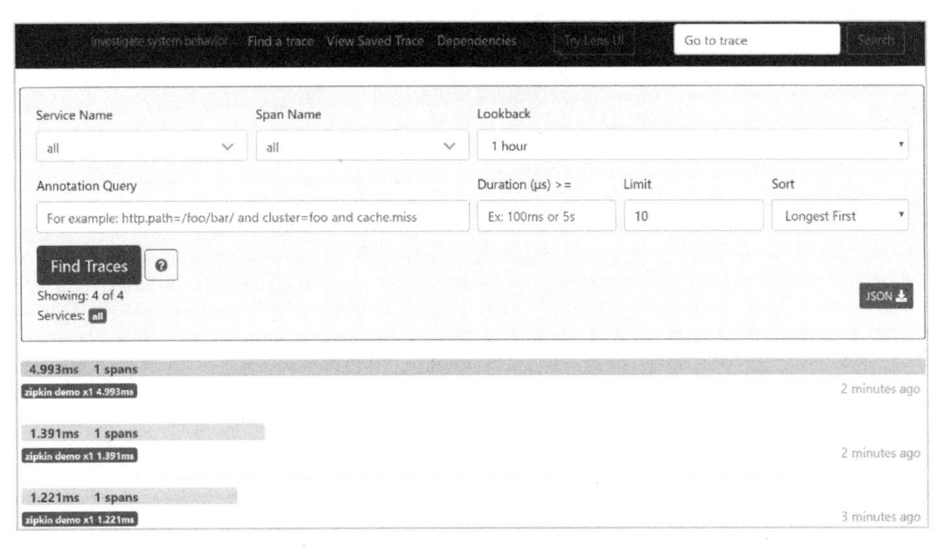

图 10-1　Zipkin 控制台

单击某个数据项即可查看其详细信息，如图 10-2 所示。

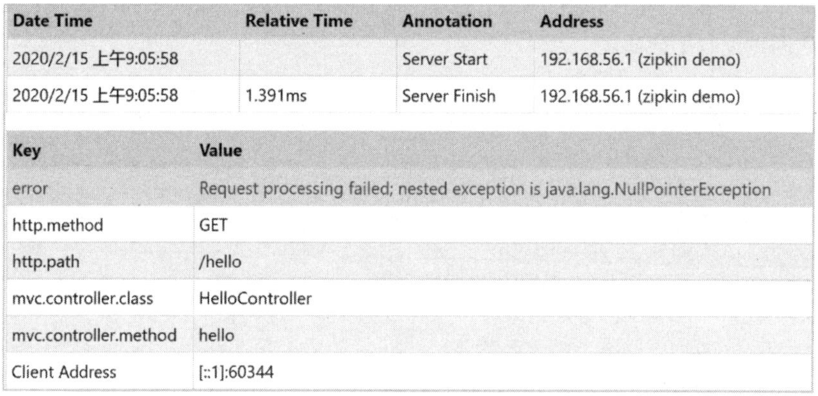

Date Time	Relative Time	Annotation	Address
2020/2/15 上午9:05:58		Server Start	192.168.56.1 (zipkin demo)
2020/2/15 上午9:05:58	1.391ms	Server Finish	192.168.56.1 (zipkin demo)

Key	Value
error	Request processing failed; nested exception is java.lang.NullPointerException
http.method	GET
http.path	/hello
mvc.controller.class	HelloController
mvc.controller.method	hello
Client Address	[::1]:60344

图 10-2　Zipkin 控制台的链路详细信息

第 11 章 用 Spring Cloud Config 配置微服务

本章首先介绍配置信息的管理方式、主流的配置中心、如何设置配置中心的安全；然后介绍如何用 Git 配置“配置服务器”、如何从客户端中获取服务器端的配置信息；最后介绍配置中心的自动刷新和配置中心的服务化。

11.1 了解配置中心

配置中心是集中管理配置信息的组件。它通常提供配置变更、配置推送、历史版本管理、灰度发布、配置变更审计等功能。通过这些功能可以降低分布式系统中管理配置信息的成本，降低因错误的配置信息变更带来可用性下降甚至发生故障的风险。

11.1.1 配置信息的管理方式

软件系统中常会使用到配置信息。一般可以通过以下几种方式来实现配置信息的管理。

1. 使用配置文件

在集中式开发架构中通常使用此种方法。因为此阶段配置信息的管理通常不是一个很大的问题。在系统部署到生产环境后，如果需要修改一个配置信息，则需要先登录到服务器上修改配置信息，然后刷新配置文件或重启服务。

比如，MySQL 就是通过配置文件来管理配置信息的。其配置文件如下：

```
[client]
port=3306
[mysql]
default-character-set=utf8

[mysqld]
port=3306
character-set-server=utf8
default-storage-engine=MyISAM
#省略其他信息
```

可以看到，可以通过配置文件管理数据库的端口、默认编码、储存引擎等。

这种管理配置信息的方式虽然简单方便，但因为没有集群，所以无法保证服务的高可用。

2. 使用数据库

网站的系统配置信息大都是存储到数据库的。以 MySQL 为例，可以把表设计成 Key 和 Value 两列，Key 是主键，Value 是值，见表 11-1。

表 11-1　数据库方式管理配置（Key-Value 方式）

Key	Value
Sitename	龙先生的个人博客
Email	363694485@qq.com
Filetype	|.gif|.jpg|.swf|.rar|.zip|.mp3|.wmv|.txt|.doc|.png|
Filesize	2048

也有根据列来管理配置信息的，一列一个配置项，见表 11-2。

表 11-2　数据库方式管理配置（列方式）

sitename	email	filetype	filesize
龙先生的个人博客	363694485@qq.com	|.gif|.jpg|.swf|.rar|.zip|.mp3|.wmv|.txt|.doc|.png|	2048

但这种办法需要单独创建表或者字段，且不能主动刷新。所以，这种方式也不能很好地满足分布式系统的配置信息管理需求。

在分布式系统中，构建、发布、配置、上线这些过程如果没有一套科学完整的体系，则会非常复杂、烦琐。它涉及将软件包（JAR、WAR 等）分发到多台机器中，如果需要修改配置信息，则不能按照集中式的管理办法来实施，需要有一个专业的配置中心来实施分布式系统的配置信息变更，比如：线程池、连接池大小、开关、预案、限流配置、功能特性切换、数据源主备容灾切换、路由规则。下面就来介绍使用配置中心来实现。

3. 使用配置中心

在微服务架构下，可以使用诸如 Spring Cloud Config、Apollo、Nacos 等专业的配置中心来管理配置信息。通过配置中心，可以动态刷新（自动或手动）配置信息到应用程序中，使修改及时生效，如图 11-1 所示。

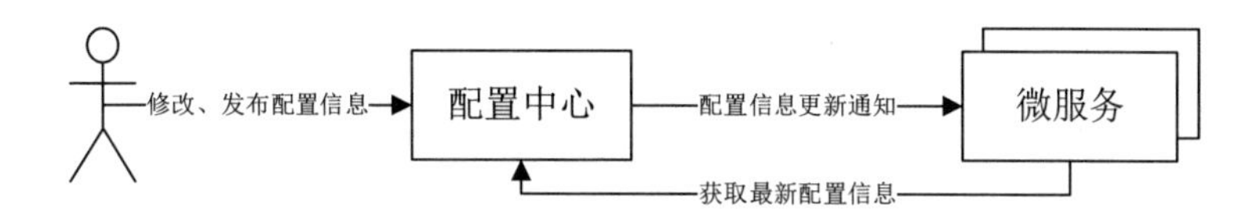

图 11-1 配置中心工作原理

11.1.2 对比主流配置中心

开源的配置中心有很多，比如，360 的 QConf、淘宝的 Diamond、百度的 Disconf、携程的 Apollo、Apache Commons Configuration、Owner、Cfg4j 等。本书主要讲解 Spring Cloud 的子项目 Spring Cloud Config，它功能全面、强大，可以无缝地和 Spring 体系相结合，使用方便简单。各个配置中心的区别见表 11-3。

表 11-3 对比主流的配置中心

功能	Spring Cloud Config	Apollo	Nacos	Disconf
开源时间	2014 年 9 月	2016 年 5 月	2018 年 6 月	2014 年 9 月
单机部署	Config Server+Git（文件）+Spring Cloud Bus	Apollo-quickstart+MySQL	Nacos 单节点	支持
配置实时推送	支持（基于 Spring Cloud Bus）	支持（HTTP 长轮询 1s 内）	支持（HTTP 长轮询 1s 内）	支持
分布式部署	Config Server+Git+MQ+Spring Cloud Bus	Config+Admin+Portal+MySQL	Nacos+MySQL	Disconf+MySQL
版本管理	支持	支持	支持	支持
配置回滚	支持	支持	支持	支持
灰度发布	支持	支持	无	不支持部分更新
权限管理	支持	支持	支持	支持
集群	支持	支持	支持	支持
多环境	支持	支持	支持	支持
监听查询	支持	支持	支持	支持，可以查看到每个配置在客户机上的加载情况

续表

功能	Spring Cloud Config	Apollo	Nacos	Disconf
配置锁	支持	不支持	不支持	不支持
多语言	支持	支持	只支持 Python 和 Java	只支持 Java
配置格式校验	不支持	支持	支持	不支持
通信协议	HTTP 和 AMQP	HTTP	HTTP	HTTP
数据一致性	Git 保证数据一致性	数据库模拟消息队列	HTTP 异步通知	无
官方体验地址	无	106.54.227.205（账号/密码:apollo/admin）	无	无
配置界面	无	统一界面	统一界面	统一界面
单点故障（SPOF）	支持 HA 部署	支持 HA 部署	支持 HA 部署	支持 HA 部署，高可用由 ZooKeeper 提供
对 Spring Cloud 的支持	支持	支持	支持	支持
告警通知	不支持	不支持	支持邮件方式	支持邮件方式

11.1.3 了解 Spring Cloud Config

Spring Cloud Config 为微服务架构中的服务器端和客户端提供了外部化的配置支持。使用它的 Config Server 可以对应用程序的外部化配置进行统一的管理，并且可以统一切换不同环境的配置信息。Spring Cloud Config 的工作原理如图 11-2 所示。

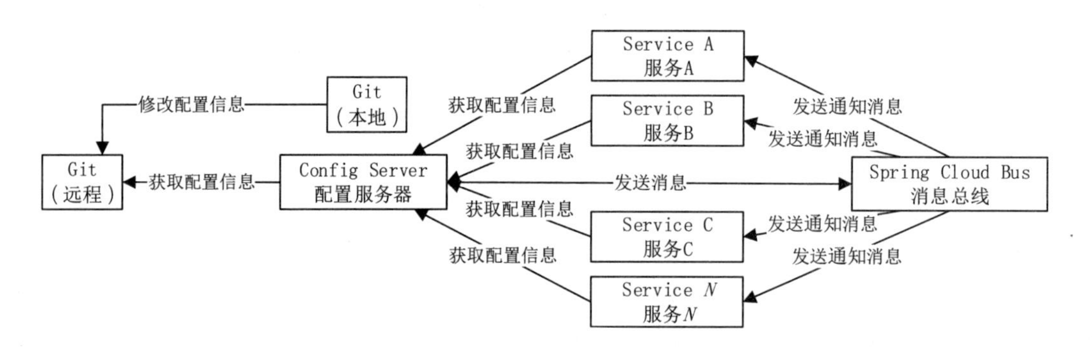

图 11-2 Spring Cloud Config 的工作原理

从图 11-2 中可以看出其工作流程如下：

（1）修改本地的 Git 中的配置信息。

（2）将配置信息发布到远程的 Git 中。

（3）Spring Cloud Bus 发送通知消息给服务。

（4）客户端获取配置信息并刷新。

Config Server 后端存储默认使用 Git。Git 支持配置的标签版本，可供多数的内容管理工具访问，并将它们插入 Spring 配置中。

Config Server 提供了以下核心功能：

- 管理外部配置。
- 加密和解密属性值（对称或非对称）。
- 提供服务器端和客户端支持。
- 集中管理各环境的配置文件。
- 在配置文件修改后动态刷新配置。
- 进行版本管理。
- 支持大的并发查询。
- 支持各种语言。

11.1.4　Spring Cloud Config 的常用配置

1. 配置客户端快速失败

在某些情况下，如果无法连接到配置服务器，则客户端可以因连接异常而终止。设置方法见以下代码：

```
spring.cloud.config.failFast=true
```

2. 配置客户端重试

Spring Cloud Config 在连接发生故障后默认重试 6 次，初始退避间隔时间为 1000ms，后续退避间隔时间为上一次退避间隔时间的 1.1 倍。如果需要改变配置，则修改“spring.cloud.config.retry”的值，然后设置“spring.cloud.config.failFast”配置项的值为“true”，最后添加 spring-retry 和 spring-boot-starter-aop 的依赖。

3. 配置安全

可以用 Spring Security 来保护 Config Server，如使用 OAuth 2.0、HTTP 安全机制。其使用非常方便，在添加好 Spring Security 依赖后，在配置文件中配置用户名和密码即可，见以下代码：

```
spring.cloud.config.uri=http://localhost:8080/
spring.cloud.config.username=long
spring.cloud.config.password=123456
```

4. 配置健康指标

Config Client 提供了一个运行状况指示器。可以通过设置“health.config.enabled=false”来禁用运行状况指示器。因为性能原因，运行状况的信息会被缓存，默认缓存生存时间为 5 min。如果要更改缓存时间，则修改配置项“health.config.time-to-live”的值（以 ms 为单位）。

5. 提供自定义请求

在某些情况下，需要从客户端传递特殊的 Authorization 标头来对服务器的请求进行身份验证，这需要自定义 RestTemplate。可以按照以下步骤操作。

（1）设置配置项“spring.cloud.config.enabled”的值为“false”，以禁用现有的配置服务器属性源。

（2）使用 PropertySourceLocator 实现新的配置 Bean。

11.2 设置配置中心的安全

一般情况下配置文件都是很重要、很敏感的，所以需要为 Config Server 加上验证功能。具体的步骤如下。

1. 引入依赖

引入 Spring Security 的安全依赖，见以下代码：

```
<!--Spring Security 的依赖-->
<dependency>
    <groupId>org.springframework.boot</groupId>
    <artifactId>spring-boot-starter-security</artifactId>
</dependency>
```

2. 设置“配置服务器”的用户名和密码

在服务端的配置文件中设置“配置服务器”的用户名和密码，见以下代码：

```
#用户名
security.user.name=username
#密码
security.user.password=password
```

3. 在客户端的配置文件中设置“配置服务器”的用户名和密码

见以下代码：

```
spring.cloud.config.username=username
spring.cloud.config.password= password
```

11.3　加/解密配置文件

11.3.1　实例 23：用对称加密方式加/解密配置文件

本实例的演示如何用对称加密方式加/解密配置文件。

代码 本实例的源码在本书配套资源的"/Chapter11/Config Server Encrypt"目录下。

1. 加/解密配置文件

（1）配置对称加密密钥。

如果要使用对称加密，则需要设置对称加密的密钥。设置方式很简单，在配置文件 bootstrap.properties（需要自己创建）中加入以下代码即可：

```
#设置对称加密密钥
encrypt.key=longzhonghua
```

一定要把此密钥放入配置文件 bootstrap.properties 中，而不是 application.properties 中。

（2）访问"http://localhost:8001/encrypt/status"接口，根据其返回值来判断设置是否成功。如果设置成功则返回"success"。

（3）访问加密接口"http://localhost:8001/encrypt"来加密内容。如图 11-3 所示，通过这个接口来加密 KEY 为"hua"的内容。

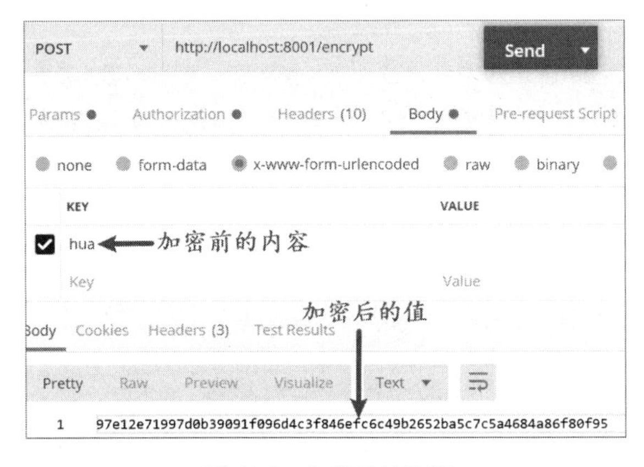

图 11-3　加密后的数据

（4）通过访问解密接口 http://localhost:8001/decrypt 来解密刚刚加密过的内容，如图 11-4 所示。

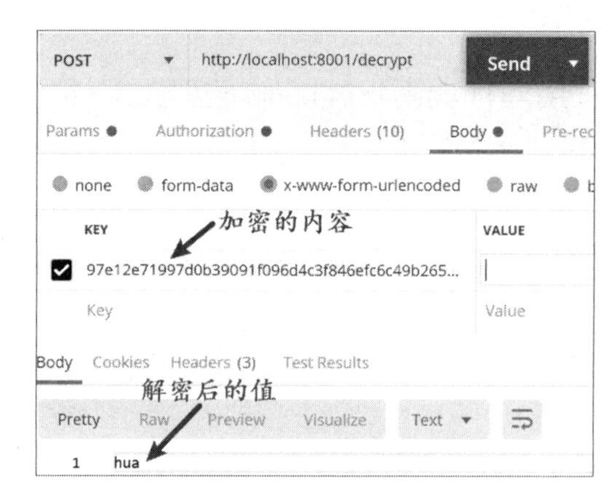

图 11-4　解密后的数据

由图 11-4 可见，得到的值为“hua”，和加密前内容一致，说明已经实现对称秘钥的解密。

2. 加密内容的存储

通过上面的步骤已经实现了密码加密，加密后的密文需要使用{cipher}密文的形式储存。

（1）修改远程配置文件 config-dev.properties 为以下内容：

```
app.version=dev
message=Spring Cloud Config Demo
spring.rabbitmq.host=localhost
spring.rabbitmq.port=5672
spring.rabbitmq.username=guest
spring.rabbitmq.password=guest
#字符串“longzhonghua”加密后的内容
spring.xxx.password={cipher}d9b1c1aa90d80303ec3babe3f089d546c958d6b76db1217fdb4ff71ad30a36a2
#自定义用来配置客户端的 Port。注意，这里并不是 8001
server.port=8007
```

（2）通过请求“http://localhost:8001/config/dev”会返回以下内容：

```
{
    "name": "config",
    "profiles": ["dev"],
    "label": null,
    "version": "c1f144ebc1275ca8be655bd2ea708ceb1aa90664",
    "state": null,
    "propertySources": [{
        "name": "…/Spring-Cloud/config%20repositories/config-dev.properties",
```

```
        "source": {
            "app.version": "dev",
            "message": "Spring Cloud Config Demo",
            "spring.rabbitmq.host": "localhost",
            "spring.rabbitmq.port": "5672",
            "spring.rabbitmq.username": "guest",
            "spring.rabbitmq.password": "guest",
            "server.port": "8007",
            "spring.xxx.password": "longzhonghua"
        }
    }]
}
```

可以看到，密文已经被解析为明文，说明 Config Server 能自动解密。但有时候不希望服务器端进行密文解密，而是希望把解密工作放在客户端，则可以通过设置 Spring.cloud.config.encrypt.enabled=false 来关闭服务器端解密，让客户端自行解密。

11.3.2　实例 24：用非对称加密方式加/解密配置文件

本实例通过非对称加密方式来加/解密配置文件。

代码 本实例的源码在本书配套资源的“/Chapter11/Config Server RSA”目录下。

1. 生成 keystore

非对称加密需要用到 Java 制作证书的工具 keytool（keytool 位于 Java 开发环境的 JDK 目录下的 bin 目录中）。可以通过 keytool 工具提供的命令“-genkeypair”来创建证书，该命令的可用参数如下：

```
-alias <alias>                      要处理的条目的别名
 -keyalg <keyalg>                   密钥算法的名称
 -keysize <keysize>                 密钥位的大小
 -sigalg <sigalg>                   签名算法的名称
 -destalias <destalias>             目标的别名
 -dname <dname>                     唯一判别名
 -startdate <startdate>             证书有效期的开始日期/时间
 -ext <value>                       X.509 扩展
 -validity <valDays>                有效天数
 -keypass <arg>                     密钥的口令
 -keystore <keystore>               密钥库的名称
 -storepass <arg>                   密钥库的口令
 -storetype <storetype>             密钥库的类型
 -providername <providername>提供方的名称
 -providerclass <providerclass>     提供方的类名
 -providerarg <arg>                 提供方的参数
```

```
-providerpath <pathlist>          提供方的类路径
-v                                详细输出
-protected                        通过受保护的机制的口令
```

现在来生成一个非对称的密钥，见以下代码：

```
keytool -genkeypair -alias "alias test" -keypass "keypass"  -keyalg "RSA" -storepass "storepass"
-keystore "test.jks"
```

上面的代码创建了一个名为"alias test"的证书，该证书被存放在名为"test.jks"的密钥库中。

参数说明如下。

- genkeypair：生成一对非对称密钥。
- alias：指定密钥对的别名，该别名是公开的。
- keyalg：指定加密算法，本例中采用的是通用的 RSA 加密算法。
- keystore：密钥库的路径及名称，可以不指定。默认在操作系统的用户目录下生成一个后缀名为".keystore"的文件。

2. **复制密钥文件**

把刚生成的非对称的密钥（在 JDK 下的 bin 目录下）复制到 Spring Cloud Config 项目的 classpath 目录下（用 Maven 构建的项目，resource 目录就是默认的 classpath）。

3. **添加配置信息**

接下来添加相关配置信息，以使非对称秘钥生效。在配置文件 bootstrap.properties 中加入以下代码：

```
encrypt.key-store.location=classpath:/test.jks
#alias
encrypt.key-store.alias=alias test
#密钥是 keypass
encrypt.key-store.secret=keypass
#密码是 storepass
encrypt.key-store.password=storepass
```

4. **测试加密**

在启动项目后，用 POST 方式提交 key 到 http://localhost:8001/encrypt 即可完成加密，如图 11-5 所示。

图 11-5　非对称加密信息

加密前的 KEY 为 longzhonghua，加密后得到的加密信息如下：

AQBv+78h8jpN/n9D2wknylVHn161XzQdwWqF8xLTTUjU/nHBX5BaJZMcicjZ88pmJgZaYv0z5hdzNmeq/gkYYpl5kUn+hifnihIHLsN9+z3JGCIyeFovLYgBJVLz3TbYKucVV5j6yz/cLm338qLZPuwPYJV0vpWaqJhWzRnAVNt8kZAU8jVtFiMfoIxX6X5vcxxeg0FLVkaI8SNYEocoa+xbD9de5Kj+WJ1v88k5rmOlOZmVrEhV1aD0JEKwFZbPcUm/Km2/Tde90Jqr8L+Wgy+Yl+omZxc/d75NinojO3Zug3KU3EmA+TB/9IrFxjw8K2MO+x6d2nNv++Kws3m7w4KQOSfPTmBdkISI9K+d0n2PmHFKRBsCQ6vMvMUVSWtgRIo=

5. 解密

接下来通过接口 http://localhost:8001/decrypt 来解密刚刚加密过的内容，如图 11-6 所示。

图 11-6　解密后的数据

由图 11-6 可见得到的值为“longzhonghua”，和加密前的内容一致，这说明已经实现非对称密钥加/解密。

11.4 实例 25：用 Git 配置“配置服务器”

本实例以 Git 作为配置文件的仓库来创建配置服务器端（Config Server），以供客户端获取配置信息。

代码 本实例的源码在本书配套资源的“/Chapter11/Config Server”目录下。

11.4.1 在 Git 仓库中创建配置文件

（1）在本地新建两个配置文件“config-dev.properties”和“config-pro.properties”。

在 config-dev.properties 文件中写入以下内容：

```
app.version=dev
message=Spring Cloud Config Demo
spring.rabbitmq.host=localhost
spring.rabbitmq.port=5672
spring.rabbitmq.username=guest
spring.rabbitmq.password=guest
server.port=8007
```

在 config-pro.properties 文件中写入以下内容：

```
app.version=pro
message=Spring Cloud Config Demo
spring.rabbitmq.host=localhost
spring.rabbitmq.port=5672
spring.rabbitmq.username=guest
spring.rabbitmq.password=guest
server.port=8008
```

（2）上传刚新建的两个配置文件到自己的 Git 仓库地址。

11.4.2 添加配置中心的依赖和配置，并启用支持

1. 添加依赖

要使用 Spring Cloud Config，需要添加服务器端依赖，见以下代码：

```
<!--Spring Cloud Config 的依赖-->
<dependency>
<groupId>org.springframework.cloud</groupId>
<artifactId>spring-cloud-config-server</artifactId>
</dependency>
```

2. 添加配置

由于是用 Git 仓库作为配置文件的地址，所以需要在配置文件中添加 Git 仓库地址，以及文件目录地址（相对地址）。如果是加密的项目，则还需要配置用户名和密码。这里设置用户名和密码为空，见以下代码：

```
server.port=8001
spring.application.name=spring-cloud-config-server
# 配置 Git 仓库的地址
spring.cloud.config.server.git.uri=https://github.com/xiuhuai/Spring-Cloud
# Git 仓库地址下的相对地址。如果要配置多个地址，用“,”分割
spring.cloud.config.server.git.search-paths=config repositories
#Git 仓库的账号
username=
#Git 仓库的密码
password=
```

3. 启用支持

在启动类中添加注解@EnableConfigServer，以开启配置服务器的支持。

11.4.3 读取配置信息

完成上面配置后启动项目，通过配置中心的地址来访问配置信息。例如，要访问“dev”配置信息，则访问 http://localhost:8001/config/dev，返回的信息为：

```
{"name":"config","profiles":["dev"],"label":null,"version":"822698cde67bcbf5e78f9d4cd1dd08321f351415","st
ate":null,"propertySources":[{"name":"https://github.com/xiuhuai/Spring-Cloud/config%20repositories/confi
g-dev.properties","source":{"app.version":"dev","message":"Spring Cloud Config
Demo","spring.rabbitmq.host":"localhost","spring.rabbitmq.port":"5672","spring.rabbitmq.username":"guest"
,"spring.rabbitmq.password":"guest","server.port":"8007"}}]}
```

如果访问 http://localhost:8001/config/pro，则返回的信息为：

```
{"name":"config","profiles":["pro"],"label":null,"version":"822698cde67bcbf5e78f9d4cd1dd08321f351415","st
ate":null,"propertySources":[{"name":"https://github.com/xiuhuai/Spring-Cloud/config%20repositories/confi
g-pro.properties","source":{"app.version":"pro","message":"Spring Cloud Config
Demo","spring.rabbitmq.host":"localhost","spring.rabbitmq.port":"5672","spring.rabbitmq.username":"guest"
,"spring.rabbitmq.password":"guest","server.port":"8008"}}]}
```

至此 Config Server 配置成功，下面通过访问 http://localhost:8001/config-dev.properties 来读取 Config Server 的配置信息，会返回如下信息：

```
app.version: dev
message: Spring Cloud Config Demo
server.port: 8007
spring.rabbitmq.host: localhost
```

```
spring.rabbitmq.password: guest
spring.rabbitmq.port: 5672
spring.rabbitmq.username: guest
```

11.5 实例 26：从客户端获取“配置服务器”放置在 Git 仓库中的配置文件

本实例演示如何通过客户端获取“配置服务器”（Config Server）放置在 Git 仓库中的配置文件。

代码 本实例的源码在本书配套资源的“/Chapter11/Config Client”目录下。

11.5.1 添加依赖和配置

1. 添加依赖

这里需要添加 Spring Cloud Config 的客户端的依赖、Web 的依赖，以便演示，见以下代码：

```
<!--Spring Cloud Config 的客户端的依赖-->
<dependency>
<groupId>org.springframework.cloud</groupId>
<artifactId>spring-cloud-starter-config</artifactId>
</dependency>
<!--Web 的依赖-->
<dependency>
<groupId>org.springframework.boot</groupId>
<artifactId>spring-boot-starter-web</artifactId>
</dependency>
```

2. 添加配置

（1）配置 bootstrap.properties。

新建配置文件“bootstrap.properties”，添加以下代码：

```
spring.cloud.config.name=config
spring.cloud.config.profile=dev
spring.cloud.config.uri=http://localhost:8001
spring.cloud.config.label=master
```

- spring.application.name：对应{application}部分。
- spring.cloud.config.profile：对应{profile}部分，这里获取的是配置文件“dev”中的数据。
- spring.cloud.config.label：对应 Git 的分支。如果配置中心使用的是本地存储，则该参数无用。
- #spring.cloud.config.uri：配置中心的地址。

上面这些属性必须配置在“bootstrap.properties”中，这样配置内容才能被正确加载。

（2）配置 application.properties。

这里主要配置项目的名称和端口，见以下代码：

```
spring.application.name=spring-cloud-config-client
#server.port=8002
```

因为“配置服务器”已经配置了 server.port，所以此处的配置端口信息将不起作用，只是演示。

11.5.2　创建用来获取配置的控制器

创建控制器，以获取配置中心的数据，见以下代码：

```
@RestController
class HelloController {
@Value("${app.version}")
//获取 Server 端参数 version 的值
private String version;
@Value("${server.port}")
//获取 Server 端参数 port 的值
private String port;
@Value("${message}")
//获取 Server 端参数 message 的值
private String message;
@RequestMapping("/hello")
public String from() {
        String s="version："+this.version+" port："+this.port+message;
        return s;
    }
}
```

11.5.3　测试获取到的数据

启动“配置服务器”和“配置客户端”后，访问 http://localhost:8007/hello，页面将返回以下信息：

```
version：dev port：8007 Spring Cloud Config Demo
```

从上面返回信息可以看出，获取配置信息已经成功，此时客户端的端口已经被配置文件“dev”修改为 8007。

虽然本实例中的客户端已经完成了获取配置的功能，但在远程配置信息更新后，客户端不会自动刷新。自动刷新功能可以通过注解@RefreshScope 来实现，它依赖“spring-boot-starter-actuator”，且需要在配置文件中通过设置“management.endpoints.web.exposure.include=refresh”来开启支持。但这并不是很好的选择，所以本节不再讲述，有兴趣的读者可以下载随书源码来查看，源码地址：“/Chapter11/Config Client Refresh”。

11.6 实例 27：用 Spring Cloud Bus 自动刷新配置信息

本实例通过 Spring Cloud Config 结合 Spring Cloud Bus 来实现自动刷新配置信息。

代码 本实例的源码在本书配套资源的“/Chapter11/Config Bus Server”“/Chapter11/Config Bus Client”目录下。

11.6.1 Spring Cloud Bus 简介

Spring Cloud Bus 主要用于管理和传播分布式项目中的消息，它利用消息中间件的广播机制传播消息。它通过轻量消息代理连接各个分布的节点；通过分布式的启动器对 Spring Boot 应用进行扩展；用 Amqp 消息代理作为通道来建立应用之间的通信频道。它目前支持 Kafka 和 RabbitMQ。

11.6.2 添加服务器端的依赖和配置，并启用支持

1. 添加依赖

这里需要添加 Spring Cloud Bus、RabbitMQ、Spring Cloud Config 的相关依赖，见以下代码：

```
<!--Spring Cloud Config 的依赖-->
<dependency>
<groupId>org.springframework.cloud</groupId>
<artifactId>spring-cloud-config-server</artifactId>
</dependency>
<!--Spring Cloud Bus 的依赖-->
<dependency>
<groupId>org.springframework.cloud</groupId>
<artifactId>spring-cloud-bus</artifactId>
</dependency>
<!--RabbitMQ 的依赖-->
<dependency>
```

```
<groupId>org.springframework.cloud</groupId>
<artifactId>spring-cloud-stream-binder-rabbit</artifactId>
</dependency>
```

2. 添加配置

在配置文件中添加对 Spring Cloud Bus、Bus 跟踪和 Bus 刷新端点的支持，见以下代码：

```
server.port=8001
spring.application.name=spring-cloud-config-server
#配置 Git 仓库的地址
spring.cloud.config.server.git.uri=https://github.com/xiuhuai/Spring-Cloud
#Git 仓库地址下的相对地址，可以配置多个，用“,”分割
spring.cloud.config.server.git.search-paths=config repositories
#Git 仓库的账号
username=
#Git 仓库的密码
password=
#启用 Bus 支持
spring.cloud.bus.enabled=true
#启用 Bus 的 trace 跟踪支持
spring.cloud.bus.trace.enabled=true
#启用 Bus 的刷新端点
management.endpoints.web.exposure.include=bus-refresh
```

3. 启用配置支持

在启动类中添加注解@EnableConfigServer 以支持 Config Server。

11.6.3 添加客户端的依赖和配置，并启用支持

1. 添加依赖

在客户端中添加 Spring Cloud Config、Spring CloudBus、RabbitMQ、Actuator 和 Web 的依赖，见以下代码：

```
<!--Spring Cloud Config 的依赖-->
<dependency>
<groupId>org.springframework.cloud</groupId>
<artifactId>spring-cloud-starter-config</artifactId>
</dependency>
<!--Spring Cloud Bus 的依赖-->
<dependency>
<groupId>org.springframework.cloud</groupId>
<artifactId>spring-cloud-bus</artifactId>
</dependency>
<!--RabbitMQ 的依赖-->
```

```
<dependency>
<groupId>org.springframework.cloud</groupId>
<artifactId>spring-cloud-stream-binder-rabbit</artifactId>
</dependency>
<!--Actuator 的依赖-->
<dependency>
<groupId>org.springframework.boot</groupId>
<artifactId>spring-boot-starter-actuator</artifactId>
</dependency>
<!--Web 的依赖-->
<dependency>
<groupId>org.springframework.boot</groupId>
<artifactId>spring-boot-starter-web</artifactId>
</dependency>
```

2. 添加配置

在 bootstrap.properties 中添加 Spring Cloud Bus 及跟踪支持，见以下代码：

```
spring.cloud.config.name=config
spring.cloud.config.profile=dev
spring.cloud.config.uri=http://localhost:8001
spring.cloud.config.label=master
#启用 Bus 支持
spring.cloud.bus.enabled=true
#启用 Bus 的跟踪跟踪（trace）支持
spring.cloud.bus.trace.enabled=true
```

在配置文件 application.properties 中添加 Spring Cloud Bus 端点的刷新支持，见以下代码：

```
management.endpoints.web.exposure.include=bus-refresh
```

3. 添加更新位置

在控制器的类上添加注解@RefreshScope，否则客户端在收到服务器端的更新消息后不知道更新到什么位置。见以下代码：

```
@RestController
/*添加注解@RefreshScope*/
@RefreshScope
class HelloController {
@Value("${app.version}")
//获取 Server 端参数 version 的值
private String version;
@Value("${server.port}")
//获取 Server 端参数 port 的值
private String port;
```

```
@Value("${message}")
//取 Server 端参数 message 的值
private String message;
@RequestMapping("/hello")
public String from() {
String str="version："+this.version+" port："+this.port+message;
return    str;
    }
}
```

11.6.4 启动并刷新客户端的配置

1. 启动客户端

在完成上面工作后启动客户端，然后在 RabbitMQ 的网页管理界面（作者本机的 RabbitMQ 管理地址是：http://localhost:15672/）中可以看到新加了一个名为“springCloudBus”的交换机，以及绑定到此交换机的两个队列，如图 11-7 所示。

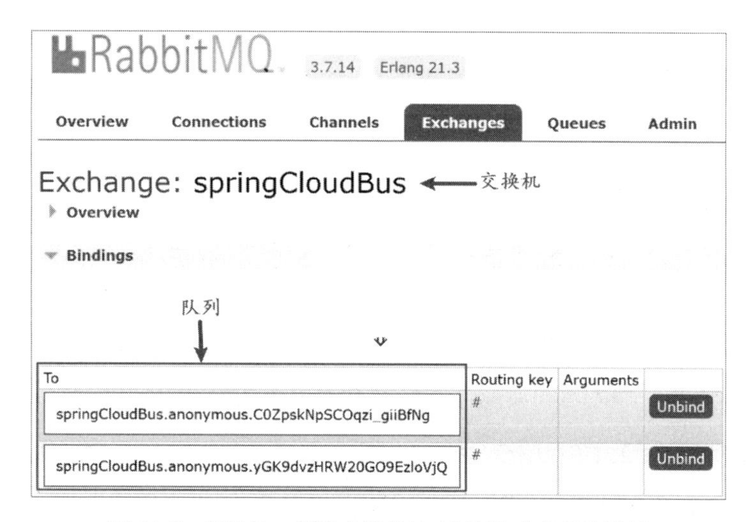

图 11-7　用于 Bus 消息交换的 RabbitMQ 交换机和队列

可见 Spring Cloud Bus 利用了 RabbitMQ 的广播机制在分布式的系统中传播消息。

细心的读者会发现在上面步骤中并没有配置 RabbitMQ 信息，这是因为在添加 RabbitMQ 的依赖后 Spring Cloud Bus 使用了 RabbitMQ 默认的地址和端口。也可以根据自己情况手动配置信息，在配置文件中添加以下代码：

```
#RabbitMQ 的地址
spring.rabbitmq.host=localhost
#RabbitMQ 的端口
```

```
spring.rabbitmq.port=5672
#RabbitMQ 的用户名，默认为 guest
spring.rabbitmq.username=guest
#RabbitMQ 的密码，默认为 guest
spring.rabbitmq.password=guest
```

2. 刷新客户端配置信息

下面来测试刷新配置。

（1）修改配置文件，然后将其发布到 Git 中。

（2）访问 http://localhost:8007/hello，测试配置变化情况，结果是远程配置没有及时得到更新。

（3）用 POST 方式提交空消息到 http://localhost:8007/actuator/bus-refresh/来刷新客户端配置。

（4）访问 http://localhost:8007/hello，可以得知远程配置及时得到更新。这说明手动刷新功能已经实现。

但是，每个客户端都需要单独刷新，这不符合微服务职责单一的原则。下面来实现配置的自动刷新。

11.6.5 实现配置的自动刷新

在 11.6.2 节中，已经将 Config Server 加入消息总线（Bus）中，在 11.6.3 节也将 Config Client 加入消息总线（Bus）中，所以，现在只需要刷新 Config Server 即可刷新 Config Client 的配置信息，即用 POST 方式提交空消息到 http://host:8001/actuator/bus-refresh。

下面通过 Git 的 Webhooks 来实现自动刷新。

（1）在 Git 中的项目首页中，单击 Settings 按钮（并非个人主页的 Settings 按钮）。

（2）单击左侧的 Webhooks 按钮，在弹出的界面中找到"Payload URL"输入框，在其中添加"配置服务器"的刷新地址（必须公网能访问，非局域网地址），如图 11-8 所示。

（3）选择 Content type 类型为"application/json"。

（4）单击"Add webhook"按钮完成设置。

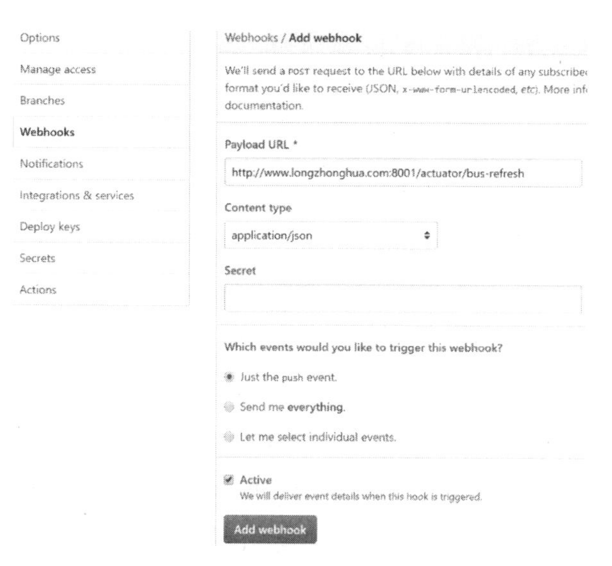

图 11-8　设置 Webhooks

为了使 Webhooks 生效，项目需要放在公网中。

11.6.6　局部刷新客户端的配置信息

如果只想刷新部分微服务的配置信息，则可以通过端点“/actuator/bus-refresh/{destination}”的 destination 参数来定位要刷新的应用程序。例如：/actuator/bus-refresh/Service A:8080，这样消息总线上的微服务实例就会根据 destination 参数的值来判断是否需要刷新。其中，“Service A:8080 ”指的是各个微服务的 ApplicationContext ID。

默认情况下，Spring Boot（Spring Cloud 基于 Spring Boot）将 ContextIdApplicationContextInitializer 中的 ID 设置为 spring.application.name 和 server.port 的组合。

destination 参数也可以用来定位特定的微服务。例如：/actuator/bus-refresh/Service A:**，即可触发 Service A 微服务所有实例的配置信息刷新。

11.6.7　跟踪 Bus 事件

如果想知道 Spring Cloud Bus 事件（RemoteApplicationEvent 的子类）传播的细节，则可以通过跟踪总线事件来实现。开启此功能非常方便，只需配置“spring.cloud.bus.trace.enabled=true”即可。

这样在 Bus 的端点被刷新后，即可通过访问“http://localhost:8001/actuator/trace”来跟踪 Spring Cloud Bus 事件传播的细节，返回类似以下信息：

```
{
    "name": "actuator",
    "profiles": ["trace"],
    "label": null,
    "version": "910dc87bfba7b2eb1286a33f42111ee2f9f2b083",
    "state": null,
    "propertySources": []
}
```

11.7 实例 28：实现配置中心和配置客户端的服务化

11.6 节实例中使用的地址是 Config Server 的地址，所以无法利用“服务中心”治理服务的优势。本实例将实现配置中心服务化。

代码 本实例的源码在本书配套资源的“/Chapter11/Config Bus Consul Server”和“ /Chapter11/Config Bus Consul Client”目录下。

11.7.1 实现服务器端服务化

1. 添加依赖

添加 Spring Cloud Consul 的依赖，见以下代码：

```
<!-- Spring Cloud Consul 的依赖-->
<dependency>
<groupId>org.springframework.cloud</groupId>
<artifactId>spring-cloud-starter-consul-discovery</artifactId>
</dependency>
```

2. 添加配置

添加 Consul“服务中心”的相关信息，并将“配置服务器”注册到 Consul“服务中心”，见以下代码：

```
spring.cloud.consul.host=localhost
#Consul 的地址和端口号默认是 localhost:8500。如果不是这个地址应自行配置
spring.cloud.consul.port=8500
#开启 Config Server 使用服务发现的功能
spring.cloud.config.discovery.enabled=true
#注册到 Consul 的服务名称
spring.cloud.consul.discovery.serviceName=config-server
```

3. 添加“服务中心”支持

在启动类中，添加注解@EnableDiscoveryClient 以支持服务发现。

11.7.2 实现客户端服务化

1. 添加依赖

添加 Spring Cloud Consul 的依赖，见以下代码：

```
<!-- Spring Cloud Consul 的依赖-->
<dependency>
<groupId>org.springframework.cloud</groupId>
<artifactId>spring-cloud-starter-consul-discovery</artifactId>
</dependency>
```

2. 添加配置

在 bootstrap.properties 中添加 Consul“服务中心”的相关信息，并添加服务的 ID，见以下代码：

```
spring.cloud.consul.host=localhost
#Consul 的地址和端口号默认是 localhost:8500。如果不是这个地址应自行配置
spring.cloud.consul.port=8500
#开启 Config Server 使用服务发现的功能
spring.cloud.config.discovery.enabled=true
#必须配置，否则无法正常启动
spring.cloud.config.fail-fast=true
spring.cloud.config.discovery.service-id=config-server
```

3. 添加“服务中心”支持

在启动类中添加注解@EnableDiscoveryClient，以支持服务发现。

至此完成了配置中心服务化。

12

第 12 章 用 Spring Cloud Alibaba 组件实现服务治理和流量控制

Spring Cloud Alibaba 组件是 Spring Cloud 体系中非常重要的一部分。本章首先介绍 Spring Cloud Alibaba 与 Spring Cloud 之间的关系，然后介绍 Sentinel 的相关知识和应用，最后介绍 Nacos 的“服务治理”和“配置管理”的相关知识要点和用法。

12.1 认识 Spring Cloud Alibaba 组件

12.1.1 Spring Cloud Alibaba 是什么

Spring Cloud Alibaba 是一个用 Spring Cloud 编程模型实现 Spring Cloud 微服务规范的框架。简单地说，Spring Cloud Alibaba 也是微服务开发一站式解决方案。

如果需要用阿里中间件构建分布式应用系统，则可以利用 Spring Cloud Alibaba 添加一些注解和少量的配置，这样便可以将 Spring Cloud 应用接入阿里的微服务解决方案。

1. 开源组件

Spring Cloud Alibaba 目前提供以下开源组件。

- Sentinel：它把流量作为切入点，从流量控制、熔断降级、系统负载保护等多个维度来保护服务的稳定性。
- Nacos：构建云原生应用的动态服务发现、配置管理和服务管理平台。即，它既可以作为“服务中心”来治理微服务，也可以作为“配置中心”来管理微服务的配置。

- RocketMQ：开源的分布式消息系统。它基于高可用分布式集群技术，提供低延时的、高可靠的消息发布/订阅服务。
- Dubbo：高性能的 Java RPC 框架。
- Seata：高性能的微服务分布式事务解决方案。
- Alibaba Cloud ACM：用于在分布式架构环境中对应用配置进行集中管理和推送的应用配置中心产品。
- Alibaba Cloud OSS：阿里云对象存储服务（Object Storage Service，OSS），是阿里云提供的海量、安全、低成本、高可靠的云存储服务。它可以存储和访问任意类型的数据。
- Alibaba Cloud SchedulerX：分布式任务调度产品，提供秒级、精准、高可靠、高可用的定时任务调度服务（基于 Cron 表达式）。
- Alibaba Cloud SMS：短信服务。

2. 如何使用

如果需要使用已发布的版本，则进行如下操作。

（1）在 dependencyManagement 中添加如下配置：

```
<dependency>
<groupId>org.springframework.cloud</groupId>
<artifactId>spring-cloud-alibaba-dependencies</artifactId>
<version>0.2.0.RELEASE</version>
<type>pom</type>
</dependency>
```

（2）在 dependencies 中添加自己所需的依赖。

2020 年 3 月 19 日起，从 Spring、Aliyun 官网的 Initializr 及 IDE 插件中可以直接添加阿里巴巴的组件。这样就不用再关心内部组件的版本等信息了。

12.1.2　Spring Cloud Alibaba、Netflix 和 Spring Cloud 的关系

Netflix 和 Alibaba 这两家伟大的公司都是 Spring Cloud 框架的重要贡献者。Netflix 家族的产品 Eureka、Zuul、Archaius、Feign 很早已经正式纳入 Spring Cloud 的主版本中。Spring Cloud Alibaba 在 2018 年 11 月被纳入 Spring Cloud 的主版本中。

Spring Cloud 是基于 Spring Boot 实现的，Spring Cloud Alibaba 又是基于 Spring Cloud 的 Spring Cloud Common 的规范实现的。未来 Alibaba 的 Dubbo 会作为 Spring Cloud Alibaba 的 RPC 组件，可与 Feign、RestTemplate 进行无缝整合。

Alibaba 的组件和 Netflix 的组件可以简单地理解为存在如下关系：

```
Nacos     = Eureka/Consul + Spring Cloud Config
Sentinel  = Hystrix + Dashboard + Turbine
Dubbo     = Ribbon + Feign
```

12.1.3 Spring Cloud Alibaba 与 Spring Boot、Spring Cloud 的版本兼容关系

1. Spring Cloud Alibaba 版本管理规范

项目的版本号格式一般为 x.x.x 形式，其中 x 的数值类型一般为数字，从 0 开始取值，且不限于 0~9 这个范围。项目处于孵化器阶段时，第 1 位版本号固定使用 0，即版本号为 0.x.x 的格式。

由于 Spring Boot 1.0 和 Spring Boot 2.0 在 Actuator 模块的接口和注解方面有很大的不同，且 spring-cloud-commons 从 1.x.x 版本升级到 2.x.x 版本也发生了较大的变化，因此 Spring Cloud Alibaba 采取跟 Spring Boot 版本号一致的版本：

- Spring Cloud Alibaba 1.5.x 版本适用于 Spring Boot 1.5.x。
- Spring Cloud Alibaba 2.0.x 版本适用于 Spring Boot 2.0.x。
- Spring Cloud Alibaba 2.1.x 版本适用于 Spring Boot 2.1.x。

最简单使用 Spring Cloud Alibaba 的方式是：先添加 Spring Cloud BOM 的依赖，然后添加 spring-cloud-alibaba-dependencies 依赖到项目中。如果只想部分使用 Spring Cloud Alibaba 的组件，则可以分开引入 Starter 依赖。

由于 Spring Cloud 是基于 Spring Boot 实现的，而 Spring Cloud Alibaba 又是基于 Spring Cloud Common 的规范实现的，所以当我们用 Spring Cloud Alibaba 构建微服务应用时，需要知道这三者之间的版本关系。

2. 加入 Spring Cloud 主版本之前的情况

在 2018 年 11 月之前，Spring Cloud Alibaba 由于没有被纳入 Spring Cloud 的主版本管理中，所以存在这样的对应情况：Spring Cloud Alibaba 0.2.1.RELEASE 版本对应的是 Spring Cloud Finchley 版本；Spring Cloud Alibaba 0.1.1.RELEASE 版本对应的是 Spring Cloud Edgware 版本。

在加入主版本之前，Spring Cloud Alibaba 的版本与 Spring Boot、Spring Cloud 版本的兼容关系见表 12-1。

表 12-1　Spring Cloud Alibaba 的版本与 Spring Boot、Spring Cloud 版本的兼容关系

Spring Cloud Alibaba 版本	Spring Boot 版本	Spring Cloud 版本
0.9.x	2.1.x	Greenwich
0.2.x	2.0.x	Finchley
0.1.x	1.5.x	Edgware
0.1.x	1.5.x	Dalston

3. 加入 Spring Cloud 主版本之后的情况

加入 Spring Cloud 主版本后的对应关系，见表 12-2。

表 12-2　Spring Cloud Alibaba 的版本与 Spring Boot、Spring Cloud 版本的兼容关系

Spring Cloud Alibaba 的版本	Spring Boot 的版本	Spring Cloud 的版本
2.1.x.RELEASE	2.1.x.RELEASE	Spring Cloud Greenwich
2.0.x.RELEASE	2.0.x.RELEASE	Spring Cloud Finchley
1.5.x.RELEASE	1.5.x.RELEASE	Spring Cloud Edgware

Spring Cloud Alibaba 在版本 v0.9.0.RELEASE 之后，它的版本命名方式对应 Spring Cloud 的版本的命名方式。

12.2　认识 Sentinel

12.2.1　Sentinel 概述

在微服务架构中，服务和服务之间的稳定性变得越来越重要。Sentinel 以流量为切入点，从流量控制、熔断降级、系统负载保护等多个维度保证服务的稳定性。

Sentinel 提供了机器发现、健康情况管理、监控（单机和集群）、规则管理和推送等功能。它还提供了一个轻量级的开源控制台（Sentinel Dashboard）。

1. Sentinel 特征

- 丰富的应用场景：Sentinel 是阿里巴巴在生产环境中使用的产品，应用在近 10 年来的“双十一”大促流量场景中，实现了秒杀（将突发流量控制在系统容量可以承受的范围）、消息削峰填谷、实时熔断下游不可用应用等功能。
- 完备的实时监控：Sentinel 提供了实时监控功能。在控制台中，不仅可以看到接入的单台机器的秒级数据，还可以看到 500 台以下规模的集群的运行情况的汇总数据。
- 广泛的开源生态：Sentinel 提供了“开箱即用”的、可与其他开源框架/库整合的模块，例如可以与 Spring Cloud、Dubbo、gRPC 进行整合。
- 完善的 SPI 扩展点：Sentinel 提供了 SPI（Service Provider Interface，一种服务发现机制）扩展点。它可以快速地定制逻辑，例如定制规则管理、适配数据源等。

2. Sentinel 核心概念

- 资源：Sentinel 控制和保护的对象即“资源”，它是 Sentinel 中一个关键的概念。它可以是 Java 应用程序中的任何内容，例如，由应用程序提供的服务、应用程序调用的其他应用提供的服务，甚至是通过 Sentinel API 定义的代码。在大部分情况下，可以用方法签名、

URL、服务名称作为资源名来标识资源。

- 规则：有流量控制、熔断降级及系统保护规则，可以动态调整这些规则。
- Context：Sentinel 处理的上下文。
- Node：它统计资源运行时的各种数据。一个 Resource（资源）在同一个 Context 中有且仅有一个 DefaultNode，一个 Resource 全局有且仅有一个 ClusterNode。
- Entry：代表对资源的一次访问。每访问一个资源都会创建一个 Entry。
- ProcessorSlot：处理插槽。资源的各种控制都是通过不同的 ProcessorSlot 实现类去完成的。
- ProcessorSlotChain：由各个处理插槽组成的处理插槽链。每个资源在整个服务中对应一个处理插槽链。
- Rule：用户定义的各种规则。
- RuleManager：加载并管理 Rule。
- Slot：插槽。Sentinel 的工作流程就是围绕一个个插槽所组成的插槽链来展开的。每个插槽都有自己的职责，它们各司其职，完美地配合，通过一定的编排顺序来达到最终限流、降级的目的。可以通过实现 SlotsChainBuilder 接口，然后加入自定义的 Slot 来自定义 Sentinel 的功能。

3. 客户端接入控制台

客户端需要引入 Transport 模块来与 Sentinel 控制台进行通信。可以通过 pom.xml 引入 JAR 包，见以下代码：

```
<!--Sentinel 的 Transport 依赖-->
<dependency>
<groupId>com.alibaba.csp</groupId>
    <artifactId>sentinel-transport-simple-http</artifactId>
</dependency>
```

4. 支持 Zuul

Sentinel 支持 Zuul，但需要额外加上 Sentinel 对网关支持的依赖，见以下依赖：

```
<!--Sentinel 的依赖-->
<dependency>
    <groupId>com.alibaba.cloud</groupId>
    <artifactId>spring-cloud-starter-alibaba-sentinel</artifactId>
</dependency>
<!--Sentinel 对网关支持的依赖-->
<dependency>
    <groupId>com.alibaba.cloud</groupId>
    <artifactId>spring-cloud-alibaba-sentinel-gateway</artifactId>
</dependency>
```

```
<!--Zuul 的依赖-->
<dependency>
    <groupId>org.springframework.cloud</groupId>
    <artifactId>spring-cloud-starter-netflix-zuul</artifactId>
</dependency>
```

5. 支持 Spring Cloud Gateway

Sentinel 支持 Spring Cloud Gateway，但需要额外加上 Sentinel 对网关支持的依赖，见以下代码：

```
<!--Sentinel 的依赖-->
<dependency>
    <groupId>com.alibaba.cloud</groupId>
    <artifactId>spring-cloud-starter-alibaba-sentinel</artifactId>
</dependency>
<!--Sentinel 对网关支持的依赖-->
<dependency>
    <groupId>com.alibaba.cloud</groupId>
    <artifactId>spring-cloud-alibaba-sentinel-gateway</artifactId>
</dependency>
<!--Spring Cloud Gateway 的依赖-->
<dependency>
    <groupId>org.springframework.cloud</groupId>
    <artifactId>spring-cloud-starter-gateway</artifactId>
</dependency>
```

6. 支持 Endpoint

在使用 Endpoint（端点）之前，需要在 Maven 中添加 Actuator 依赖，并在配置文件中开启对 Endpoint 的访问支持。

在 Spring Boot 的不同版本中使用 Endpoint 的方法不同：

- 在 Spring Boot 1.0 中，添加配置 management.security.enabled=false。暴露的 endpoint 路径为/sentinel。
- 在 Spring Boot 2.0 中，添加配置 management.endpoints.web.exposure.include=*。暴露的 endpoint 路径为 /actuator/sentinel。

在 Sentinel Endpoint 中暴露的信息有：规则信息、日志目录、当前实例的 IP 地址、Sentinel Dashboard 地址、应用与 Sentinel Dashboard 的心跳频率等。

7. 配置选项

Sentinel 的配置选项见表 12-3。

表 12-3　Sentinel 的配置选项

配置项	含　义	默认值
spring.application.name or project.name	配置 Sentinel 项目名	无
spring.cloud.sentinel.enabled	配置 Sentinel 自动化	true
spring.cloud.sentinel.eager	是否提前触发 Sentinel 初始化	false
spring.cloud.sentinel.transport.port	应用与 Sentinel 控制台交互的端口	8719
spring.cloud.sentinel.transport.dashboard	Sentinel 控制台的地址	无
spring.cloud.sentinel.transport.heartbeat-interval-ms	应用与 Sentinel 控制台的心跳间隔时间	无
spring.cloud.sentinel.transport.client-ip	此配置的客户端 IP 地址将被注册到 Sentinel Server 端	无
spring.cloud.sentinel.filter.order	Servlet Filter 的加载顺序。Starter 内部会构造这个 Filter	Integer.MIN_VALUE
spring.cloud.sentinel.filter.url-patterns	表示 Servlet Filter 的 url pattern 集合，数据类型是数组	/*
spring.cloud.sentinel.filter.enabled	启用 CommonFilter	true
spring.cloud.sentinel.metric.charset	Metric 文件字符集编码	UTF-8
spring.cloud.sentinel.metric.file-single-size	Sentinel Metric 单个文件的大小	无
spring.cloud.sentinel.metric.file-total-count	Sentinel Metric 总文件数量	无
spring.cloud.sentinel.log.dir	Sentinel 日志文件所在的目录	无
spring.cloud.sentinel.log.switch-pid	Sentinel 日志文件名是否需要带上 PID	false
spring.cloud.sentinel.servlet.block-page	自定义的跳转 URL，当请求被限流时会自动跳转至设定好的 URL	无
spring.cloud.sentinel.flow.cold-factor	冷启动因子	3
spring.cloud.sentinel.zuul.order.pre	SentinelZuulPreFilter 的 order	10000
spring.cloud.sentinel.zuul.order.post	SentinelZuulPostFilter 的 order	1000
spring.cloud.sentinel.zuul.order.error	SentinelZuulErrorFilter 的 order	-1
spring.cloud.sentinel.scg.fallback.mode	Spring Cloud Gateway 熔断后的响应模式选择	无
spring.cloud.sentinel.scg.fallback.redirect	Spring Cloud Gateway 响应模式为 redirect 模式对应的重定向 URL	无
spring.cloud.sentinel.scg.fallback.response-body	Spring Cloud Gateway 响应模式为 response 模式对应的响应内容	无
spring.cloud.sentinel.scg.fallback.response-status	Spring Cloud Gateway 响应模式为 respons 模式对应的响应码	429
spring.cloud.sentinel.scg.fallback.content-type	Spring Cloud Gateway 响应模式为 'response 模式对应的 Content Type	application/json

这些配置只有在 Servlet 环境中才会生效。RestTemplate 和 Feign 针对这些配置都无法生效。

- Dsentinel.dashboard.auth.username=sentinel 用于指定控制台的登录用户名为 sentinel。
- Dsentinel.dashboard.auth.password=123456 用于指定控制台的登录密码为 123456。如果省略这两个参数，则默认用户和密码均为 Sentinel。
- Dserver.servlet.session.timeout=7200 用于指定 Spring Boot 服务器端 session 的过期时间，默认为 30。

12.2.2　安装和启动 Sentinel

Sentinel 是基于 Spring Boot 开发的应用程序。要使用 Sentinel，直接下载 JAR 包然后运行即可。

（1）下载 Sentinel 客户端。

（2）启动控制台。

执行 Java 命令“java -jar sentinel-dashboard.jar”启动 Sentinel 控制台。

（3）进入控制台。

通过 http://localhost:8080 访问 Sentinel 控制台，可以在左侧看到已经注册到控制台的应用程序。左侧是导航栏目，有实时监控、簇点链路、流控规则、降级规则、系统规则、机器列表导航按钮，比如单击“流控规则”按钮 可以看到目前的流控规则。

控制台默认的监听端口为 8080。Sentinel 控制台是用 Spring Boot 开发的。如果需要指定其他端口，则可以用 Spring Boot 容器配置的标准方式来实现。例如，要使用自定义端口（如 8081），则使用以下命令：

```
java -jar -DServer.port=8081 sentinel-dashboard.jar
```

如果在控制台中没有找到应用，则需要调用一下进行了 Sentinel 埋点的 URL 或方法，因为 Sentinel 使用了 lazy load 策略，所以不调用埋点不会有数据产生。

12.2.3　认识流控规则

1. 流控规则

进入控制台后，单击左侧导航栏中的“流控规则”按钮可以新建流控规则，如图 12-1 所示。

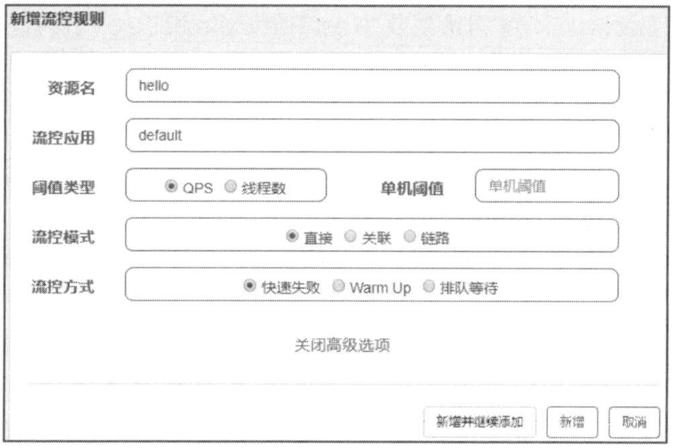

图 12-1 流量控制规则设置界面

流控规则参数见表 12-4。

表 12-4 流控规则参数

参数名	说 明
资源名	即限流规则的作用对象，如，注解@SentinelResource 中 Value 字段的值、相对 URI、其他图片文件资源名
流控应用	流控针对的调用来源（服务级别）。若为 Default，则不区分调用来源
阈值类型	QPS（每秒查询率）或线程数
单机阈值	限流阈值。超过这个值就执行流控规则
流控模式	直接、关联、链路
流控方式	直接拒绝、Warm Up、匀速排队

2. 流控模式

基于调用关系的流量控制有如下 3 种模式。

- 直接：直接对资源本身进行流量控制。
- 关联：如果多个资源之间具有资源争抢或者依赖关系，则需要设置关联模式。当关联的资源达到阈值时，会限流某个资源的使用，让出系统资源给关联的资源。
- 链路：资源通过调用关系构成一条链路。

3. 流控方式

- 直接拒绝：当 QPS 或线程数超过规则的阈值后，新的请求会被拒绝，抛出 FlowException。这种方式适用于已经知道系统处理能力的情况。
- Warm Up：流量突然增加可能把系统压垮。可以让通过的流量缓慢增加，在一定时间内逐渐增加到阈值上限，给系统一个预热（Warm Up）时间，避免系统突然被压垮。

- 匀速排队：严格控制请求通过的间隔时间，让请求均速通过，对应的是漏桶算法。这种方式主要用于处理间隔性突发的流量。如果在某一秒有大量的请求到来，而接下来的几秒则处于空闲状态，则可以让这些请求在接下来的空闲期间被逐渐处理，而不是在第一秒直接拒绝多余的请求。

12.2.4 降级规则

Sentinel 还提供了降级规则来处理流控，如图 12-2 所示。

新增降级规则

资源名	hello		
流控应用	default		
阈值类型	◉ RT ○ 异常比例		
RT	毫秒	时间窗口	降级时间间隔，单位秒

新增并继续添加　新增　取消

图 12-2　降级规则设置界面

从图 12-2 可知，降级规则有以下一些重要概念。

- RT (Response Time)：当请求的时间大于阈值时，断路器打开，返回请求失败，直到时间窗口设置的时间结束后才关闭降级。RT 默认上限是 4900 ms。如果需要改动，则可以通过上面的窗口或者下面的配置项来设置。

```
-Dcsp.sentinel.statistic.max.rt=xxx
```

- 异常比例：资源近 1 分钟的异常数目超过阈值后会进行降级。它统计时间窗口是“分钟”级别的，所以时间窗口最好大于 60s，异常比率的阈值范围是 [0.0, 1.0]，代表 0～100%。

12.2.5 系统规则

前面两节已经讲解了如何对应用的入口流量进行控制，它是从单台机器的总体 LOAD、RT、QPS 和线程数 4 个维度来监控应用数据的，这不仅让系统具有最大吞吐量，还保证了系统的整体稳定性。

系统保护规则是应用整体维度的，而不是资源维度的。它仅对入口流量生效。它的参数如图 12-3 所示。

图 12-3　系统规则设置界面

它的阈值类型主要有以下 4 种。

（1）LOAD。当系统 LOAD（一分钟的负载）超过阈值，且系统当前的并发线程数超过系统容量时才会触发系统保护。

要查看 Linux 系统的 LOAD，可以使用如下“uptime”命令：

```
[root@localhost ~]# uptime
 21:25:11 up 13 min,  2 users,  load average: 0.00, 0.07, 0.11
```

“load average:”后的 3 个数分别是 1 分钟内的平均负载、5 分钟内的平均负载、15 分钟内的平均负载。

（2）RT。所有入口流量的平均 RT。

（3）线程数。所有入口流量的并发线程数。

（4）QPS。所有入口流量的 QPS。

12.2.7　Sentinel 对 RestTemplate 和 Feign 的支持

1. 支持 RestTemplate

Sentinel 支持对使用了 RestTemplate 的服务调用进行保护。在构造 RestTemplate Bean 时，需要加上注解@SentinelRestTemplate，见以下代码：

```
@Configuration
public class RestTemplateConfig {
@Bean
@LoadBalanced
//支持对使用了 RestTemplate 的服务调用进行保护
@SentinelRestTemplate
public RestTemplate getRestTemplate(){
    return new RestTemplate();
    }
}
```

2. 支持 Feign

Sentinel 支持对使用了 Feign 的服务调用进行保护。使用方法也很简单，步骤为：

（1）引入“sentinel-starter”的依赖。

（2）在配置文件中打开 Sentinel 对 Feign 的支持，即在配置文件中加入以下代码：

```
feign.sentinel.enabled=true
```

（3）加入“Feign”的 Starter 的依赖来让“sentinel starter”中的自动化配置类生效，见以下代码：

```
<!--Feign 的依赖-->
<dependency>
    <groupId>org.springframework.cloud</groupId>
    <artifactId>spring-cloud-starter-openfeign</artifactId>
</dependency>
```

12.2.8　Sentinel 的规则持久化

1．为什么要进行规则的持久化

无论是通过编码的方式来更新规则，还是通过 Sentinel Dashboard 控制台在页面上的操作来更新规则，都无法避免服务重启后规则丢失的问题，因为默认情况下规则是保存在内存中的。

Dashboard 通过 transport 模块来获取每个 Sentinel 客户端中的规则，获取到的规则通过 RuleRepository 接口保存在 Dashboard 的内存中。如果在 Dashboard 中更改了某个规则，则 Dashboard 会调用 transport 模块提供的接口将规则更新到 Sentinel 客户端中去。

2．规则推送模式

Sentinel 规则推送的 3 种模式见表 12-5。

表 12-5　Sentinel 规则推送的 3 种模式

推送模式	说　明	优　点	缺　点
原始模式	API 将规则推送至客户端，并直接更新到内存中	简单、无依赖、规则未持久化	不保证一致性； 规则保存在内存中，重启后会消失
Pull 模式	客户端主动向某个规则管理中心定期轮询和拉取规则，这个规则中心可以是 RDBMS、文件等	简单、无依赖、规则持久化	不保证一致性、实时性； 如果拉取过于频繁，则可能有性能问题
Push 模式	规则中心统一推送，客户端通过注册监听器的方式时刻来监听变化，比如使用 Nacos、Zookeeper 等配置中心。这种方式有更好的实时性和一致性保证。生产环境中一般采用 Push 模式的数据源。	规则持久化、一致性、快速	引入第三方依赖。但这不一定算缺点，需要从整体架构上看

3．规则持久化的原理

规则持久化实现起来也很简单：复制一份原本保存在 RuleManager 内存中的规则到持久化数据源（文件或数据库）中。客户端重启后，会把持久化副本中的数据载入内存中。

Sentinel提供了ReadableDataSource和WritableDataSource两个接口来实现规则持久化。

4. 持久化支持工具

打开 DataSourcePropertiesConfiguration 类可以看到，Sentinel 默认提供了 File、Nacos、Zookeeper、Apollo（携程开发的配置平台，非百度的自动驾驶）4 种方式来进行规则持久化。见以下代码：

```
public class DataSourcePropertiesConfiguration {
    private FileDataSourceProperties file;
    private NacosDataSourceProperties nacos;
    private ZookeeperDataSourceProperties zk;
    private ApolloDataSourceProperties apollo;
    public DataSourcePropertiesConfiguration() {
}
```

12.3 用 Sentinel 实现 Spring Cloud 项目的流控和降级

12.3.1 实例 29：实现直接限流

本实例演示如何用 Sentinel 实现 Spring Cloud 项目的直接限流。

代码 本实例的源码在本书配套资源的“/Chapter12/Sentinel Demo”目录下。

1. 添加依赖

注意，spring-cloud-alibaba-dependencies 和 spring-cloud-starter-alibaba-sentinel 依赖版本必须一致，否则可能获取不到客户端数据。见以下代码：

```
<!--注意版本对应，否则会出现找不到依赖或控制台没数据的情况-->
<dependency>
<groupId>org.springframework.cloud</groupId>
<artifactId>spring-cloud-alibaba-dependencies</artifactId>
<version>0.2.1.RELEASE</version>
<type>pom</type>
<scope>import</scope>
</dependency>
<!--Sentinel 的依赖-->
<dependency>
<groupId>org.springframework.cloud</groupId>
<artifactId>spring-cloud-starter-alibaba-sentinel</artifactId>
<version>0.2.1.RELEASE</version>
</dependency>
<!--为自定义的埋点加入 Web 的依赖-->
```

```
<dependency>
<groupId>org.springframework.boot</groupId>
<artifactId>spring-boot-starter-web</artifactId>
</dependency>
```

2. 添加配置

配置 Sentinel 的地址，见以下代码：

```
spring.application.name=spring-cloud-alibaba-sentinel
server.port=8088
# sentinel dashboard
spring.cloud.sentinel.transport.dashboard=localhost:8080
```

3. 限流埋点

限流埋点可以通过 HTTP 埋点和自定义埋点两种方式实现。

（1）HTTP 埋点。

Sentinel 的 Starter 默认为所有的 HTTP 服务提供了限流埋点。如果只想对某个 HTTP 服务进行限流，则只需要引入依赖，无须修改代码。

（2）自定义埋点。

如果需要对某个特定的服务进行限流或降级，则可以通过注解@SentinelResource 来完成。示例代码如下：

```
@SentinelResource("resource")
 public String hello() {
      return "Hello";
 }
```

本实例在启动类中自定义埋点，加入以下代码：

```
@SpringBootApplication
public class SentinelApplication {
      public static void main(String[] args) {
            SpringApplication.run(SentinelApplication.class, args);
      }
      @RestController
      public class TestController {
            @GetMapping(value = "/hello")
            @SentinelResource("hello")
            public String hello() {
                  return "Hello Sentinel Demo";
            }
      }
}
```

4. 创建快速失败的直接限流模式

通过 http://localhost:8080 访问 Sentinel 控制台，可以在左侧看到 Sentinel Demo 应用程序已经注册到了控制台，单击“流控规则”按钮可以看到目前的流控规则为空。

单击“新增流控规则”按钮，在弹出的窗口中添加 QPS 单机阈值为 2，将流控模式设为“直接”，将流控方式设为“快速失败的”规则。

5. 测试快速失败的直接限流模式

多次快速访问 http://localhost:8088/hello，当 QPS 超过 2 时，直接返回以下错误：

```
Whitelabel Error Page
This application has no explicit mapping for /error, so you are seeing this as a fallback.
Wed Oct 02 22:22:14 CST 2019
There was an unexpected error (type=Internal Server Error, status=500).
No message available
```

12.3.2 实例 30：实现关联限流

本项目演示如何用 Sentinel 完成 Spring Cloud 项目的关联限流。

代码 本实例的源码在本书配套资源的“/Chapter12/Sentinel Related Demo”目录下。

1. 编写测试的控制器

编写两个接口用于测试，见以下代码：

```
/**测试关联限流模式*/
@RestController
@RequestMapping("/related")
public class RelatedController {
    @GetMapping("a")
    public String flowRelatedA() {
        System.out.println("a 接口");
        return "a 接口";
    }
    @GetMapping("b")
    public String flowRelatedB() {
        System.out.println("b 接口");
        return "b 接口";
    }
}
```

2. 构建关联限流的规则

在 Sentinel 中构建关联限流的规则，如图 12-4 所示。

资源名	/related/a		
流控应用	default		
阈值类型	◉ QPS ○ 线程数	单机阈值	1
流控模式	○ 直接 ◉ 关联 ○ 链路		
关联资源	/related/b		
流控方式	◉ 快速失败 ○ Warm Up ○ 排队等待		

图 12-4　创建关联规则

这里关联的资源是“/related/b”（即保护接口“b”）。图 12-4 设置表示：如果接口“b”的 QPS 达到单击阈值“1”，则开始通过限流接口“a”，从而保护接口“b”。

3. 测试关联限流

用 Postman 或 Apache 的压测工具发送并发流量超过 QPS 值大于 1 的流量给接口“b”（不给接口“a”发送并发流量），同时访问接口“a”，发现访问被阻止。

当给接口“b”发送并发流量 QPS 值小于 1 时，接口“a”可以正常访问。

由此可以看出，关联限流规则是保护重要服务的措施，即：如果某个服务达到临界值，则代表资源不足，需要先限制不重要的服务。

12.3.3　实例 31：实现链路限流

本项目演示如何用 Sentinel 完成 Spring Cloud 项目的链路限流。

代码 本实例的源码在本书配套资源的“/Chapter12/Sentinel Chain Demo”目录下。

1. 编辑服务接口

编写服务接口，以便控制器调用。注意，在方法中要加上注解@SentinelResource，见以下代码：

```
@Service
public class ChainService {
@SentinelResource
    public void chainTest()
    {
        System.out.println("测试链路情况");
    }
}
```

2. 编写控制器

编写一个测试控制器，以测试链路流控模式，见以下代码：

```
@RestController
@RequestMapping("/chain")
public class ChainController {
    @Autowired
    private ChainService chainService;

    @GetMapping("a")
    public String flowRelatedA() {
        chainService.chainTest();
        System.out.println("接口 a");
        return "接口 a";
    }

    @GetMapping("b")
    public String flowRelatedB() {
        chainService.chainTest();
        System.out.println("接口 b");
        return "接口 b";
    }
}
```

3. 构建链路流控的规则

在 Sentinel 控制台构建链路流控的规则，如图 12-5 所示。

图 12-5　构建链路规则

4. 测试链路流控规则

提交并发流量给接口“a”，当超过 QPS 设定值时，则接口“a”被限流。但同样使用“chainTest()”方法的接口“b”不受影响。

12.3.4 测试流控模式

1. 测试流控模式 Warm Up

在 12.3.1 节和 12.3.3 节使用的流控模式是“直接”模式。下面来看 Sentinel 提供的其他流控模式。

现在设置 QPS 的单机阈值为 9，预热时长为 10s。发送大量请求后的监控曲线如图 12-6 所示。

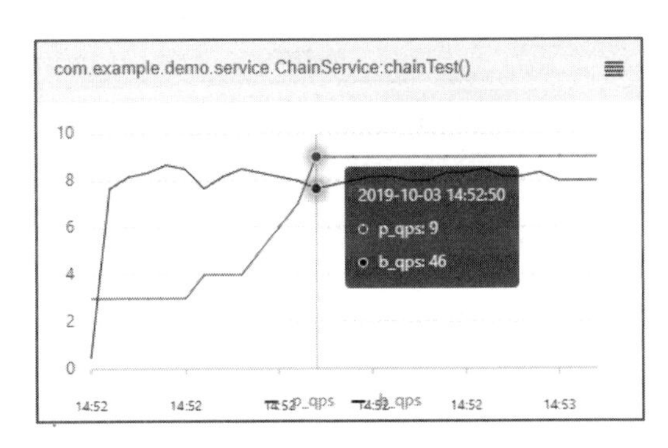

图 12-6　监控曲线

由图 12-6 中可以看出，初始阈值是 3，符合“初始阈值=设定阈值/codeFactor（默认 3）”公式，经过 10 s 的预热时长阈值升高到设定的阈值。

2. 测试排队等待的流控方式

测试步骤如下：

（1）设置单机阈值为“6”，超时等待时间为 10000 ms（10s）。

（2）以 50 次/s 的速度发送 2000 个请求，发现都没有被拦截。

（3）以 1000 次/s 的速度发送 2000 个请求，依然都没有被拦截。

（4）修改单机阈值为“6”，超时等待为 100ms（0.1s）。发送不限制速度的请求，终于有请求被限流了。

由上面测试过程可以得知，如果计算机的计算能力强大，且请求等待时间小于设置的超时等待时间，则所有请求都会顺利通过。只有当计算机的计算能力不足以完成请求，等待的请求出现超时情况后才会被限流。

12.3.5 测试降级模式

1. RT（Response Time，平均响应时间)

当请求大于 RT 的设定值时，则对请求进行降级，等到时间窗口结束后再接收请求。

如图 12-7 所示，设置 RT 为 0.01ms（如果是个人电脑，则建议将此值设置得低些），设置时间窗口为 10s（时间窗口代表降级后等待多长时间才恢复）。

资源名 /chain/a
流控应用 default
阈值类型 ◉RT ○异常比例
RT 0.01 时间窗口 10

图 12-7 设置 RT 降级模式

如果猛烈刷新接口，则会出现请求被降级的情况，只有等到降级时间窗口结束后（10s）才恢复请求。

2. 异常比率

本项目演示如何用 Sentinel 完成 Spring Cloud 应用的异常比率降级管理。

代码 本节的源码在本书配套资源的"/Alibaba/Sentinel Exception Demo"目录下。

（1）在启动类中加入抛出异常的方法。

在启动类中加入抛出异常的方法，且使用 Tracer 进行异常统计，见以下代码：

```
@RestController
public class TestController {
    @GetMapping(value = "/exception")
    @SentinelResource("exception")
    public String exception() {
        try {
            throw new RuntimeException("Throw RuntimeException ");
        } catch (Throwable throwable) {
            Tracer.trace(throwable);
        }
        return "测试异常比率降级";
    }
```

（2）创建异常比率降级规则。

创建异常比率降级规则，如图 12-8 所示。

资源名 exception
流控应用 default
阈值类型 RT 异常比例
异常比例 0.1 时间窗口 10
保存 取消

图 12-8　异常比率降级规则

（3）在猛烈刷新 “http://localhost:8088/exception” 后会出现降级，且等待 10s 后恢复请求。

12.4　认识 Nacos

12.4.1　Nacos 概述

Nacos 是用于构建微服务应用的服务治理和配置管理的组件。它是构建以 “服务” 为中心的现代应用架构的服务基础设施。

它的功能大致如下：

```
Nacos = Spring Cloud Eureka + Spring Cloud Config
```

12.4.2　下载和使用 Nacos

（1）下载 Nacos 文件并解压缩。

（2）进入解压缩目录下的 bin 目录中，单击 “startup.cmd” 文件即可运行 Nacos。

（3）通过 http://localhost:8848/nacos/index.html 进入控制中心（默认用户名密码都是 nacos）。

Nacos 有以下两种启动模式。

（1）Standalone 模式。

此模式一般用于测试，无须修改任何配置，直接输入命令运行。

在 Linux 下运行以下命令：

```
sh bin/startup.sh -m standalone
```

在 Windows 下运行以下命令：

```
cmd bin/startup.cmd -m standalone
```

（2）Cluster（集群）模式。

该模式用于生产环境。但该模式需要结合 MySQL 来使用。

12.5 实例 32：用 Nacos 实现“服务提供者”和“服务消费者”

本实例演示如何用 Nacos 实现“服务提供者”和“服务消费者”。

12.5.1 用 Nacos 实现“服务提供者”

代码 本实例的源码在本书配套资源的“/Chapter12/Nacos/Provider”目录下。

1. 添加依赖

需要的相关依赖见以下代码：

```
<!--Nacos 的依赖-->
<dependency>
<groupId>org.springframework.cloud</groupId>
<artifactId>spring-cloud-starter-alibaba-nacos-discovery</artifactId>
<version>0.2.1.RELEASE</version>
</dependency>
<!--Web 的依赖-->
<dependency>
<groupId>org.springframework.boot</groupId>
<artifactId>spring-boot-starter-web</artifactId>
</dependency>
```

2. 添加配置

在配置文件中配置好应用程序的名称、Nacos 的地址和端口号，见以下代码：

```
spring.application.name=Provider
server.port=8849
#Nacos 的地址，默认的端口号是 8848
spring.cloud.nacos.discovery.server-addr=127.0.0.1:8848
```

3. 修改启动类

在启动类中开启“服务中心”的发现支持，并编写一个测试的方法供“服务消费者”调用，见以下代码：

```
//开启“服务中心”的发现支持
@EnableDiscoveryClient
@SpringBootApplication
public class GatewayApplication {
    public static void main(String[] args) {
        SpringApplication.run(GatewayApplication.class, args);
    }
```

```
/*用于测试的类*/
    @RestController
    class HelloController {
        @GetMapping(value = "/hello/{string}")
        public String echo(@PathVariable String string) {
            return string;
        }
    }
}
```

12.5.2 用 Nacos 实现“服务消费者”

代码 本实例的源码在本书配套资源的“/Chapter12/Nacos/Consumer”目录下。

1. 添加依赖

添加 Feign 和 Nacos 的服务发现依赖，见以下代码：

```
<!--Openfeign 的依赖-->
<dependency>
<groupId>org.springframework.cloud</groupId>
<artifactId>spring-cloud-starter-openfeign</artifactId>
</dependency>
<!--Nacos 的服务发现依赖-->
<dependency>
<groupId>org.springframework.cloud</groupId>
<artifactId>spring-cloud-starter-alibaba-nacos-discovery</artifactId>
<version>0.2.1.RELEASE</version>
</dependency>
```

2. 添加配置

配置 Nacos“服务中心”的地址，见以下代码：

```
spring.application.name=Consumer
server.port=8850
#Nacos 地址
spring.cloud.nacos.discovery.server-addr=127.0.0.1:8848
```

3. 编辑启动类

编辑启动类，添加相应注解，以开启“服务中心”的发现支持、开启 Feign 客户端的支持和客户端负载均衡的支持，见以下代码：

```
//开启“服务中心”的发现支持
@EnableDiscoveryClient
@SpringBootApplication
//开启 Feign 客户端的支持
```

```
@EnableFeignClients
public class ConsumerApplication {
	public static void main(String[] args) {
		SpringApplication.run(ConsumerApplication.class, args);
	}
/*客户端负载均衡的支持*/
	@Bean
	@LoadBalanced
	public RestTemplate restTemplate() {
		return new RestTemplate();
	}
}
```

12.5.3 测试服务接口

（1）启动 Nacos、“服务提供者”和“服务消费者”。

（2）通过“http://localhost:8848/nacos/index.html”进入控制中心。如果看到如图 12-9 所示信息，则说明“服务提供者”和“服务消费者”都已经正确注册到 Nacos 中了。

（3）访问 http://localhost:8850/hello-rest/beijing，返回字符串“beijing”。

（4）访问 http://localhost:8850/hello-feign/beijing，返回字符串“beijing”。

说明服务正常生效。

图 12-9 Nacos 的控制中心

12.6 实例 33：用 Nacos 实现“配置中心”

本实例演示如何用 Nacos 实现“配置中心”。

代码 本实例的源码在本书配套资源的“/Chapter12/Nacos/Config”目录下。

12.6.1　添加依赖和配置

1. 添加依赖

添加配置中心的依赖（spring-cloud-starter-alibaba-nacos-config）。该依赖与 Nacos 作为服务治理中心的依赖（spring-cloud-starter-alibaba-nacos-discovery）是不同的，见以下代码：

```
<!--Nacos 配置中心的依赖-->
<dependency>
<groupId>org.springframework.cloud</groupId>
<artifactId>spring-cloud-starter-alibaba-nacos-config</artifactId>
<version>0.2.1.RELEASE</version>
</dependency>
```

2. 添加配置

（1）在 bootstrap.properties 文件中添加 Nacos 配置中心的地址，见以下代码：

```
spring.cloud.nacos.config.server-addr=127.0.0.1:8848
```

（2）在 application.properties 中添加配置中心的名称、端口号等信息，见以下代码：

```
spring.application.name=config-example
server.port=8088
#设置日志等级
logging.level.ROOT=info
```

12.6.2　创建属性承载类

创建一个用于测试获取配置的类（属性承载类），见以下代码：

```
@RestController
class SampleController {
    @Value("${mysql.address}")
    String mysqlAddress;
    @Value("${mysql.port}")
    String mysqlPort;
    @RequestMapping("/getProperties")
    public String get() {
        return mysqlAddress + mysqlPort;
    }
}
```

12.6.3　在 Nacos 控制台中添加配置

（1）启动创建好的项目后，会在控制台中输出以下信息：

```
[-127.0.0.1_8848] o.s.c.a.n.c.NacosPropertySourceBuilder     : Loading nacos data, dataId:
'config-example.properties', group: 'DEFAULT_GROUP'
```

由上面输出的信息可以得知该项目的两个属性值。

```
Data ID：config-example.properties。
```

- Group：DEFAULT_GROUP。

根据这个信息在 Nacos 的配置管理里添加配置，如图 12-10 所示。

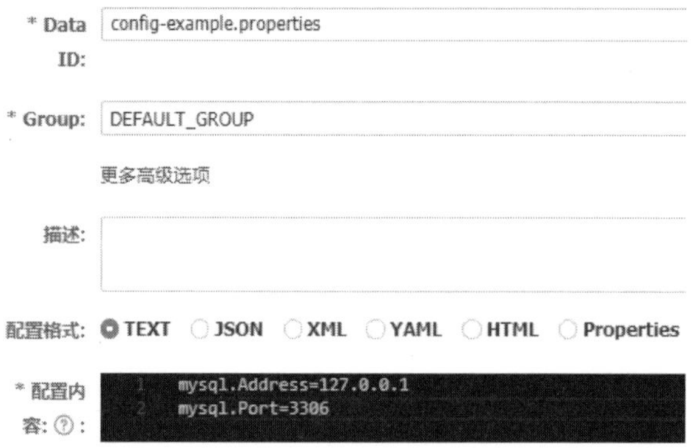

* Data ID: config-example.properties
* Group: DEFAULT_GROUP
更多高级选项
描述:
配置格式: TEXT JSON XML YAML HTML Properties
* 配置内容: mysql.Address=127.0.0.1 mysql.Port=3306

图 12-10　新建配置信息

Nacos 的配置规则如下。

- Data ID：填写规则为 bootstrap. properties（bootstrap. yml）里的 application.name + profiles.active + file-extension。
- Group：使用默认值即可。
- 配置格式：目前只支持 YAML 和 Properties 方式，选择和 Data ID 后缀匹配的格式。
- 配置内容：填写具体的配置内容。

12.6.4　测试动态刷新

（1）启动项目，访问 http://localhost:8088/getProperties 即可获取到配置在配置中心的配置。

（2）在 12.6.2 节的接口类中添加注解@RefreshScope。

（3）重启项目。

（4）访问 http://localhost:8088/getProperties，获取到的配置信息是“127.0.0.1 3306”。

（5）在 Nacos 配置中心中将配置内容修改为如下：

```
mysql.Address=127.0.0.1
mysql.Port=3308
```

（6）再次访问 http://localhost:8088/getProperties，获取到的配置信息是“127.0.0.1 3308”。

可以看出在没有重启客户端的情况下，Nacos 动态刷新了客户端的配置信息。

12.6.5　测试配置回滚

因为在 12.6.4 节修改过配置信息，所以存在了配置的历史版本。我们可以通过历史版本来回滚配置，具体步骤为：

（1）在控制中心的配置列表中，单击 Data Id 为“config-example.properties”后面的操作栏的“更多”按钮。

（2）在弹出的按钮中单击“历史版本”按钮。

（3）在弹出的界面中选中相应的版本，单击“回滚”按钮。

（4）在弹出的界面中单击“确认”按钮回滚到历史版本。

12.7　实例 34：用 Nacos 存储 Sentinel 的限流规则

本实例介绍如何用 Nacos 存储和修改 Sentinel 的限流规则。

代码　本实例的源码在本书配套资源的“/Chapter12/Sentinel-Datasource-Nacos”目录下。

12.7.1　添加依赖和配置

1. 添加依赖

要使用 Nacos 储存配置规则，需要添加 Sentinel 的 Nacos 数据源的依赖、Sentinel 的依赖和 Web 的依赖，见以下代码：

```
<!--Sentinel 的依赖-->
<dependency>
<groupId>org.springframework.cloud</groupId>
<artifactId>spring-cloud-starter-alibaba-sentinel</artifactId>
<version>0.2.2.RELEASE</version>
</dependency>
<!--Sentinel 的 Nacos 数据源的依赖-->
<dependency>
<groupId>com.alibaba.csp</groupId>
<artifactId>sentinel-datasource-nacos</artifactId>
<version>1.6.3</version>
</dependency>
<!--Web 的依赖-->
```

```
<dependency>
<groupId>org.springframework.boot</groupId>
<artifactId>spring-boot-starter-web</artifactId>
</dependency>
```

这里一定要注意版本对应，否则功能可能不会生效。

2. 添加客户端配置

添加 Sentinel 的控制的地址、Nacos 的地址，并自定义 Nacos 中的 dataId 和 groupId，见以下代码：

```
spring.application.name=Sentinel-Datasource-Nacos
server.port=8088
# Sentinel 控制台的地址
spring.cloud.sentinel.transport.dashboard=localhost:8080
#Nacos 的地址
spring.cloud.sentinel.datasource.ds.nacos.server-addr=localhost:8848
#自定义 Nacos 中存储规则的 dataId
spring.cloud.sentinel.datasource.ds.nacos.dataId=${spring.application.name}
#自定义 Nacos 中存储规则的 groupId
spring.cloud.sentinel.datasource.ds.nacos.groupId=DEFAULT_GROUP
#定义存储的规则类型为 flow。
spring.cloud.sentinel.datasource.ds.nacos.rule-type=flow
```

这里的 Nacos 地址不是用“spring.cloud.nacos.discovery.server-addr= localhost:8848”标识的。

12.7.2 自定义埋点

在启动类中自定义埋点需加入以下代码：

```
@RestController
public class TestController {
@GetMapping(value = "/hello")
//自定义埋点
@SentinelResource("hello")
public String hello() {
return "Hello Sentinel Demo";
}
}
```

12.7.3 添加 Nacos 配置

在 Nacos 中添加如图 12-11 所示的配置信息。

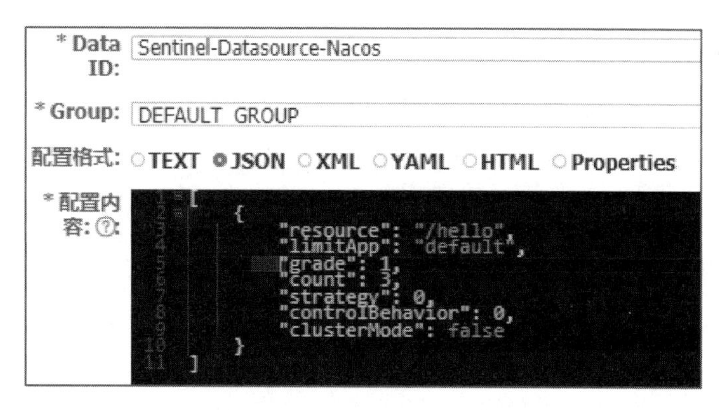

图 12-11　在 Nacos 中添加配置

这里的 DataID、Group 是客户端在配置文件中自定义的。在图 12-11 中配置的规则是一个数组类型 JSON，每个对象中的属性解释如下。

- resource：资源名，即限流规则的作用对象。
- limitApp：流控针对的调用来源。若为“default”，则不区分调用来源。
- grade：限流阈值类型（QPS 或并发线程数）。0 代表根据并发数量来限流，1 代表根据 QPS 来进行流量控制。
- count：限流阈值。
- strategy：调用关系限流策略。
- controlBehavior：流量控制效果，有 3 个选项：直接拒绝、Warm Up、匀速排队。
- clusterMode：是否为集群模式。

上述规则对应 Sentinel 控制台中的规则，如图 12-12 所示。

图 12-12　图 12-11 中 Nacos 配置内容对应（等价）的 Sentinel 控制台规则

12.7.4　测试配置的持久化

（1）确保启动了 Nacos、Sentinel 和自己编写的客户端。

（2）访问 http://localhost:8088/hello，并多次高频刷新。如果出现“Blocked by Sentinel (flow limiting)”的信息，则代表配置成功。

（3）来到 Sentinel 流控规则界面，可以看到在 Nacos 中配置的限流规则。

（4）在 Sentinel 中修改限流规则，比如修改单机阈值为 10。

（5）重启客户端，会发现 Sentinel 中的限流阈值被刷新为 3，代表修改并未持久化。

（6）在 Nacos 中修改 count 的值为 20，然后访问“http://localhost:8088/hello”。

（7）进入 Sentinel 流控规则界面，可以看到阈值变成了 20。

由上面的过程和结果可知：

- 如果在 Sentinel 控制台中修改规则，则修改的规则仅存在于服务的内存中，Nacos 中的配置值不会发生变化，重启后 Sentinel 会恢复为 Nacos 中的配置值。
- 如果在 Nacos 控制台中修改规则，则服务的内存中的规则会更新，且重启后依然保持，说明持久化成功。

12.8 实例 35：实现 Nacos 的数据持久化和集群

本实例演示如何实现 Nacos 的数据持久化和集群。

12.8.1 实现 Nacos 的数据持久化

默认情况下，Nacos 使用嵌入式数据库实现数据的存储。如果启动了多个默认配置的 Nacos 节点，则数据存储会存在一致性问题。为了解决这个问题，Nacos 采用集中式存储的方式来支持集群化部署，目前只支持 MySQL 存储。所以，在搭建 Nacos 集群之前，需要先修改 Nacos 的数据持久化配置为 MySQL 存储。

很多人认为采用 MySQL 集中化存储不够好，因为分布式系统采用集中化的 MySQL 存储会存在集中化问题。但可以用集群来解决这个问题。

配置 Nacos 的 MySQL 存储需要以下三步：

（1）安装数据库。MySQL 版本应高于 5.6.5 版本。

（2）创建数据库一个名为“nacos_config”的数据库。字符编码要求 UTF-8，排序规则是 utf8_bin。

（3）初始化 MySQL 数据库，数据库初始化的文件是 nacos-mysql.sql，该文件可以在 Nacos 程序包下的 conf 目录下获得，如图 12-13 所示。执行完成后可以得到如图 12-14 所示的表结构。

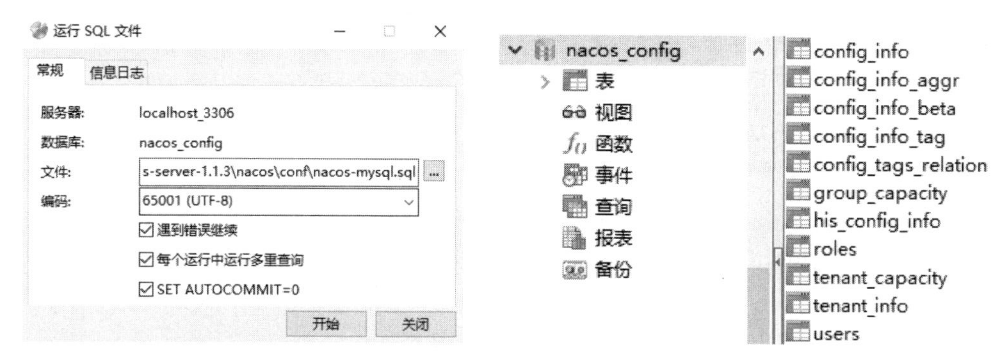

图 12-13　nacos-mysql.sql 的文件位置　　图 12-14　执行 nacos-mysql.sql 后创建的表

（4）修改 conf/application.properties 文件，增加支持 MySQL 数据源配置，添加数据源的 URL、用户名和密码。代码如下：

```
#spring.datasource.platform 默认为打开状态
#spring.datasource.platform=mysql
db.num=1
#配置据源的 URL、用户名和密码
db.url.0=jdbc:mysql://localhost:3306/nacos_config?characterEncoding=utf8&connectTimeout=1000&sock
etTimeout=3000&autoReconnect=true
db.user=root
db.password=root
```

至此 Nacos 数据存储到 MySQL 的配置工作就完成了。

12.8.2　部署集群

在完成了数据源配置后，即可部署 Nacos 的集群了。本实例的集群部署如图 12-15 所示。

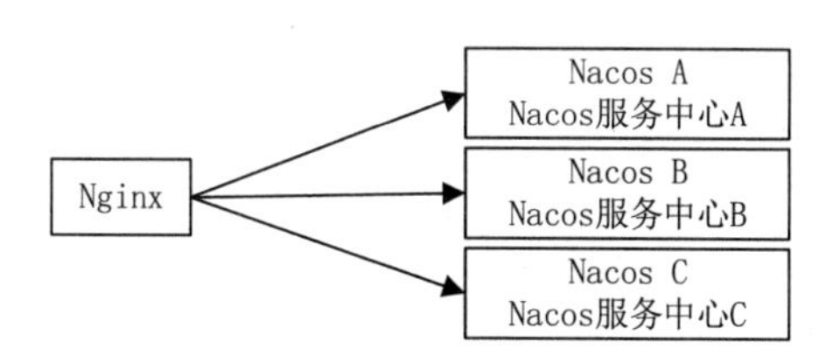

图 12-15　集群部署图

1. 模拟 3 个 Nacos 中心

（1）将 nacos/bin 目录下的“startup.cmd” 复制两份，分别命名为“startup8849.cmd”“startup8850.cmd”。

（2）在“startup8849.cmd”文件的第 45 行中增加如图 12-16 所示代码，以改变 Nacos 端口。完成添加后保存文件。

```
45  set "JAVA_OPT=%JAVA_OPT% -Dserver.port=8849"
46  if %MODE% == "standalone" (
47      set "JAVA_OPT=%JAVA_OPT% -Xms512m -Xmx512m -Xmn256m"
48      set "JAVA_OPT=%JAVA_OPT% -Dnacos.standalone=true"
49  ) else (
```

图 12-16　改变 Nacos 端口

（3）在“startup8850.cmd”文件的第 45 行中增加以下所示代码，以改变 Nacos 端口。完成添加后保存文件。

```
set "JAVA_OPT=%JAVA_OPT% -Dserver.port=8850"
```

（4）在 nacos/bin 目录下有了 3 个启动配置文件。分别单击这 3 个文件，将以不同端口启动 Nacos，从而模拟 3 个 Nacos“服务中心”。

2. 创建集群配置文件

（1）复制 Nacos 的 conf 目录的 cluster.conf.example，然后更名为“cluster.conf”。

（2）在 cluster.conf 中保存要部署的 Nacos 实例地址。添加以下代码：

```
127.0.0.1:8848
127.0.0.1:8849
127.0.0.1:8850
```

上面 3 个地址分别对应前面模拟的 3 个 Nacos“服务中心”，格式为“IP:PORT”。

3. 配置 Nginx

（1）在 Nginx 配置文件中的 http 节点下添加 upstream 节点，见以下代码：

```
upstream nacosserver{
server 127.0.0.1:8848;
server 127.0.0.1:8849;
server 127.0.0.1:8850;
}
```

（2）将 server 节点下的 location 节点中的 proxy_pass 配置为“http:// + upstream 名称”，即 http://nacosserver，见以下代码：

```
#定义代理
location / {
root    html;
index    index.html index.htm;
#对应 upstream 的配置
proxy_pass http://nacosserver;
 }
```

现在负载均衡初步完成了。upstream 代表按照轮询（默认）方式进行负载，每个请求按时间顺序逐一分配到不同的后端服务器，如果后端服务器宕机则能将其自动剔除。这种方式简便、成本低廉，但缺点是可靠性低、负载分配不均衡。这种方式适用于图片服务器集群和纯静态页面服务器集群。

对于 Nginx 还可以指定权重，见以下代码：

```
upstream nacosserver{
server 127.0.0.1:8848 weight=5;
server 127.0.0.1:8849 weight=10;
server 127.0.0.1:8850 weight=3;
}
```

或者按照 IP 地址来做负载均衡，见以下代码：

```
  upstream nacosserver{
    ip_hash;
server 127.0.0.1:8848;
server 127.0.0.1:8849;
server 127.0.0.1:8850;
}
```

upstream 还可以为每个设备设置状态值，这些状态值的含义如下。

- down：该 Server 暂时不参与负载服务。
- weight：其默认值为 1。该值越大，负载的权重就越大。
- max_fails：允许请求失败的次数，默认值为 1。当超过最大次数时，返回在 proxy_next_upstream 模块中定义的错误。
- fail_timeout：在达到 max_fails 中设置的失败次数后暂停的时间。
- backup：备用的 Server。

第 13 章

用Spring Cloud Security实现微服务安全

在 Spring Cloud 框架中，用 Spring Cloud Security 实现微服务安全是一种最优选择。

本章首先对 Spring Security 与 Spring Cloud Security 进行了介绍和比较，然后介绍如何用 Spring Security 实现安全认证和授权，最后介绍如何用 Spring Cloud Security 提供的 OAuth 2.0 协议实现认证和授权。

13.1 认识 Spring Security 与 Spring Cloud Security

13.1.1 Spring Security

Spring Security 提供了一套完整的声明式安全访问控制解决方案。它基于 Spring AOP 和 Servlet 过滤器，所以只能服务基于 Spring 的应用程序。除常规认证和授权外，它还提供 ACLs、LDAP、JAAS、CAS 等高级安全特性以满足复杂环境中的安全需求。

1. 核心概念

要了解 Spring Security，首先需要知道它的 3 个核心概念。

- Principle：代表用户的对象 Principle，不仅指人类，还包括一切可以用于验证的设备。
- Authority：代表用户的角色 Authority，每个用户都应该有一种角色，如管理员或是会员。
- Permission：代表授权，需要对角色的权限进行表述。

在 Spring Security 中，Authority 和 Permission 是两个完全独立的概念，两者没有必然的联系。它们之间需要通过配置进行关联。可以定义它们之间的关系，这样可以增加灵活性，以满足几乎所有场景的安全需求。

2. 认证和授权

安全方案的实现通常分为认证（Authentication）和授权（Authorization）两个部分。

（1）认证（Authentication）。

认证是建立系统使用者信息（Principal）的过程。使用者可以是一个用户、设备和可以在应用程序中执行某种操作的其他系统。认证一般要求用户提供用户名和密码，系统通过校验用户名和密码的正确性来完成通过或拒绝。

Spring Security 支持主流的认证方式，有 HTTP 基本认证、HTTP 表单验证、HTTP 摘要认证、OpenID 和 LDAP 等。

Spring Security 进行验证的步骤如下：

①用户使用用户名和密码登录。

②过滤器（UsernamePasswordAuthenticationFilter）获取到用户名密码，然后将它们封装成 Authentication。

③AuthenticationManager 认证 Token（由 Authentication 的实现类传递）。

④AuthenticationManager 认证成功，返回一个封装了用户权限信息的 Authentication 对象，其中包含用户的上下文信息（角色列表等）。

⑤将 Authentication 对象赋值给当前的 SecurityContext，建立这个用户的安全上下文。（通过调用 SecurityContextHolder.getContext().setAuthentication()）。

⑥用户进行一些受到访问控制机制保护的操作，访问控制机制会依据当前安全上下文信息来检查这个操作所需的权限。

除利用提供的认证外，还可以编写自己的 Filter，提供与那些不是基于 Spring Security 的验证系统的操作。

（2）授权（Authorization)。

在设计科学的系统中，不同用户（组）具有的权限是不同的。系统会为不同的用户分配不同的角色，而每个角色对应一系列的权限。授权系统会判断某个 Principal 在应用程序中是否允许执行某个操作。在进行授权判断之前，授权系统所要使用到的规则必须在验证过程中已经建立好。

对 Web 资源的保护，最好的办法是使用过滤器（Filter）。对方法调用的保护，最好的办法是使用 AOP。Spring Security 在进行用户认证以及授予权限时，也是通过各种过滤器和 AOP 来控制权限的访问，从而实现安全。

要注意的是，认证/授权最好是一个公共的服务，而不是系统各个模块各自重复建设。

3. Spring Security 的组件

Spring Security 的组件见表 13-1。

表 13-1　Spring Security 的组件

组　件	说　明
spring-security-acl	提供领域模型和对象级别的权限控制
spring-security-aspects	定义@Secured、@PreAuthorize、@PostAuthorize、@PreFilter、@PostFilter 这几个注解的切面
spring-security-cas	对接 Apereo CAS
spring-security-config	配置模块
spring-security-core	核心模块，提供领域模型、顶级接口的定义
spring-security-crypto	Crypto 工具包
spring-security-data	与 JPA 整合，提供在 Repository 层使用 Spring Security 认证的能力
spring-security-itest	集成测试支持
spring-security-ldap	对认证数据存储在 Ldap 中的场景提供支持
spring-security-messaging	为 Websocket 认证提供支持
spring-security-oauth2	在 Spring Security 构建基于 Spring 的 Web 应用时提供 Oauth 支持，它包含 3 个模块：spring-security-oauth、spring-security-oauth2 和 spring-security-jwt。
spring-security-openid	提供 Openid 协议支持
spring-security-remoting	提供 DNS、HttpInvoker 和 RMI 支持
spring-security-test	提供单元测试支持
spring-security-web	为 Web 应用的安全提供整套的解决方案，包括 CSRF、Session 等
spring-security-webflux	为 Spring WebFlux 提供支持
spring-security-saml	Spring Security 的 SAML 扩展
spring-security-kerberos	对接 Kerberos
spring-vault	为授权信息存储在 Vault 的应用场景提供支持
spring-common-security-config	为在 Spring Cloud Data Flow/Skipper 中使用 Spring Security 提供支持

13.1.2　Spring Cloud Security

Spring Cloud Security 用于构建微服务的安全应用程序和服务，它可以轻松实现微服务系统架构下的统一安全认证与授权。

Spring Cloud Security 有以下组件。

- spring-cloud-security：为 Zuul、Feign、Oauth 2.0 的 Resource Server 的 Token 中继提供支持。
- spring-cloud-starter-security：管理在 Spring Cloud 中使用 Spring Security 的依赖。
- spring-cloud-starter-oauth2：管理在 Spring Cloud 中使用 Spring Security Oauth2 的依赖。

13.2　认识 OAuth 2.0

13.2.1　OAuth 2.0 概述

OAuth 2.0 是一个标准的授权协议。实际上它是用户资源和第三方应用之间的一个中间层，把资源和第三方应用隔开，使得第三方应用无法直接访问资源，第三方应用要访问资源需要通过提供凭证获得 OAuth 2.0 授权，从而起到保护资源的作用。

如果资源所有者允许第三方访问资源，则可以将用户名和密码告诉第三方应用，让第三方应用直接以资源所有者的身份进行访问。还可以不提供用户名和密码，而通过授权的方式让第三方应用进行访问。

比如，微信公众号授权提醒就是 OAuth 2.0 的一个应用场景。页面弹出一个提示框提示需要获取我们的个人信息。如果我们单击“确认”按钮，则授权第三方应用获取我们在微信公众平台中的个人信息。图 13-1 是微信获取 OAuth 2.0 授权的界面。

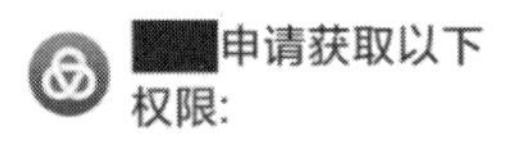

图 13-1　Oauth 2.0 应用的例子

1. Oauth 2.0 的角色

在 OAuth 2.0 的认证与授权过程中，主要涉及以下 4 种角色。

（1）授权服务提供方（Authorization Server）。它是安全服务器，进行访问的认证和授权。

（2）资源所有者（Resource Owner）。一般情况下，用户就是资源的所有者，比如用户的头像、照片、名称和手机号等私有数据。

（3）资源服务器（Resource Server）。存放用户资源的服务器。

（4）客户端（Client）。它可以是任何第三方应用，与授权和资源服务提供方无关。在用户授权第三方获取用户私有资源后，第三方通过获取到的 Token 等信息通过授权服务器认证，然后去资源服务器获得资源。

2. OAuth 2.0 的运行流程

OAuth 2.0 的运行流程如图 13-2 所示。

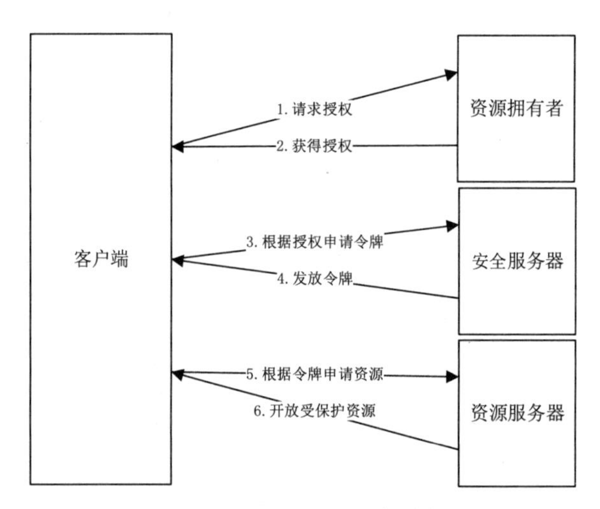

图 13-2 Oauth 2.0 运行流程

（1）用户打开客户端，客户端要求用户给予授权。

（2）用户同意给客户端授权。

（3）客户端使用上一步获得的授权向安全服务器申请令牌。

（4）安全服务器对客户端进行认证，在确认无误后发放令牌。

（5）客户端使用令牌向资源服务器申请获取资源。

（6）资源服务器确认令牌无误，向客户端开放资源。

13.2.2 客户端的授权模式

客户端必须得到用户的授权（Authorization Grant）才能获得令牌（Access Token）。OAuth 2.0 定义了 4 种授权方式。

- 密码模式（Resource Owner Password Credentials Grant）。
- 客户端模式（Client Credentials Grant）。

- 简化模式（Implicit Grant）。
- 授权码模式（Authorization Code Grant）。

1. 密码模式

在密码模式中，用户向客户端提供自己的用户名和密码。客户端使用这些信息向“服务商提供商”申请授权。运行过程如图 13-3 所示。

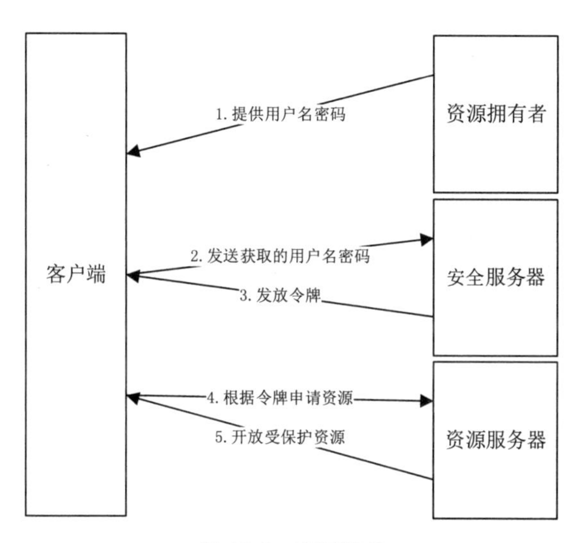

图 13-3　密码模式

在这种模式中，用户必须把自己的密码给客户端，这就存在安全隐患，不能保证客户端不存储用户密码。所以这种模式通常用在用户对客户端高度信任的情况下，比如客户端是操作系统或者由一个著名公司出品。一般只有在其他授权模式无法执行的情况下，才考虑使用这种模式。

具体运行过程如下：

（1）用户向客户端提供用户名和密码。

（2）客户端将用户名和密码发给安全服务器，向其请求令牌。

客户端发出的 HTTP 请求中包含以下参数。

- grant_type：授权类型，此处的值固定为“password”，必选项。
- username：用户名，必选项。
- password：用户的密码，必选项。
- scope：权限范围，可选项。

（3）安全服务器确认无误后向客户端提供访问令牌。

2. 客户端模式

客户端模式指，客户端以自己的名义向“安全服务器”进行认证。这种模式不存在授权问题。运行过程如图 13-4 所示。

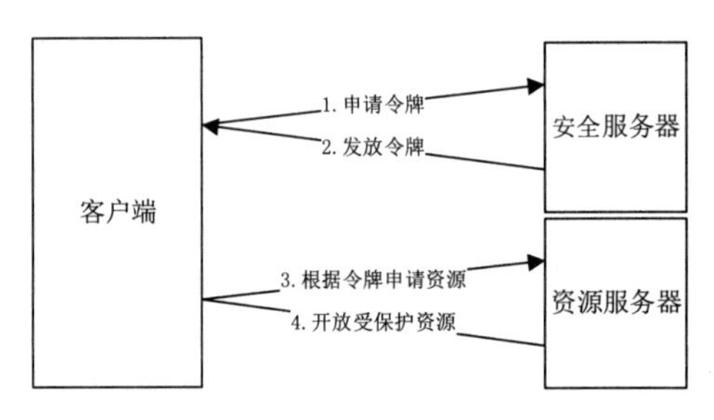

图 13-4　客户端模式

（1）客户端向安全服务器进行身份认证，并申请一个访问令牌。

客户端发出的 HTTP 请求中包含以下参数。

- granttype：授权类型，此处的值固定为“clientcredentials”，必选项。
- scope：权限范围，可选项。

（2）安全服务器确认无误后向客户端提供访问令牌。

3. 简化模式

简化模式指，客户端不通过第三方应用程序的服务器，直接在浏览器中向安全服务器申请令牌。所有步骤都在浏览器中完成，令牌对访问者是可见的，且客户端不需要认证。运行过程如图 13-5 所示。

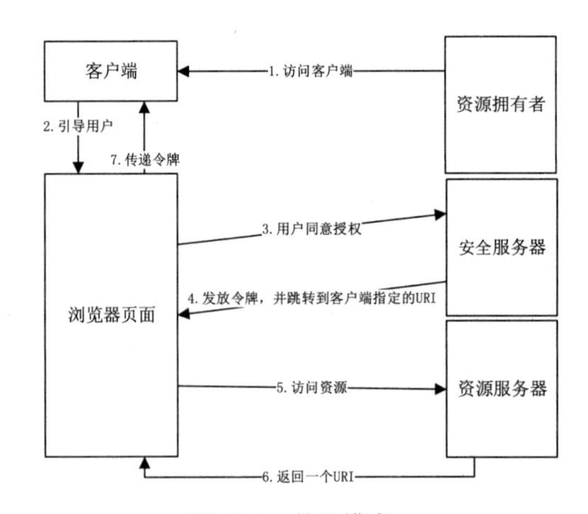

图 13-5　简化模式

（1）客户端通过浏览器将用户导向安全服务器。

客户端发出的 HTTP 请求中包含以下参数。

- response_type：授权类型，此处的值固定为“token”，必选项。
- client_id：客户端的 ID，必选项。
- redirect_uri：重定向的 URI，可选项。
- scope：权限范围，可选项。
- state：客户端的当前状态，可以指定任意值，安全服务器会原封不动地返回这个值。注意，这个参数必须填写，否则会存在 CSRF 漏洞。安全服务器在将用户代理重定向时会带上该参数。

（2）用户决定是否授权客户端。

（3）如果用户给予授权，则安全服务器将用户导向客户端指定的“重定向 URI”，并在该 URI 的 Hash 参数值部分包含访问令牌。

安全服务器回应客户端的 URI 中包含以下参数。

- access_token：访问令牌，必选项。
- token_type：令牌类型，该值大小写不敏感，必选项。
- expires_in：过期时间，单位为秒。如果省略该参数，则必须使用其他方式设置过期时间。
- scope：权限范围，如果与客户端申请的范围一致，则此项可省略。
- state：如果在客户端的请求中包含这个参数，则在安全服务器的回应中也必须一模一样包含这个参数。

（4）客户端通过浏览器向资源服务器发出请求，其中不包括上一步收到的 Hash 值。

（5）资源服务器返回一个网页，其中包含的代码可以获取 Hash 值中的令牌。

（6）浏览器执行上一步获得的脚本，提取出令牌。

（7）浏览器将令牌传送给客户端。

4. 授权码模式

在授权码模式中，客户端是通过其后台服务器与安全服务器进行交互的。运行过程如图 13-6 所示。

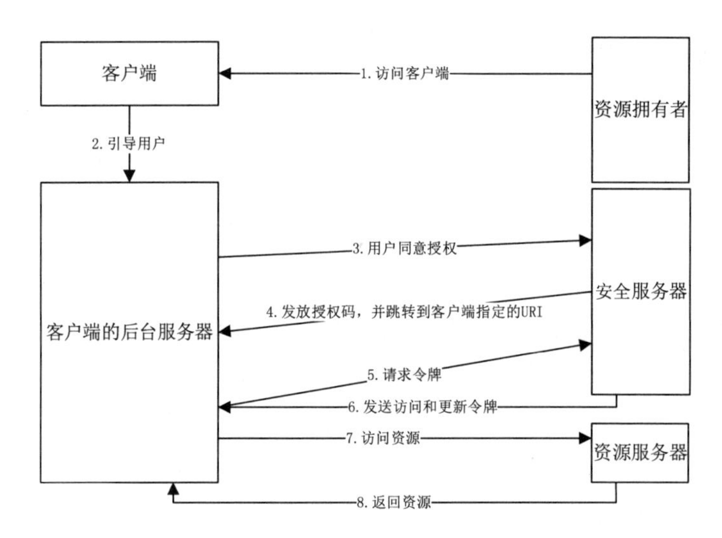

图 13-6　授权码模式

（1）用户访问客户端。

（2）客户端将用户导向安全服务器。

客户端申请认证的 URI 中包含以下参数。

- response_type：授权类型，必选项，此处的值固定为“code”。
- client_id：客户端的 ID，必选项。
- redirect_uri：重定向 URI，可选项。
- scope：申请的权限范围，可选项。
- state：客户端的当前状态，可以指定任意值，安全服务器会原封不动地返回这个值。这个参数应该填写，建议 state 参数用动态数据，否则会存在 CSRF 漏洞。

（3）用户选择是否给客户端授权。

（4）如果用户同意授权，则安全服务器会将用户导向到客户端事先指定的“重定向 URI”（Redirection URI），并附上一个授权码。

服务器回应客户端的 URI 中包含以下参数。

- code：授权码，必选项。该码的有效期应该很短，通常为几分钟。客户端只能使用该码一次，否则会被授权服务器拒绝。该码与客户端 ID 和重定向 URI 是对应关系。
- state：如果在客户端的请求中包含这个参数，则安全服务器的回应也必须一模一样包含这个参数。

（5）客户端收到授权码，附上“重定向 URI”，向安全服务器申请令牌。

客户端向安全服务器申请令牌的 HTTP 请求中包含以下参数。

- grant_type：使用的授权模式，必选项。授权码模式的值为“authorization_code”。
- code：上一步获得的授权码，必选项。
- redirect_uri：重定向 URI，必选项，且必须与步骤（2）中的该参数值保持一致。
- client_id：客户端 ID，必选项。

（6）安全服务器核对授权码和重定向 URI，确认无误后向客户端发送访问令牌（access token）和更新令牌（refresh token）。

安全服务器发送的 HTTP 回复中包含以下参数。

- access_token：访问令牌，必选项。
- token_type：令牌类型，该值大小写不敏感，必选项，可以是 Bearer 等类型。
- expires_in：过期时间，单位为秒。
- refresh_token：更新令牌，可选项。
- scope：权限范围。如果其范围与客户端申请的范围一致，则此项可省略。

如果在用户访问时客户端的“访问令牌”已经过期，则用户需要用更新令牌申请一个新的访问令牌。

客户端发出更新令牌的 HTTP 请求中包含以下参数。

- granttype：使用的授权模式。必选项。
- refresh_token：刷新令牌。通过以上授权获得的刷新令牌来获取新的令牌，必选项。
- scope：申请的授权范围，不可以超出上一次申请的范围。如果省略该参数，则表示与上一次一致。

13.3 Spring Cloud Security 如何实现 OAuth 2.0

13.3.1 认识 Oauth 2.0 服务提供端

在 OAuth 2.0 中，服务提供端分成“授权服务”和“资源服务”两个角色。服务提供端负责将受保护的资源暴露出去，服务提供端是通过管理和验证 OAuth 2.0 令牌来对资源进行保护和认证的。

通过 Spring Security Oauth 2.0 可以将“授权服务”和“资源服务”两个角色放在一个应用程序中，或者分别放在多个应用程序中，还可以配置多个资源服务。获取令牌（Tokens）的请求是由 Spring MVC 的控制器端点来处理的，访问受保护的资源是通过标准的 Spring Security 请求过滤器来处理的。

Spring Security 过滤器实现 OAuth 2.0 授权服务器必须提供以下两个端点。

- AuthorizationEndpoint：用于授权服务请求。默认的 URL 是：/oauth/authrize。
- TokenEndpoint ：用于获取访问令牌（Access Tokens）的请求。默认的 URL 是：/oauth/token。

13.3.2 配置授权服务器

配置“授权服务器”（Authorization Server）的目的是：提供 Client Detail 和 Token 服务，启用/禁用全局的某些机制。

在 Spring Cloud Security 中，可以使用注解@EnableAuthorizationServer 来使用默认的授权服务器，也可以自定义，要自定义授权服务器，首先要了解 AuthorizationServerConfigurerAdapter 类。该类见以下代码：

```
public class AuthorizationServerConfigurerAdapter implements AuthorizationServerConfigurer {
    public AuthorizationServerConfigurerAdapter() {
    }
    public void configure(AuthorizationServerSecurityConfigurer security) throws Exception {
    }
    public void configure(ClientDetailsServiceConfigurer clients) throws Exception {
    }
    public void configure(AuthorizationServerEndpointsConfigurer endpoints) throws Exception {
    }
}
```

上述 3 个方法的作用如下。

1. ClientDetailsServiceConfigurer()方法

它用来配置客户端详情信息。该方法包含以下属性。

- clientId：用来标识客户的 ID，此属性必须配置。
- secret：客户端安全码。如果是在 Spring Boot 2.0 中，则必须配置此属性。
- scope：用来限制客户端的访问范围。如果为空（默认），则客户端拥有全部的访问范围。
- authorizedGrantTypes：此客户端可以使用的授权类型。
- authorities：此客户端可以使用的权限（基于 Spring Security authorities）。

下面是一个定义在内存中的客户端信息：

```
@Override
public void configure(ClientDetailsServiceConfigurer clients) throws Exception {
//客户端名
clients.inMemory().withClient("app")
//加密密码。注意：在 Spring Boot 1.0 版本中不需要加密的，但 2.0 版本需要加密
```

```
.secret(passwordEncoder.encode("123456"))
//获取的 Token 里不会有 refresh_token
.authorizedGrantTypes("password")
.scopes("all")
//Token 的有效时间
.accessTokenValiditySeconds(36000)
}
```

当我们在客户端授权获取 Token 时，会用到上面代码中的信息，如图 13-7 所示。

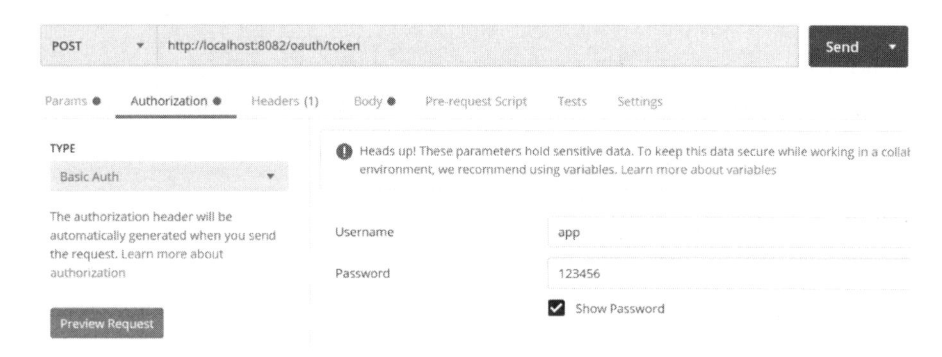

图 13-7　获取 Token 时提交的客户端信息

2. AuthorizationServerSecurityConfigurer()方法

它用来配置令牌端点(Token Endpoint)的安全约束。用法见以下代码：

```
@Override
public void configure(AuthorizationServerSecurityConfigurer security) throws Exception {
/*配置令牌端点(Token Endpoint)的安全约束*/
security.realm(REALM);
security.passwordEncoder(passwordEncoder);
security.allowFormAuthenticationForClients();
security.tokenKeyAccess("isAnonymous()|| hasAuthority('ROLE_TRUSTED_CLIENT')")
security..checkTokenAccess("hasAuthority('ROLE_TRUSTED_CLIENT')");
    }
```

3. AuthorizationServerEndpointsConfigurer()方法

它用来配置授权（Authorization），以及令牌（Token）的访问端点和令牌服务（Token Services）。用法见以下代码：

```
public void configure(AuthorizationServerEndpointsConfigurer endpoints) throws Exception {
/*在使用 OAuth 2.0 的密码模式时需要配置 authenticationManager*/
endpoints.authenticationManager(authenticationManager);
endpoints.tokenStore(tokenStore())
/*在配置 tokenStore 时需要配置 userDetailsService，否则 refresh_token 会报错*/
```

```
.userDetailsService(userSecurityService);
}
```

13.3.3 配置资源服务器

“资源服务器”（Resource Server）提供被 OAuth 2.0 令牌保护的资源。Spring Security OAuth 2.0 提供了一个 Spring Security 授权过滤器来实现保护资源的功能。在配置类（使用注解@Configuration 标识）中，可以使用注解@EnableResourceServer 来开启/关闭过滤器，即把一个 OAuth2AuthenticationProcessingFilter 类型过滤器添加到 Spring Security 过滤链中。通过 ResourceServerConfigurerAdapter 提供的方法来配置，见以下代码：

```
/*配置受保护资源的访问规则*/
public void configure(ResourceServerSecurityConfigurer resources) throws Exception {
    }
/*添加资源服务器的特殊属性，比如资源 ID（resource id）*/
    public void configure(HttpSecurity http) throws Exception {
        ((AuthorizedUrl)http.authorizeRequests().anyRequest()).authenticated();
    }
```

13.4 实例 36：用 Spring Security 实现安全认证和授权

本实例演示如何用 Spring Security 实现应用程序的安全认证和授权。

代码 本实例的源码在本书配套资源的“/Chapter13/Security Demo”目录下。

13.4.1 添加依赖和配置数据库

1. 添加依赖

添加 Web、MySQL、JPA、Lombok、Security 的依赖，见以下代码：

```
<!--Web 的依赖-->
<dependency>
<groupId>org.springframework.boot</groupId>
<artifactId>spring-boot-starter-web</artifactId>
</dependency>
<!--MySQL 的依赖-->
<dependency>
<groupId>mysql</groupId>
<artifactId>mysql-connector-java</artifactId>
<scope>runtime</scope>
</dependency>
<!--JPA 的依赖-->
```

```
<dependency>
<groupId>org.springframework.boot</groupId>
<artifactId>spring-boot-starter-data-jpa</artifactId>
</dependency>
<!--Lombok 的依赖-->
<dependency>
<groupId>org.projectlombok</groupId>
<artifactId>lombok</artifactId>
</dependency>
<!--Spring Security 的依赖-->
<dependency>
<groupId>org.springframework.boot</groupId>
<artifactId>spring-boot-starter-security</artifactId>
</dependency>
```

2. **添加数据库配置信息**

配置 MySQL 数据库的连接信息，见以下代码：

```
#配置 datasource 信息。127.0.0.1 代表数据库地址；scdemo 代表数据库名
spring.datasource.url=jdbc:mysql://127.0.0.1/scdemo?useUnicode=true&characterEncoding=utf-8&server
Timezone=UTC&useSSL=true
#用户名
spring.datasource.username=root
#密码
spring.datasource.password=root
#驱动程序
spring.datasource.driver-class-name=com.mysql.jdbc.Driver
spring.jpa.properties.hibernate.hbm2ddl.auto=update
spring.jpa.properties.hibernate.dialect=org.hibernate.dialect.MySQL5InnoDBDialect
spring.jpa.show-sql= true
spring.thymeleaf.cache=false
server.port=8082
```

13.4.2　创建用户实体类

接下来创建用户实体类。注意，需要重写以下代码中的几个方法，否则会报用户名和密码错误。具体见以下代码：

```
/**用户实体类*/
@Entity
@Data
public class User implements UserDetails {
    @Id
    @GeneratedValue
    private long id;
```

```
    @Column(nullable = false, unique = true)
    private String username;
    private String password;

    @Override
    public Collection<? extends GrantedAuthority> getAuthorities() {
        return null;
    }
    @Override
    public boolean isAccountNonExpired() {
        return true;
    }
    @Override
    public boolean isAccountNonLocked() {
        return true;
    }
    @Override
    public boolean isCredentialsNonExpired() {
        return true;
    }
    @Override
    public boolean isEnabled() {
        return true;
    }
}
```

13.4.3 实现用户注册和密码加密

这里采用的是 BCrypt 加密方式，所以只需用 encode()方法对用户提交的密码进行加密即可，见以下代码：

```
@RestController
@RequestMapping("/user")
public class UserController {
    @Autowired
    private UserRepository userRepository;
    @GetMapping()
    public List<User> get() {
        return userRepository.findAll();
    }
    @GetMapping("/register")
public ResponseEntity<ResponseData> register(User user) {
//采用的是 BCrypt 加密方式加密
        BCryptPasswordEncoder encoder = new BCryptPasswordEncoder();
        user.setPassword(encoder.encode(user.getPassword()));
```

```
        return ResponseEntity.ok(new ResponseData(userRepository.save(user)));
    }
}
```

13.4.4　自定义认证管理器

自定义认证管理器需要继承 UserDetailsService 类，见以下代码：

```
public class UserSecurityService implements UserDetailsService {
    @Autowired
    private UserRepository userRepository;
    @Override
    public UserDetails loadUserByUsername(String name) throws UsernameNotFoundException {
         User user = userRepository.findByUsername(name);
        if (user == null) {
            throw new UsernameNotFoundException("用户名不存在");
        }
        return user;
    }
}
```

13.4.5　实现 Spring Security 配置类

继承 WebSecurityConfigurerAdapter 实现 Spring Security 配置类，见以下代码：

```
//指定为配置类
@Configuration
//指定为 Spring Security 配置类，启动 Spring Security 支持
@EnableWebSecurity
public class SecurityConfig extends WebSecurityConfigurerAdapter {
    @Autowired
    private AuthenticationSuccessHandler myAuthenticationSuccessHandler;
    @Autowired
    private AuthenticationFailureHandler myAuthenticationFailHander;

    @Bean
public PasswordEncoder passwordEncoder() {
//用 BCrypt 方式加密
        return new BCryptPasswordEncoder();
    }

    @Override
    protected void configure(HttpSecurity http) throws Exception {
        http.antMatcher("/user/**")
.formLogin().usernameParameter("username").passwordParameter("password")
.loginPage("/user/login").successHandler(
```

```
                myAuthenticationSuccessHandler).failureHandler(myAuthenticationFailHander)
                .and()
                .authorizeRequests()
                //登录相关
                .antMatchers("/user/login").permitAll()
                .antMatchers("/user/register").permitAll();
        http.logout().permitAll();
        http.cors().and().csrf().ignoringAntMatchers("/user/**");
        http.logout().logoutUrl("/user/logout").permitAll();
    }

    @Bean
    UserDetailsService UserSecurityService() {
        return new UserSecurityService();
    }

    @Override
    protected void configure(AuthenticationManagerBuilder auth) throws Exception {
        auth.userDetailsService(UserSecurityService()).passwordEncoder(new BCryptPasswordEncoder()
{
        });
    }
}
```

13.4.6 实现登录验证成功处理类

在验证成功后需要对成功后的业务逻辑进行处理，所以需要实现登录验证成功处理类，见以下代码：

```
@Component("myAuthenticationSuccessHandler")
public class MyAuthenticationSuccessHandler
 extends SavedRequestAwareAuthenticationSuccessHandler {
    /*登录验证成功的处理逻辑*/
    @Override
    public void onAuthenticationSuccess(HttpServletRequest httpServletRequest, HttpServletResponse
httpServletResponse, Authentication authentication) throws IOException, ServletException {
        Object principal = SecurityContextHolder.getContext().getAuthentication().getPrincipal();
        if (principal != null && principal instanceof UserDetails) {
            UserDetails user = (UserDetails) principal;
            httpServletResponse.setContentType("application/json;charset=utf-8");
            PrintWriter out = httpServletResponse.getWriter();
            out.write("{\"status\":\"ok\",\"message\":\"登录成功\"}");
            out.flush();
            out.close();
        }
```

```
    }
}
```

13.4.7　实现登录验证失败处理类

在验证失败后需要对失败后的业务逻辑进行处理，所以需要实现登录验证失败处理类，见以下代码：

```
@Component("myAuthenticationFailHander")
public class MyAuthenticationFailHander extends SimpleUrlAuthenticationFailureHandler {
    /*登录验证失败的处理逻辑*/
    @Override
    public void onAuthenticationFailure(HttpServletRequest httpServletRequest, HttpServletResponse
            httpServletResponse, AuthenticationException e) throws IOException, ServletException,
IOException {
        httpServletRequest.setCharacterEncoding("UTF-8");
        // 获得用户名和密码
        String username = httpServletRequest.getParameter("name");
        String password = httpServletRequest.getParameter("password");

        httpServletResponse.setContentType("application/json;charset=utf-8");
        PrintWriter out = httpServletResponse.getWriter();
        out.write("{\"status\":\"error\",\"message\":\"用户名或密码错误\"}");
        out.flush();
        out.close();
    }
}
```

13.4.8　测试注册和登录

（1）通过 Postman 工具来注册用户：提交 username 为“hua”、password 为“123456”的内容到 http://localhost:8082/user/register，如图 13-8 所示。

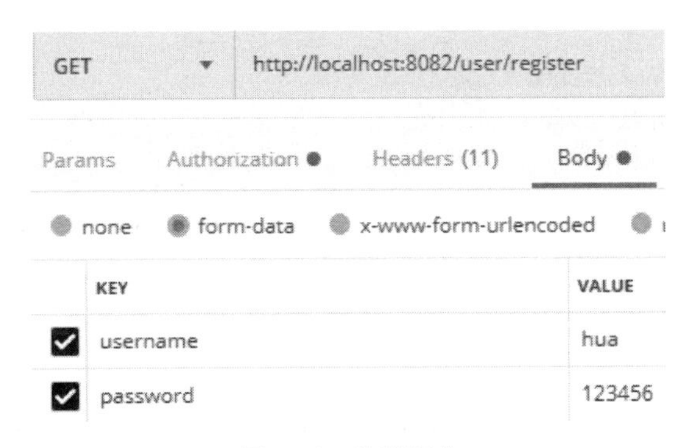

图 13-8　注册用户

提交后返回的信息如下：

```
{
    "object": {
        "id": 17,
        "username": "hua",
        "password": "$2a$10$Mk5.7qhUP1zhm3F41vUFwOe2Zf1wCK8OJSr4vch/UmE.S6Hfj0RA6",
        "enabled": true,
        "authorities": null,
        "accountNonExpired": true,
        "accountNonLocked": true,
        "credentialsNonExpired": true
    }
}
```

（2）用刚提交的用户信息登录 http://localhost:8082/user/login，成功后返回以下信息：

```
{
    "status": "ok",
    "message": "登录成功"
}
```

13.5 实例 37：用 OAuth 2.0 实现认证和授权

本实例演示如何用 OAuth 2.0 实现应用程序的认证和授权。

代码 本实例的源码在本书配套资源的“/Chapter13/Security OAuth2 Demo”目录下。

13.5.1 添加 OAuth 2.0 的依赖

添加 OAuth 2.0 的依赖，见以下代码：

```
<!--OAuth 2.0 的依赖-->
<dependency>
<groupId>org.springframework.cloud</groupId>
<artifactId>spring-cloud-starter-oauth2</artifactId>
</dependency>
```

该依赖包含 spring-cloud-starter-security 和 spring-security-oauth2-autoconfigure 依赖，所以只需添加这一个依赖即可完成安全的认证和授权。

13.5.2 配置认证服务器

（1）开启注解@Configuration、@EnableAuthorizationServer，以配置此类为配置类，并

开启授权服务。

（2）重写 configure(ClientDetailsServiceConfigurer clients)方法，见以下代码：

```
@Configuration
@EnableAuthorizationServer
public class AuthorizationConfig extends AuthorizationServerConfigurerAdapter {

    @Autowired
    private PasswordEncoder passwordEncoder;
    @Autowired
    private AuthenticationManager authenticationManager;

    @Autowired
    private UserSecurityService userSecurityService;

    @Override
    public void configure(AuthorizationServerEndpointsConfigurer endpoints)
            throws Exception {
//在使用 OAuth 2.0 的密码模式时需要配置 authenticationManager
            endpoints.authenticationManager(authenticationManager)
            .userDetailsService(userSecurityService);
    }

    @Override
    public void configure(ClientDetailsServiceConfigurer clients) throws Exception {
        clients.inMemory().withClient("app")
                //在 Spring Boot 1.0 版本中不需要加密的，但在 2.0 版本中需要加密
                .secret(passwordEncoder.encode("123456"))
                //这样写则在获取的 token 里不会有 refresh_token
                .authorizedGrantTypes("password")
                .scopes("all")
                //Token 的有效时间
                .accessTokenValiditySeconds(36000)
                .and()
                .withClient("web")
                .secret(passwordEncoder.encode("123456"))
                //获取的 token 里有 refresh_token
                .authorizedGrantTypes("password", "refresh_token")
                .scopes("all")
                .accessTokenValiditySeconds(36000);
    }
}
```

启动项目后会自动增加以下几个控制器：

- [/oauth/authorize]。
- [/oauth/authorize],methods=[POST]。
- [/oauth/token],methods=[GET]。
- [/oauth/token],methods=[POST]。
- [/oauth/check_token]。
- [/oauth/confirm_access]。
- [/oauth/error]。

13.5.3 配置资源服务器

资源服务器用于管理用户资源。配置方法见以下代码：

```
@Configuration
//启用资源服务器
@EnableResourceServer
//判断用户对某个控制层的方法是否具有访问权限
@EnableGlobalMethodSecurity(prePostEnabled=true)
public class ResourceConfig extends ResourceServerConfigurerAdapter {
    @Override
public void configure(HttpSecurity http) throws Exception {
        /*由于所有接口默认是被资源服务器保护的，所以需要放行注册接口*/
        http.authorizeRequests().antMatchers("/user/register").permitAll();
        }
}
```

13.5.4 实现用户实体类和角色映射

实现继承 UserDetails 接口的用户实体类，来实现认证及授权。见以下代码：

```
/**实现继承 UserDetails 接口的用户实体类*/
@Entity
@Data
public class User implements UserDetails {
    @Id
    @GeneratedValue
    private long id;
    @Column(nullable = false, unique = true)
    private String username;
    private String password;
    //多对多映射
    @ManyToMany(cascade = {CascadeType.REFRESH}, fetch = FetchType.EAGER)
    private List<UserRole> roles;
    //根据自定义逻辑来返回用户权限
    @Override
```

```
    public Collection<? extends GrantedAuthority> getAuthorities() {
        List<GrantedAuthority> authorities = new ArrayList<>();
        for (UserRole role : roles) {
            authorities.add(new SimpleGrantedAuthority(role.getRole()));
            }
        return authorities;
    }

    @Override
    public boolean isAccountNonExpired() {
        return true;
    }

    @Override
    public boolean isAccountNonLocked() {
        return true;
    }

    @Override
    public boolean isCredentialsNonExpired() {
        return true;
    }

    @Override
    public boolean isEnabled() {
        return true;
    }
}
```

13.5.5 实现角色实体类

实现角色实体类，见以下代码：

```
@Entity
//使用 Lombok 插件，以简化代码
@Data
public class UserRole {
    @Id
    @GeneratedValue
    private long id;
    private String role;
    private String name;
}
```

13.5.6 实现测试控制器

构建一个测试控制器，用来测试权限认证和授权的效果，见以下代码：

```
@RestController
@RequestMapping("/user")
public class UserController {
    @Autowired
    private UserRepository userRepository;

    @GetMapping()
    public List<User> userList() {
        return userRepository.findAll();
    }

    @PreAuthorize("hasAuthority('ROLE_admin')")
    @GetMapping("/testauthority")
    public String testauthority() {
        return "admin 权限可以查看";
    }

    @PreAuthorize("hasRole('admin')")
    @GetMapping("/testrole")
    public String testrole() {
        return "角色 ROLE_admin 可以查看";
    }
    @GetMapping("/register")
    public ResponseEntity<ResponseData> register(User user) {
        BCryptPasswordEncoder encoder = new BCryptPasswordEncoder();
        user.setPassword(encoder.encode(user.getPassword()));
        return ResponseEntity.ok(new ResponseData(userRepository.save(user)));
    }
}
```

13.5.7 测试用密码模式获取 Token

1．准备数据

（1）启动项目，在项目启动后会自动创建 3 个表，分别是 user（用户表）、user_role（角色表）和 user_roles（用户角色关联表）。

（2）手动添加一个测试角色，角色名一定要加“ROLE”，即“ROLE_admin”。

（3）在 user_roles 表中手动关联用户和角色。或在 MySQL 中执行以下代码：

```
-- ----------------------------
-- Records of user
-- ----------------------------
INSERT INTO `user` VALUES
 ('20', '$2a$10$QQEY3Lo8rznQ.Sh30cWAJucPDFoBN2GY.IjzW2GdQ5JDiY/sdAFxC', 'hua');
-- ----------------------------
-- Records of user_role
-- ----------------------------
INSERT INTO `user_role` VALUES ('1', '管理员', 'ROLE_admin');
-- ----------------------------
-- Records of user_roles
-- ----------------------------
INSERT INTO `user_roles` VALUES ('20', '1');
```

2. **测试**

（1）在 Postman 中，选择 Authorization 类型为 Basic Auth，如图 13-9 所示。

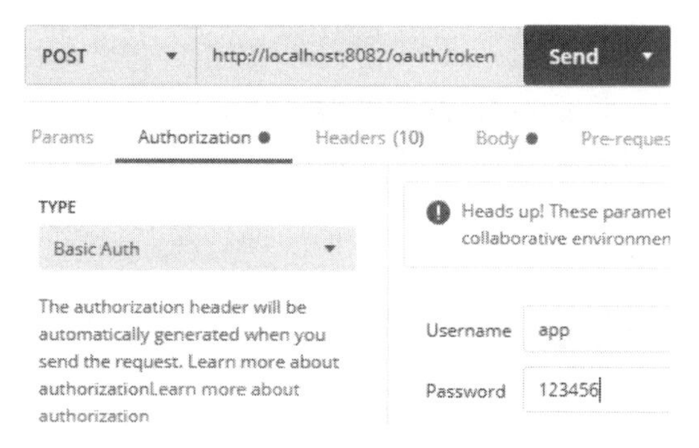

图 13-9　选择授权模式为 Basic Auth

（2）通过 Postman 提交 POST 请求到 http://localhost:8082/oauth/token。Body 数据如图 13-10 所示。

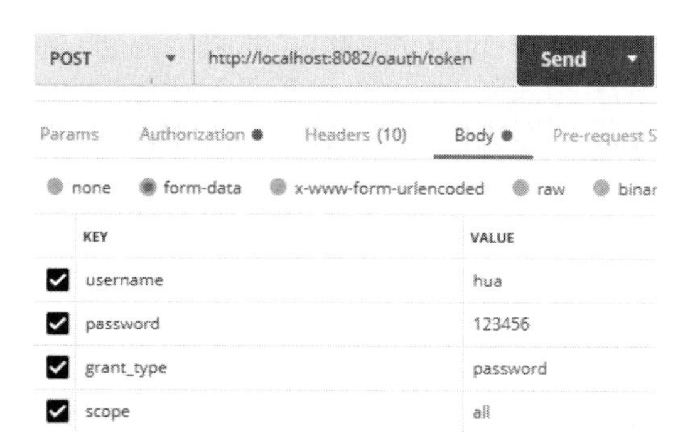

图 13-10　提交的 body 内容

（3）单击“Send”按钮，认证客户端会生成 Token 返给 Postman。返回的 Token 信息如下：

```
{
    "access_token": "71790b07-981d-43b2-a5d4-11759d5f6a9b",
    "token_type": "bearer",
    "expires_in": 35999,
    "scope": "all"
}
```

13.5.8 测试携带 Token 访问资源

13.5.7 节已经获取到了 Token，接下来通过此 Token 来测试访问资源。

1. 测试角色权限

（1）填写 Authorization 的 TYPE 类型为“Bearer Token”，GET 方法后的地址为“http://localhost:8082/user/testrole”，并且在 Token 处填写刚刚获得的 access_token，如图 13-11 所示。

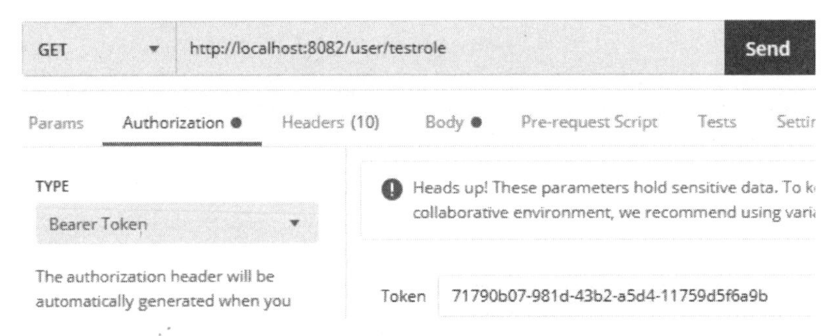

图 13-11 通过 Token 测试角色权限

（2）单击“Send”按钮，认证服务器会返回如下信息：

```
角色 ROLE_admin 可以查看
```

2. 测试权限情况

再次访问“http://localhost:8082/user/testauthority”，返回以下信息：

```
admin 权限可以查看
```

还可以尝试输入错误的 Token 来对比测试效果。

13.5.9 测试用授权码模式获得 Token

13.5.8 节已经知道了如何用密码模式来获取 Token，本节演示如何用授权码模式来获取 Token。

（1）通过“http://localhost:8082/oauth/authorize?client_id=web&response_type=code&

redirect_uri=http://www.phei.com.cn”来到如图 13-12 所示界面。

图 13-12　授权码模式获取 Token

（2）选中“Approve”单选按钮，然后单击“Authorize”按钮。

（3）页面会跳转到 http://www.phei.com.cn/?code=sZXm49。由此 URL 可以得到授权码为“sZXm49”（参数 code 后面的值）。

（4）在 Postman 中填入刚刚获得到的授权码“sZXm49”和授权类型等，如图 13-13 所示。

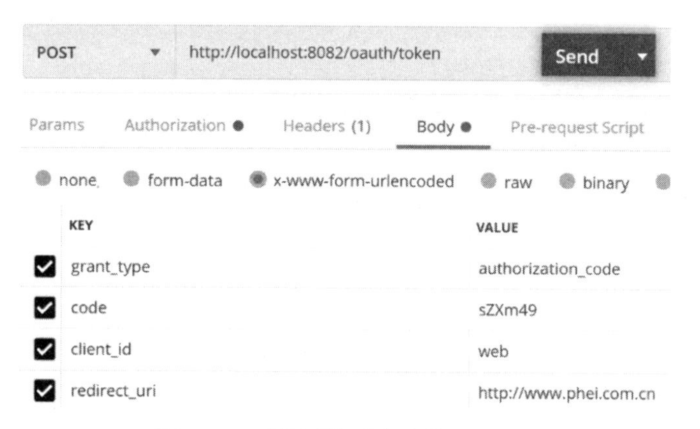

图 13-13　通过授权码方式获取 Token

（5）单击“Send”按钮后会返回如下 Token 信息：

```
{
    "access_token": "55475447-8c12-4bd7-8863-56e7d14d31e4",
    "token_type": "bearer",
    "refresh_token": "4c118e65-bc6b-4448-bcd6-ec4cca0a1c6d",
    "expires_in": 35472,
    "scope": "all"
}
```

13.6　实例 38：用 MySQL 实现 Token 信息的持久化

本实例演示如何用 MySQL 实现 Token 信息的持久化。

代码 本实例的源码在本书配套资源的“/Chapter13/Security OAuth2 Mysql Demo”目录下。

1. 建表

（1）要用 MySQL 实现 Token 信息的持久化，首先需要创建数据表，以储存“access_token”和“client”信息。可以用官方提供的 HSQL 代码或作者随书提供的 HSQL 代码和 MySQL 代码（需要把 HSQL 中的“LONGVARBINARY”类型修改为 MySQL 的“BLOB”类型）来创建。创建完成后的 MySQL 数据表如图 13-14 所示。

图 13-14　根据 SQL 创建的 Oauth 2.0 相关表

（2）在“oauth_client_details”表中添加如图 13-15 所示的内容。

client_id	client_secret	scope	authorized_grant_types
web	$2a$10$CtIWzygnj922b/rlnFJqKeJskiot7osuZysU.3.dEVpN6A5gGC37y	all	password
app	$2a$10$CtIWzygnj922b/rlnFJqKeJskiot7osuZysU.3.dEVpN6A5gGC37y	all	password,refresh_token,authorization_code

图 13-15　表 oauth_client_details 的内容

注意，在 Spring Boot 2.0 中，表“oauth_client_details”中的“client_secret”内容需要加密。这里可以自己编写程序来加密，也可以使用作者源码中提供的 SQL 语句直接添加到数据表中，如图 13-15 所示内容。如果不使用加密密文，则会出现以下的错误：

```
Access is denied (user is anonymous); redirecting to authentication entry point
```

这个知识点一定要注意，很多人卡这里解决不了，网上也很难找到解决资料。

2. 配置认证服务器

配置认证服务器，见以下代码：

```
@EnableAuthorizationServer
@Configuration
public class AuthorizationConfig extends AuthorizationServerConfigurerAdapter {
    @Autowired
    private AuthenticationManager authenticationManager;
@Autowired
//在配置文件中定义数据库信息
private DataSource dataSource;
@Bean
//声明 TokenStore 实现
public TokenStore tokenStore() {
return new JdbcTokenStore(dataSource);
}
@Bean
//声明 ClientDetails 实现，以使用 JdbcClientDetailsService 客户端详情服务
public ClientDetailsService clientDetails() {
        return new JdbcClientDetailsService(dataSource);
    }
@Override
//配置实现
public void configure(AuthorizationServerEndpointsConfigurer endpoints) throws Exception {
        endpoints.authenticationManager(authenticationManager);
        endpoints.tokenStore(tokenStore());
        //配置 TokenServices 参数
        DefaultTokenServices tokenServices = new DefaultTokenServices();
        //从数据库查询 Token
        tokenServices.setTokenStore(endpoints.getTokenStore());
        tokenServices.setSupportRefreshToken(false);
        tokenServices.setClientDetailsService(endpoints.getClientDetailsService());
        tokenServices.setTokenEnhancer(endpoints.getTokenEnhancer());
        //30 天
        tokenServices.setAccessTokenValiditySeconds((int) TimeUnit.DAYS.toSeconds(30));
        endpoints.tokenServices(tokenServices);
    }
    @Override
public void configure(AuthorizationServerSecurityConfigurer oauthServer) throws Exception {
        //oauthServer.checkTokenAccess("isAuthenticated()");
        //不对 Oauth、token_key 验证端口进行安全限制
         oauthServer.checkTokenAccess("permitAll()");
         oauthServer.allowFormAuthenticationForClients();
    }
```

```
@Override
 public void configure(ClientDetailsServiceConfigurer clients) throws Exception {
     //从 JDBC 查询数据，如客户端 ID、密码、授权方式等
     clients.withClientDetails(clientDetails());
  }
```

3. 测试

在完成了数据表的创建、表 oauth_client_details 内容添加及认证服务器配置后，再次测试通过数据库获取的信息来获取 Token 信息。

（1）通过 Postman 提交数据（数据库的 client 配置），如图 13-16 所示。

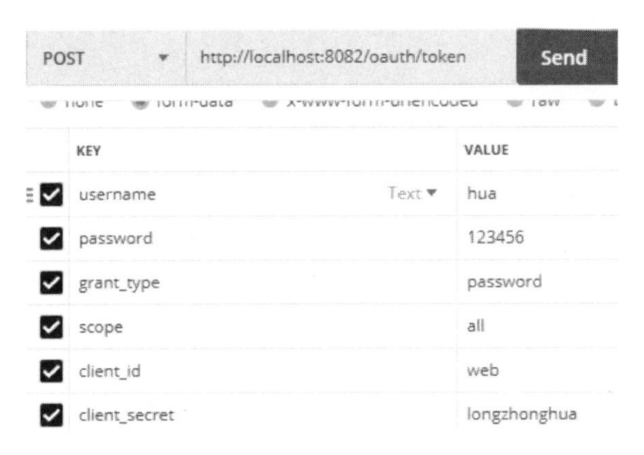

图 13-16　通过数据库的 client 配置获取 Token

（2）提交后会成功获取 Token 信息。

这里把 Basic Auth 的内容都放在 BODY 中来提交也是可以的。

13.7　实例 39：用 Redis 实现 Token 信息的持久化

本实例演示如何用 Redis 实现 Token 信息的持久化。

代码 本实例的源码在本书配套资源的“/Chapter13/Security OAuth2 Redis Demo”目录下。

从 13.6 节可以看出，在用 MySQL 存储 Token 时使用了 TokenStore 接口。实际上所有的实现方式都是通过 TokenStore 接口来存储 Token 信息的。Spring Security OAuth 2.0 存储 Token 值的默认有以下 4 种方式。

- InMemoryTokenStore：Token 存储在本机的内存之中。
- JdbcTokenStore：Token 存储在数据库之中。
- JwtTokenStore：Token 不会存储到任何介质中。
- RedisTokenStore：Token 存储在 Redis 数据库之中。

下面看看如何将 Token 信息储存在 Redis 中。

（1）将 13.6 节的 MySQL 储存信息修改为以下代码：

```
@Autowired
private RedisConnectionFactory connectionFactory;
@Bean
public TokenStore tokenStore() {
RedisTokenStore redis = new RedisTokenStore(connectionFactory);
return redis;
}
```

（2）在配置文件中添加 Redis 的连接信息，见以下代码：

```
# Redis 数据库的索引（默认为 0）
spring.redis.database=0
# Redis 服务器的地址
spring.redis.host=127.0.0.1
# Redis 服务器的连接端口
spring.redis.port=6379
# Redis 服务器的连接密码（默认为空）
spring.redis.password=
```

（3）重新启动项目进行测试（参考 13.6.8）以获取 Token 信息。

（4）在测试完成后，可以通过 Redis 管理器查看存储的 Token 信息，如图 13-17 所示。

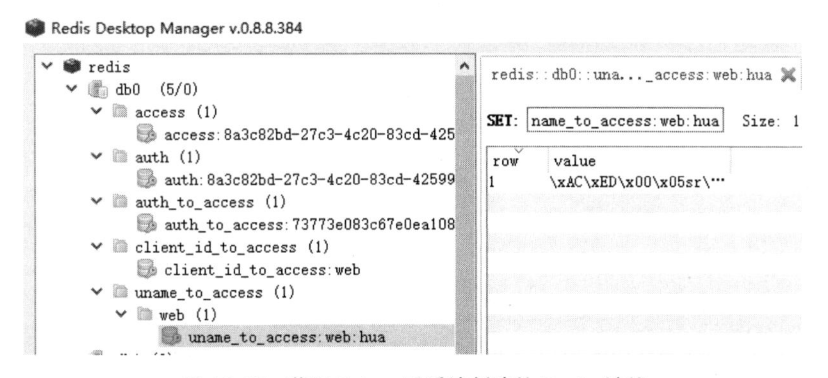

图 13-17 获取 Token 后系统创建的 Redis 健值

从图 13-17 中可以看到，Redis 创建了 5 个 Key-Value 对，它们分别是：

（1）access:8a3c82bd-27c3-4c20-83cd-42599af90665。

这个 Key 的命名结构是“access:token”，Value 的类型是 string，存储的是 OAuth2AccessToken 的序列化值。

（2）auth_to_access:73773e083c67e0ea108e6fa5e1b014d8。

这个 Key 的命名结构是“auth_to_access:OAuth2Authentication”相关信息的加密值，默认是 md5 加密，存储的是 OAuth2AccessToken 的序列化的值。

（3）uname_to_access:web:hua。

这个 Key 的命名结构是“uname_to_access:clientId:userId”，Value 的类型是 List，存储的是 Token 的序列化值。

（4）auth:8a3c82bd-27c3-4c20-83cd-42599af90665。

这个 Key 的命名结构是“auth:token”，值 Value 的类是 String，存储的是 OAuth2Authentication 的序列化值。

（5）client_id_to_access:web

这个 Key 命名结构是“client_id_to_access:clientId”，Value 类型是 List，存储的是 OAuth2AccessToken 的序列化值。

使用 Redis 存储 Token 信息的一个好处是：可以用 Redis 的过期时间来自动处理 Token 信息的过期时间。如果使用其他数据库来存储，则需要根据“expired date”来进行判断。但是 Redis 不能像关系数据库那样关联查询，因此需要自己额外构造需要关联的 key。

第 4 篇　项目实战

第 14 章 实例 40：用 Spring Cloud 实现页面日访问量 3000 万的某平台微服务架构

本章通过实例来整合之前所讲解的各个组件。

14.1 本实例的整体架构

14.1.1 实施方案

本实例综合应用本书前面章节的知识点，尽量做到综合实战和可用于生产环境。

（1）服务治理采用 Consul，并实现 Consul 集群和“服务提供者”集群。“服务消费者”用 Feign 来调用服务。

（2）通过 Spring Cloud Security 提供 Oauth 2.0 协议来统一认证服务器。

（3）在统一认证功能完成后，资源的授权管理由“服务提供者”管理。

（4）路由采取动态路由方式，统一管理路由的增加、删除、修改和查询。

（5）用 Spring Cloud Gateway 实现网关集群，网关集群的路由信息是通过获取路由服务器的路由信息来处理的。

14.1.2　整体架构

整体架构如图 14-1 所示。

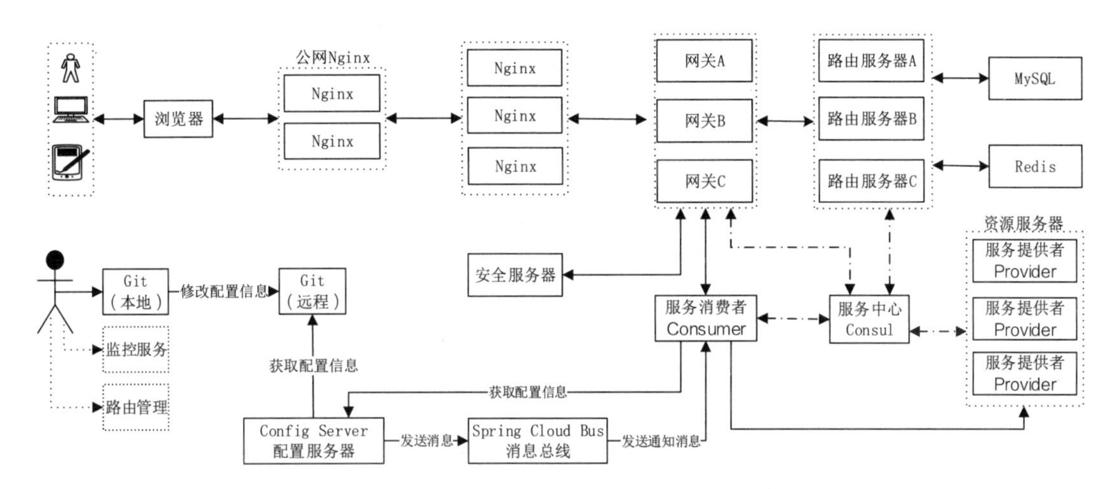

图 14-1　系统架构图

14.2　实现“配置中心”以提供配置信息

本节演示如何实现“配置中心”以提供配置信息。

代码 本节的源码在本书配套资源的“/Chapter14/Config Bus Consul Server”目录下。

14.2.1　创建配置文件，并将其上传到 Git 仓库中

在本地新建配置文件“config-pro.properties”，并写入以下内容：

```
app.version=pro
spring.rabbitmq.host=localhost
spring.rabbitmq.port=5672
spring.rabbitmq.username=guest
spring.rabbitmq.password=guest
spring.xxx.password={cipher}
d9b1c1aa90d80303ec3babe3f089d546c958d6b76db1217fdb4ff71ad30a36a2
spring.datasource.url=jdbc:mysql://127.0.0.1/scexample?useUnicode=true&characterEncoding=utf-8&ser
verTimezone=UTC&useSSL=true
spring.datasource.username=root
spring.datasource.password=root
spring.datasource.driver-class-name=com.mysql.jdbc.Driver
spring.jpa.properties.hibernate.hbm2ddl.auto=update
```

```
spring.jpa.properties.hibernate.dialect=org.hibernate.dialect.MySQL5InnoDBDialect
spring.jpa.show-sql= true
server.port=80
```

然后将其上传文件到 Git 仓库。

14.2.2 编写“配置服务器”的信息

编写“配置服务器”的信息，并将其注册到“服务中心”，见以下代码：

```
server.port=8001
spring.application.name=spring-cloud-config-server
#配置 Git 仓库的地址
spring.cloud.config.server.git.uri=https://github.com/xiuhuai/Spring-Cloud
#Git 仓库地址下的相对地址，可以配置多个，用“,”分割
spring.cloud.config.server.git.search-paths=config repositories example
#Git 仓库的账号
username=
#Git 仓库的密码
password=
spring.cloud.bus.enabled=true
spring.cloud.bus.trace.enabled=true
management.endpoints.web.exposure.include=bus-refresh
spring.cloud.consul.host=localhost
#Consul 的地址和端口号默认是 localhost:8500。如果不是这个地址应自行配置
spring.cloud.consul.port=8500
#开通服务发现以使用 Config Server 功能
spring.cloud.config.discovery.enabled=true
#注册到 Consul 的服务名称
spring.cloud.consul.discovery.serviceName=config-server
```

14.3 实现“服务提供者”集群、“服务消费者”及客户端自动配置

14.3.1 实现“服务提供者”集群

代码 本节的源码在本书配套资源的“/Chapter14/Provider”目录下。

1. 提供服务接口

编写启动类以提供服务接口，见以下代码：

```
@SpringBootApplication
//支持服务发现
@EnableDiscoveryClient
public class ConsulProviderApplication {
```

```
    public static void main(String[] args) {
        SpringApplication.run(ConsulProviderApplication.class, args);
    }
    @RestController
    class HelloController {
        @GetMapping(value = "/hello/{string}")
        public String echo(@PathVariable String string) {
            return string;
        }
    }
}
```

2. 编写配置文件

编写配置文件将“服务提供者”注册到“服务中心”以提供服务，见以下代码：

```
spring.application.name=example-provider
server.port=8503
spring.cloud.consul.host=localhost
#Consul 的地址和端口号默认是 localhost:8500 。如果不是这个地址应自行配置
spring.cloud.consul.port=8500
#注册到 Consul 的服务名称
spring.cloud.consul.discovery.serviceName=example-provider
provider.name=p0
logging.level.ROOT=info
#监控设置
spring.boot.admin.url=http://localhost:8090
management.endpoints.web.exposure.include=*
management.endpoints.web.exposure.exclude=
management.endpoint.health.show-details=always
management.security.enabled=false
management.endpoints.jmx.exposure.include=*
```

14.3.2 实现“服务消费者”，并通过“配置中心”实现客户端的自动配置

代码 本节的源码在本书配套资源的“/Chapter14/Consumer”目录下。

1. 编写配置文件 bootstrap

编写配置文件 bootstrap，以从配置中心获取配置信息，见以下代码：

```
spring.cloud.config.name=config
spring.cloud.config.profile=pro
spring.cloud.config.label=master
spring.cloud.bus.enabled=true
spring.cloud.bus.trace.enabled=true
spring.cloud.consul.host=localhost
```

```
#Consul 的地址和端口号默认是 localhost:8500 。如果不是这个地址应自行配置
spring.cloud.consul.port=8500
#开通服务发现以使用 Config Server 功能
spring.cloud.config.discovery.enabled=true
#必须要配置，否则无法正常启动
spring.cloud.config.fail-fast=true
spring.cloud.config.discovery.service-id=config-server
```

2. 编写启动类

编写启动类，以支持服务发现和客户端负载均衡，见以下代码：

```
@EnableDiscoveryClient
@SpringBootApplication
@EnableFeignClients
public class ConsumerApplication {
	public static void main(String[] args) {
		SpringApplication.run(ConsumerApplication.class, args);
	}
	@Bean
	@LoadBalanced
	public RestTemplate restTemplate() {
		return new RestTemplate();
	}
}
```

3. 编写“服务提供者”接口

通过注解@FeignClient 调用“服务提供者”提供的接口，见以下代码：

```
@FeignClient(name ="example-provider")
public interface MyFeignClient  {
    @GetMapping(value = "/hello/{str}")
    public String echo(@PathVariable("str") String str);
}
```

4. 编写控制器

编写控制器来对最终的用户提供服务，见以下代码：

```
@RestController
public class HelloController {
    @Autowired
    private RestTemplate restTemplate;
    @Autowired
    private MyFeignClient myFeignClient;
    @GetMapping(value = "/hello-rest/{str}")
    public String rest(@PathVariable String str) {
```

```
        return restTemplate.getForObject("http://example-provider/hello/" + str, String.class);
    }
    @GetMapping(value = "/hello-feign/{str}")
    public String feign(@PathVariable String str) {
        return myFeignClient.echo(str);
    }
}
```

14.4 用 OAuth 2.0 实现统一的认证和授权

14.4.1 实现认证服务器

整合 OAuth 2.0 有两种思路：①授权服务器统一在网关层使用公钥验证，判断权限等操作；②让资源端处理，网关只做路由转发。本节参考 13.6.2 节内，不做过多讲解，只是要注意启动 Redis。

代码 本节的源码在本书配套资源的“/Chapter14/Security OAuth2 Redis Demo”目录下。

14.4.2 配置“服务消费者”的资源安全

本章的资源保护都是在资源服务器中设置的。这里复制 14.3.2 节的“服务消费者”来构建资源服务器。

代码 本节的源码在本书配套资源的“/Chapter14 /Consumer Resource”目录下。

1. 添加依赖

资源服务器需要使用 Oauth 2.0 的依赖，见以下代码：

```
<!--OAuth 2.0 的依赖-->
<dependency>
<groupId>org.springframework.cloud</groupId>
<artifactId>spring-cloud-starter-oauth2</artifactId>
</dependency>
```

2. 配置安全服务器

需要配置安全服务器信息和用户信息（User Info）的地址，见以下代码：

```
#指定获取 Access Token 的 URI
security.oauth2.client.access-token-uri=http://localhost:8082/oauth/token
#用户获取 Access Token 的 URI
security.oauth2.client.user-authorization-uri= http://localhost:8082/oauth/authorize
#指定 OAuth2 Client ID
security.oauth2.client.client-id=web
#指定 OAuth2 Client Secret. 其默认值随机产生
```

```
security.oauth2.client.client-secret=longzhonghua
#指定 User Info 的 URI
security.oauth2.resource.user-info-uri=http://localhost:8082/user/member
#是否使用 Token Info，默认为 true
security.oauth2.resource.prefer-token-info=false
```

注意，上述配置文件中的“信息（User Info）的地址”需要在安全服务器中设置，见以下代码：

```
    @GetMapping("/member")
    public Principal user(Principal member) {
        /**获取当前用户信息*/
        return member;
}
```

3. 启用资源服务器

启用注解@EnableResourceServer 即可启用资源服务器。

14.5 在 Spring Cloud 中用“Redis+MySQL”实现路由服务器

代码 本节的源码在本书配套资源的“/Chapter14/Gateway Route Server”目录下。

14.5.1 整体思路

实现路由服务器是为了给网关提供路由信息。路由服务器负责管理路由的增加、删除、修改、查询，以及路由版本的发布。在设计网关时，首先要考虑以下两个问题：

（1）维护路由信息的方式。

路由信息是需要持久化的，可以使用数据库、数据库+Redis、消息中间件等方式来实现。本实例通过“MySQL+Redis”来实现路由信息的维护；通过 MySQL 数据库来实现路由信息的持久化及版本的管理；用 Redis 来高速缓存已经发布的路由信息和版本信息；用专门的服务来进行路由信息的增加、删除、修改、查询和版本发布功能。

（2）网关获取路由信息的方式。

- 网关直接通过 Redis、MySQL 等获取路由信息。
- 通过路由服务器的接口来获取路由信息。

使用路由服务器的好处是：

- 便于实现服务化。网关不需要配置数据库地址和端口。
- 便于实现路由服务器集群。
- 便于网关实现集群。每个网关实例都可以单独去获取并维护路由信息。

本实例通过“路由服务器”来获取路由信息。具体办法是：

①获取路由信息：网关开启定时任务定时通过“路由服务器”获取最新版的路由信息。

②刷新路由信息：获取最新版本号，然后对比“路由服务器”中的版本号和网关本地的版本号，如果不一致，刷新路由信息和版本号到网关。

架构如图 14-2 所示。

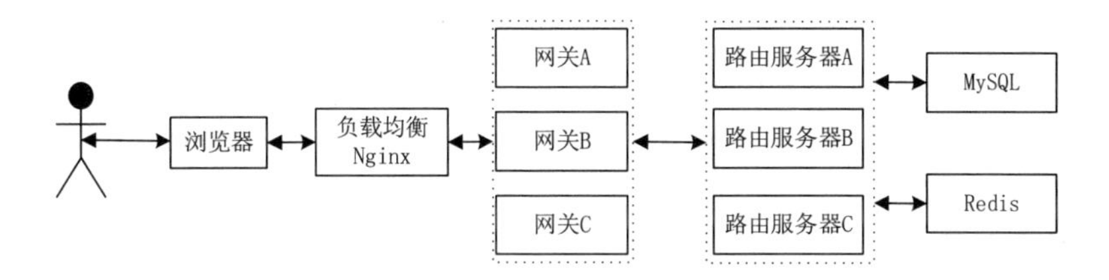

图 14-2　路由服务器和网关架构图

14.5.2　设计并实现自定义路由模型

根据 Spring Cloud Gateway 的 RouteDefinition 类来自定义路由模型，见以下代码：

```
/**自定义路由模型*/
@Data
public class GatewayRouteDefinition {
    /*路由的 Id*/
    private String id;
    /*路由断言集合配置*/
    private List<GatewayPredicateDefinition> predicates = new ArrayList<>();
    /*路由过滤器集合配置*/
    private List<GatewayFilterDefinition> filters = new ArrayList<>();
    /*路由规则转发的目标 URI*/
    private String uri;
    /*路由执行的顺序*/
    private int order = 0;
}
```

14.5.3　实现路由信息和版本信息实体

1. 路由信息实体

根据 Spring Cloud Gateway 的 RouteDefinition 类可知，路由的字段需要有路由 Id、转发的目标 URI、断言、过滤器等，所以路由信息实体设计见以下代码：

```
    @Data
    public class Routes {
```

```
    private Long id;
    private String routeId;
    private String routeUri;
    private Integer routeOrder;
    private Date createTime;
    private Date updateTime;
    private String predicates;
    private String filters;
    /*获取断言集合*/
    public List<GatewayPredicateDefinition> getPredicateDefinition(){
        if(!StringUtils.isEmpty(this.predicates)){
            return JSON.parseArray(this.predicates , GatewayPredicateDefinition.class);
        }
        return null;
    }
    /*获取过滤器集合*/
    public List<GatewayFilterDefinition> getFilterDefinition(){
        if(!StringUtils.isEmpty(this.filters)){
            return JSON.parseArray(this.filters , GatewayFilterDefinition.class);
        }
        return null;
}
```

2. 版本实体

路由信息的版本只需要维护 id 即可，所以非常的简单，具体见以下代码：

```
@Data
public class Version {
/*版本 id*/
private Long id;
/*版本创建时间*/
private Date createTime;
}
```

构建版本实体的目的是发布新版本后，让网关通过比较版本的 id、时间或版本号来判断当前本地版本是否为最新的路由版本，从而决定是否刷新路由信息。

14.5.4 实现路由和版本的控制器

1. 实现路由控制器

实现路由控制器，用来管理路由信息，见下方代码：

```
@RestController
@Slf4j
```

```
@RequestMapping("/routes")
public class RoutesController {
    @Autowired
    private GatewayRoutesMapper gatewayRoutesMapper;
    @Autowired
    private StringRedisTemplate stringRedisTemplate;
    /*获取所有动态路由信息*/
    @RequestMapping("/")
    public String synRouteDefinitions() {
        /*从 Redis 中获取路由信息*/
        String result = stringRedisTemplate.opsForValue().get(RedisConfig.routeKey);
        if (!StringUtils.isEmpty(result)) {
       //返回 Redis 中的路由信息
        } else {
            //返回 MySQL 中的路由信息
            result = JSON.toJSONString(gatewayRoutesMapper.getRouteDefinitions());
            //把路由信息存储到 Redis
            stringRedisTemplate.opsForValue().set(RedisConfig.routeKey, result);
        }
        log.info("路由信息：" + result);
        return result;
    }
    //添加路由信息
    @PostMapping (value = "/add")
    public String add(@RequestBody Routes route) {
        return gatewayRoutesMapper.add(route) > 0 ? "success" : "fail";
    }
}
```

2. 实现版本控制器

实现版本控制器，用来返回版本信息，以便网关比较路由版本。见下方代码：

```
@RestController
@Slf4j
@RequestMapping("/version")
public class VersionController {
    @Autowired
    private StringRedisTemplate redisTemplate;
    @Autowired
    private VersionMapper versionMapper;
    //获取最后一次发布的版本号
    @GetMapping (value = "/lastVersion")
      public Long getLastVersion(){
        Long versionId = 0L;
        String result = redisTemplate.opsForValue().get(RedisConfig.versionKey);
```

```
        if(!StringUtils.isEmpty(result)){
            log.info("返回 Redis 中的版本信息......");
            versionId = Long.valueOf(result);
        }else{
            log.info("返回 MySQL 中的版本信息......");
            versionId = versionMapper.getLastVersion();
            redisTemplate.opsForValue().set(RedisConfig.versionKey , String.valueOf(versionId));
        }
        return versionId;
    }
}
```

14.5.5 实现路由服务器的服务化

为了实现路由服务器的负载均衡和便于网关实现集群调用路由服务器，可以实现路由服务器的服务化。在添加好 Consul 依赖后，对路由服务器进行配置即可。

1. 添加依赖，见以下代码：

```
<!--Consul 的依赖-->
<dependency>
<groupId>org.springframework.cloud</groupId>
<artifactId>spring-cloud-starter-consul-discovery</artifactId>
</dependency>
```

2. 编写配置文件

把路由服务器注册到“服务中心”中，以提供路由信息接口，配置信息见以下代码：

```
spring.cloud.consul.host=127.0.0.1
spring.cloud.consul.port=8500
spring.cloud.gateway.discovery.locator.enabled=true
#注册到 Consul 的服务名称
spring.cloud.consul.discovery.serviceName=route-server
#因为只是消费者，不提供服务，所以设置不需要注册到 Consul 中
spring.cloud.consul.discovery.register=true
```

14.6 用 Spring Cloud Gateway 实现网关集群

代码 本节的源码在本书配套资源的“/Chapter14/Gateway”目录下。

14.6.1 同步路由信息

网关的功能主要是提供路由转发、过滤器等。在本实例中，它本身不维护路由信息，这是为以后实现网关集群打基础。所以，需要做一个计划任务，定时从路由服务器中获取路由信息，然后根

据情况来更新本网关的路由信息。计划任务见以下代码：

```
/** 计划任务，每 60 秒执行一次，如果版本号不相等则获取最新路由信息并更新网关路由*/
@Scheduled(cron = "*/60 * * * * ?")
public void getRoutes() {
    try {
        log.info("获取路由:" + dateFormat.format(new Date()));
        //获取版本信息
        Long lastVersionId = restTemplate.getForObject("http://" + routeServer + "/version/lastVersion",
Long.class);
        log.info("路由版本信息：本地版本号：" + versionId + "，远程版本号：" + lastVersionId);
        /*判断路由版本情况，如果不为空且版本号不等于远程版本，则去路由服务器获取路由信息*/
        if (lastVersionId != null && versionId != lastVersionId) {
            //获取路由信息
            String routesResult = restTemplate.getForObject("http://" + routeServer + "/routes/",
String.class);
            /**获取的路由信息不为空，则更新路由信息*/
            if (!StringUtils.isEmpty(routesResult)) {
List<GatewayRouteDefinition>list=JSON.parseArray(routesResult, GatewayRouteDefinition.class);
                for (GatewayRouteDefinition definition : list) {
                    /*把传递来的参数转换成路由对象*/
                    RouteDefinition routeDefinition = assembleRouteDefinition(definition);
                    //更新路由对象
                    routeService.update(routeDefinition);
                }
                log.info("设置版本信息");
                /*更新本地版本信息*/
                versionId = lastVersionId;
            }
        }
    } catch (Exception e) {
        e.printStackTrace();
    }
}
```

服务启动后，每 60s 即执行一次获取、更新路由信息的计划任务，执行情况如图 14-3 所示。

```
: 路由版本信息：本地版本号：0，远程版本号：18
: 设置版本信息
: Flipping property: route-server.ribbon.ActiveCo
: 获取路由:2020-03-01 23:52:00
: 路由版本信息：本地版本号：18，远程版本号：18
: 获取路由:2020-03-01 23:53:00
: 路由版本信息：本地版本号：18，远程版本号：18
```

图 14-3　同步路由信息日志

14.6.2 转换路由对象

获取的路由信息实际上是路由模型，路由信息同步后需要转换为网关中的路由对象，并进行断言和过滤器设置，这样才能被执行。见以下代码：

```
/**把参数转换成路由对象*/
private RouteDefinition assembleRouteDefinition(GatewayRouteDefinition gwdefinition) {
        RouteDefinition definition = new RouteDefinition();
        definition.setId(gwdefinition.getId());
        definition.setOrder(gwdefinition.getOrder());
/**设置断言*/
List<PredicateDefinition> pdList = new ArrayList<>();
List<GatewayPredicateDefinition> gatewayPredicateDefinitionList = gwdefinition.getPredicates();
        for (GatewayPredicateDefinition gpDefinition : gatewayPredicateDefinitionList) {
            PredicateDefinition predicate = new PredicateDefinition();
            predicate.setArgs(gpDefinition.getArgs());
            predicate.setName(gpDefinition.getName());
            pdList.add(predicate);
        }
        definition.setPredicates(pdList);
        /*设置过滤器*/
        List<FilterDefinition> filters = new ArrayList();
        List<GatewayFilterDefinition> gatewayFilters = gwdefinition.getFilters();
        for (GatewayFilterDefinition filterDefinition : gatewayFilters) {
            FilterDefinition filter = new FilterDefinition();
            filter.setName(filterDefinition.getName());
            filter.setArgs(filterDefinition.getArgs());
            filters.add(filter);
        }
        definition.setFilters(filters);

        URI uri = null;
        if (gwdefinition.getUri().startsWith("http")) {
            uri = UriComponentsBuilder.fromHttpUrl(gwdefinition.getUri()).build().toUri();
        } else {
            uri = URI.create(gwdefinition.getUri());
        }
        definition.setUri(uri);
        return definition;
    }
```

14.6.3 开启计划任务和负载均衡

编写好同步的计划任务后，还需要在启动类中通过注解@EnableScheduling 开启计划任务，同时还需要启用“服务注册”和实现负载均衡，见以下代码：

```
@EnableScheduling
@EnableDiscoveryClient
@SpringBootApplication
public class GatewayApplication {
    public static void main(String[] args) {
        SpringApplication.run(GatewayApplication.class, args);
    }
    @Bean
    @LoadBalanced
    public RestTemplate restTemplate(){
        return new RestTemplate();
    }
}
```

14.6.4　实现网关的服务化

为了便于集群部署，需要实现网关的服务化。具体配置信息见以下代码：

```
spring.application.name=Gateway
server.port=9999
spring.cloud.consul.host=127.0.0.1
spring.cloud.consul.port=8500
spring.cloud.gateway.discovery.locator.lower-case-service-id=true
spring.cloud.gateway.discovery.locator.enabled=true
#因为只是消费者，不提供服务，所以设置不需要将其注册到 Consul 中
spring.cloud.consul.discovery.register=true
```

14.7　用 Nginx 实现负载均衡

14.7.1　认识 Nginx

1. 什么是 Nginx

Nginx 是一个使用 C 语言开发的高性能的 HTTP 服务器/反向代理服务器及电子邮件（IMAP/POP3）代理服务器。Nginx 能够支撑 5 万条并发链接，并且 CPU、内存等资源消耗极低，运行极稳定。国内使用 Nginx 的知名企业有：百度、京东、新浪、网易、腾讯、淘宝等。

使用 Nginx 主要是做请求的转发。请求被转发到微服务的网关，然后网关进一步进行处理并返回数据给用户。

2. Nginx 可以用来做什么

- 反向代理。代理服务器接收连接请求，并将请求转发给内部网络上的服务器，然后将从服务器上得到的结果返给请求连接的客户端。
- 动静分离。运用 Nginx 的反向代理功能分发请求：动态资源的请求由 Nginx 交给应用服务器；静态资源的请求（例如图片、视频、CSS、JavaScript 文件等）则由 Nginx 直接返给浏览器，这样能减轻应用服务器的压力。
- 负载均衡。当一台服务器的单位时间内的访问量越大时，服务器压力就越大。为了避免服务器崩溃，让用户有更好的体验，可以通过负载均衡的方式来分担服务器压力。

3. 常见的几种负载均衡方式

（1）轮询（默认）。

每个请求按时间顺序被逐一分配到不同的后端服务器。如果某台后端服务器宕机，则能将其自动剔除。配置代码如下：

```
upstream myserver {
server 192.168.0.1;
server 192.168.0.2;
}
```

（2）指定权重（weight）。

如果后端服务器性能不均，则应给高性能服务器更高的访问权重。配置代码如下：

```
upstream myserver {
server 192.168.0.1 weight=3;
server 192.168.0.2 weight=10;
}
```

（3）IP 绑定（ip_hash）。

每个请求按访问 IP 地址的 hash 结果进行分配。如果访客的 IP 地址固定不变，则始终访问一个特定的服务器，这可以解决 Session 的问题。配置代码如下：

```
upstream myserver {
ip_hash;
server 192.168.0.1;
server 192.168.0.2;
}
```

（4）响应时间（fair）。

按后端服务器的响应时间来分配请求，响应时间短的优先分配。这种方式与 weight 分配方式类似。配置见以下代码：

```
upstream myserver {
server 192.168.0.1;
server 192.168.0.2;
fair;
}
```

（5）固定 URL（url_hash）。

按访问 URL 的 Hash 结果来分配请求，使每个 URL 定向到同一个后端服务器，在后端服务器提供缓存服务时比较有效。配置见以下代码：

```
upstream myserver {
server 192.168.0.1;
server 192.168.0.1;
hash $request_uri;
hash_method crc32;
}
```

（6）备份（backup）。

只有当所有的非备份机器宕机或者忙时，才会用到备份机器。配置见以下代码：

```
upstream myserver {
server 192.168.0.1;
server 192.168.0.2;
server 192.168.0.3;   backup;
}
```

（7）down。

表示单前 Server 暂时不参与负载。配置见以下代码：

```
upstream myserver {
server 192.168.0.1;   down
server 192.168.0.2;
server 192.168.0.3;   backup;
}
```

4. Nginx 和 Tomcat 的区别是什么?

Nginx 常用作静态内容服务器和反向代理服务器，以及前端的高并发服务器。Nginx 是 HTTP Server；而 Tomcat 则是 Application Server，是一个 Servlet/JSP 应用的容器。

Tomcat 内部集成了 HTTP 服务器的相关功能，但通常它和 Nginx 配合在一起使用。

5. Nginx 官方网站提供的版本

Nginx 官方网站提供了以下 3 种版本。

- Mainline version：目前的主力版本。
- Stable version：最新稳定版。生产环境中建议使用该版本。
- Legacy versions：解决遗留问题的版本。

14.7.2 实现网关负载均衡

使用 Nginx 中的 upstream 模块可以突破 Nginx 的单机限制，完成网络数据的接收、处理和转发。这里主要使用其转发功能进行调度分发。

完整的配置见以下代码：

```
worker_processes  1;
error_log  logs/error.log  info;
events {
    worker_connections  1024;
}
http {
    include       mime.types;
    default_type  application/octet-stream;

    log_format  main  '$remote_addr - $remote_user [$time_local] "$request" '
    access_log  logs/access.log  main;
    sendfile        on;
    keepalive_timeout  65;
    gzip  on;
upstream mysvr {
      #轮询权重为 1
      server 127.0.0.1:80 weight=1;
      #轮询权重为 2
      server 127.0.0.1:81 weight=2;
      #让相同 IP 地址的客户端请求相同的服务器
      ip_hash;
   }
    server {
        listen       80;
        server_name  localhost;
        charset utf-8;
        access_log  logs/host.access.log  main;
        location / {
            root I:/web;
            index  index.html index.htm;
                proxy_pass http://mysvr;
            proxy_redirect default;
```

```
            proxy_set_header Host $host;
            proxy_set_header X-Real-IP $remote_addr;
            proxy_set_header X-Forwarded-For $proxy_add_x_forwarded_for;
        }
        error_page   404                    /404.html;
        error_page     500 502 503 504    /50x.html;
        location = /50x.html {
            root     html;
        }
    }
}
```

上述代码定义的 upstream 模块名称是 mysvr，配置了两个 IP 端口（即 Nginx 分发的地址）。

启动 Nginx 使用以下命令：

```
nginx -c ./conf/nginx.conf
```

14.7.3　实现 Nginx 自身负载均衡

"Nginx+Web 应用服务器"可以实现负载均衡，但是一台 Nginx 的服务能力也是有限的。如果并发量高，则需要用多台 Nginx 来做转发，实现负载均衡。

实现负载均衡主要有以下几个办法：

（1）让每台 Nginx 都有公网地址，在域名处设置 DNS 并指向多个 Nginx，实现简单轮询以达到负载均衡。

缺点是：故障切换需要等待，因为要等待 DNS 解析的刷新。

（2）让一台公网 Nginx 通过 upstream 功能，分发请求到内网多台 Nginx。

缺点是：如果公网的 Nginx 宕机，则内网全断。

（3）给两台公网 Nginx 添加多个公网 IP 地址，通过 Keepalive（检测死连接的机制）实现高可用，再转发请求到内网。

（4）用硬件均衡服务器（如 F5）转发请求。

14.8 用 Spring Boot Admin 监控 Spring Cloud 应用程序

本实例演示如何用 Spring Boot Admin 监控 Spring Cloud 应用程序。

代码 本节的源码在本书配套资源的“/Chapter14/Spring Boot Admin”目录下。

14.8.1 集成 Actuator

Actuator 提供了监控应用系统的功能。通过它可以查看应用系统的配置情况，如健康、审计、统计和 HTTP 追踪等。

Actuator 还可以与外部应用监控系统整合，如 Prometheus、Graphite、DataDog、Influx、Wavefront、New Relic 等。可以使用这些系统提供的仪表盘、图标、分析和告警等功能统一地监控和管理应用。

Actuator 的端点（Endpoint）可以被打开和关闭，也可以通过 HTTP 或 JMX 暴露出来，使得它们能被远程进入。Actuator 提供的 Endpoint 见表 14-1。

表 14-1 Actuator 提供的“Endpoint”

Endpoint 的 ID	描　述	默认状态
auditevents	显示应用暴露的审计事件 （比如认证进入、订单失败）	开启
beans	查看 Bean 及其关系列表	开启
caches	显示有效的缓存	开启
conditions	显示在配置和自动配置类上条件，以及它们匹配或不匹配的原因	开启
configprops	显示所有@ConfigurationProperties 的列表	开启
env	显示当前的环境特性	开启
flyway	显示数据库迁移路径的详细信息	开启
health	显示应用的健康状态	开启
httptrace	跟踪 HTTP request/repsponse	开启
info	查看应用信息	开启
integrationgraph	显示 Integration 图	开启
loggers	显示和修改配置的 loggers	开启
liquibase	显示 Liquibase 数据库迁移的纤细信息	开启
metrics	显示应用多样的度量信息	开启
mappings	显示所有的@RequestMapping 路径	开启
scheduledtasks	显示应用中的调度任务	开启
sessions	显示 session 信息	开启

续表

Endpoint 的 ID	描　述	默认状态
shutdown	关闭应用	未开启
threaddump	执行一个线程 dump	开启

Spring MVC、Spring WebFlux 应用支持额外的 Endpoint，比如 heapdump、jolokia、logfile、prometheus。如果要显示应用信息，则需要进行如下操作。

（1）在配置文件中添加以下代码：

```
info.ContactUs.email=363694485@qq.com
info.ContactUs.phone=13659806466
```

（2）通过 GET 方法访问“/info”页面，即可查看到相关信息。

1. 打开和关闭 Endpoint

在默认情况下，除“shutdown endpoint”外其他 Endpoint 都是打开的，可以进行开关设置。如果要打开“shutdown endpoint”，则需要在配置文件 application.properties 中增加以下代码：

```
management.endpoint.shutdown.enabled=true
```

如果要通过 HTTP 暴露 Actuator 的 Endpoint，则需要添加以下代码：

```
management.endpoints.web.exposure.include=*
management.endpoints.web.exposure.exclude=
```

参数值“*”表示暴露所有的 Endpoint。如果只要暴露部分 Endpoint，则可以通过 Endpoint 的 ID 进行设置。比如只暴露“health”和“info”，则可以设置值为：

```
management.endpoints.web.exposure.include=health,info
```

如果要通过 JMX 暴露 Actuator 的 Endpoint，则需要在配置文件中添加以下代码：

```
management.endpoints.jmx.exposure.include=*
management.endpoints.jmx.exposure.exclude=
```

2. 创建一个自定义的指标

如果想自定义一些指标，则可以通过 HealthIndicator 接口来实现，或通过继承 AbstractHealthIndicator 类并重写 doHealthCheck 方法来实现，见以下代码：

```
@Component
public class MyHealthIndicator    extends AbstractHealthIndicator {
    @Override
    protected void doHealthCheck(Health.Builder builder) throws Exception {
        builder.up().withDetail("自定义状态","OK");
    }
}
```

3. 用 Spring Security 来保证 Endpoint 安全

Endpoint 是非常敏感的，必须对其进行安全保护。可以用 Spring Security 通过 HTTP 认证来保护它：创建一个继承 WebSecurityConfigurerAdapter 的安全配置类，并配置其权限。具体可以参考以下代码：

```
@Configuration
public class ActuatorSecurityConfig extends WebSecurityConfigurerAdapter {
    @Override
    protected void configure(HttpSecurity http) throws Exception {
        http
                .authorizeRequests()
                .requestMatchers(EndpointRequest.to(ShutdownEndpoint.class))
                .hasRole("ADMIN")
                .requestMatchers(EndpointRequest.toAnyEndpoint())
                .permitAll()
                .requestMatchers(PathRequest.toStaticResources().atCommonLocations())
                .permitAll()
                .antMatchers("/")
                .permitAll()
                .antMatchers("/*")
                .authenticated()
                .and()
                .httpBasic();
    }
}
```

为了方便，可以直接用 Spring Boot 的 Spring Boot admin 来监控应用。

14.8.2 集成 Spring Boot admin 以监控应用

Spring Boot Admin 用于管理和监控 Spring Boot 应用程序。这些应用程序通过 Spring Boot Admin Client（通过 HTTP）注册使用。Spring Boot Admin 提供了很多功能，如显示 name、id、version、在线状态，以及 Loggers 的日志级别管理、Threads 线程管理、Environment 管理等。

下面演示如何使用 Spring Boot Admin。

1. 配置监控服务器端

（1）在 pom.xml 文件中加入以下依赖。

一定要记得加入 Actuator 的依赖，否则不会显示相关信息。见以下代码：

```
<!--Actuator 的依赖-->
<dependency>
<groupId>org.springframework.boot</groupId>
```

```
<artifactId>spring-boot-starter-actuator</artifactId>
</dependency>
<!--Web 的依赖-->
<dependency>
<groupId>org.springframework.boot</groupId>
<artifactId>spring-boot-starter-web</artifactId>
</dependency>
<!--Spring Boot Admin 的依赖-->
<dependency>
<groupId>de.codecentric</groupId>
<artifactId>spring-boot-admin-starter-server</artifactId>
</dependency>
```

（2）在入口类中加上注解@EnableAdminServer，以开启监控功能。

（3）配置 application.properties。

这里直接监控服务器自己的设置。在配置文件中加入以下代码：

```
server.port=8090
spring.application.name=Spring Boot Admin Web
spring.boot.admin.url=http://localhost:${server.port}
#监控自己设置
spring.boot.admin.client.url=http://localhost:8090
management.endpoints.web.exposure.include=*
management.endpoints.web.exposure.exclude=
management.endpoints.jmx.exposure.include=*
#显示详细的健康信息
management.endpoint.health.show-details=always
endpoint.default.web.enable=true
info.ContactUs.email=363694485@qq.com
info.ContactUs.phone=13659806466
management.endpoint.shutdown.enabled=true
management.endpoints.enabled-by-default=true
management.endpoint.info.enabled=true
spring.security.user.name:actuator
spring.security.user.password:actuator
spring.security.user.roles:ADMIN
```

（4）访问“http://localhost:8090”可以看到监控的面板，如图 14-4 所示。这里显示出了自定义信息和自定义指标。

图 14-4 Spring Boot Admin 后台界面

2. 配置被监控客户端

要使 Spring Boot 应用程序被监控（客户端），则需要进行下面的配置。

（1）在 pom.xml 文件中加入依赖。所需的依赖见以下代码：

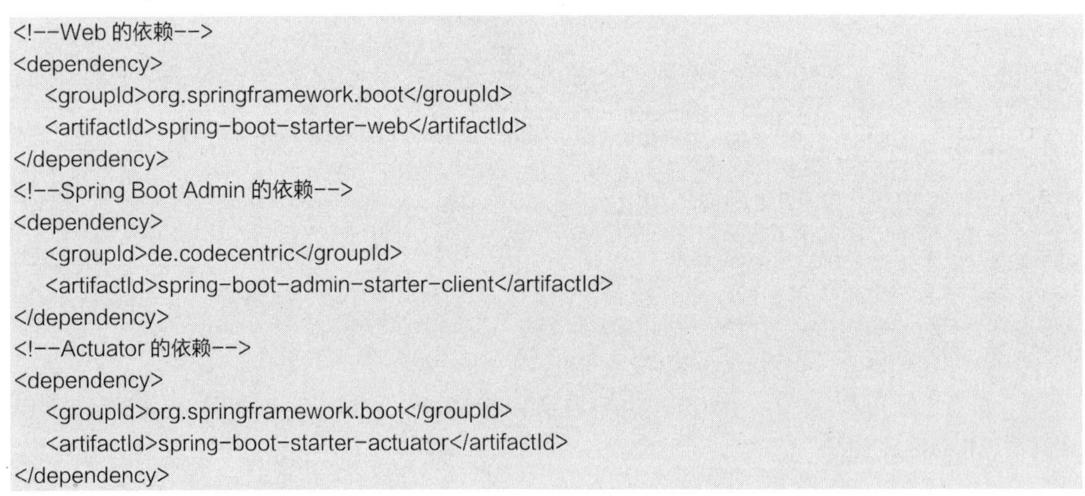

```
<!--Web 的依赖-->
<dependency>
    <groupId>org.springframework.boot</groupId>
    <artifactId>spring-boot-starter-web</artifactId>
</dependency>
<!--Spring Boot Admin 的依赖-->
<dependency>
    <groupId>de.codecentric</groupId>
    <artifactId>spring-boot-admin-starter-client</artifactId>
</dependency>
<!--Actuator 的依赖-->
<dependency>
    <groupId>org.springframework.boot</groupId>
    <artifactId>spring-boot-starter-actuator</artifactId>
</dependency>
```

（2）配置 application.properties。

这里需要配置服务器的地址（“spring.boot.admin.url” 的值），见以下代码：

```
spring.application.name=@project.description@
server.port=8080
spring.boot.admin.url=http://localhost:8090
#安全机制这里设置成 false，否则不能检测到客户微服务信息
management.security.enabled=false
#这里设置微服务输出日志的地址，否则在 Spring Boot Admin 中不能显示“log”标签进行实时查询日志情况
logging.file = /log.log
```

14.9　集成“Prometheus+Grafana”以监控服务

代码　本节的源码在本书配套资源的“/Chapter14/Prometheus”目录下。

14.9.1　安装和配置 Prometheus

（1）来到 Prometheus 官方，根据自己系统情况下载合适的 Prometheus。

（2）解压缩下载的文件。

（3）配置根目录的 prometheus.yml 文件，以让 Prometheus 动态发现 Consul 的 Service。见以下代码：

```
scrape_configs:
    #配置 Prometheus 去动态发现 Consul 的 Service
  - job_name: 'consul-prometheus'
    consul_sd_configs:
    #Consul 的地址
      - server: '127.0.0.1:8500'
        services: []
    relabel_configs:
      - source_labels: [__meta_consul_tags]
        #可以加入过滤条件，过滤 Consul 中的 tag
        #regex: .*prometheus-tag.*
        action: keep
        #配置 Prometheus 去动态发现 Consul 的 Service
  - job_name: 'gateway'
    # metrics_path defaults to '/metrics'
    # scheme defaults to 'http'.
    metrics_path:   /actuator/prometheus
    static_configs:
    - targets: ['localhost:8228']
```

如果需要给同一个服务增加不用类型的监控，或直接将同一个 Job 应用到不同的“host”上，则可以采用 file_sd_configs 的方式。注意，在配置更改后需要重启 Prometheus 服务，见以下代码：

```
file_sd_configs:
      - files:
           - /home/prometheus/configs/*.json
```

在/home/prometheus/configs/目录中创建一个任意名称的 JSON 文件。其内容如下：

```
[
    {           "targets": ["localhost:8082"]       }
]
```

配置文件的参数解释如下。

- global：Prometheus 的全局配置，比如采集间隔、抓取超时时间等。
- rule_files：报警规则文件。Prometheus 根据这些规则信息推送报警信息到 alertmanager 中。
- scrape_configs：抓取配置。Prometheus 的数据采集将通过此参数的值配置。
- alerting：报警配置。这里主要是指定 Prometheus，以便将报警规则推送到指定的 alertmanager 实例地址。
- remote_write：指定后端的存储的写入 API 地址。
- remote_read：指定后端的存储的读取 API 地址。

（4）启动 Prometheus。

进入 Prometheus 的目录中，运行命令“prometheus --config.file=prometheus.yml”。启动成功后，在 http://localhost:9090/targets 即可看到监控的目标，如图 14-5 所示。

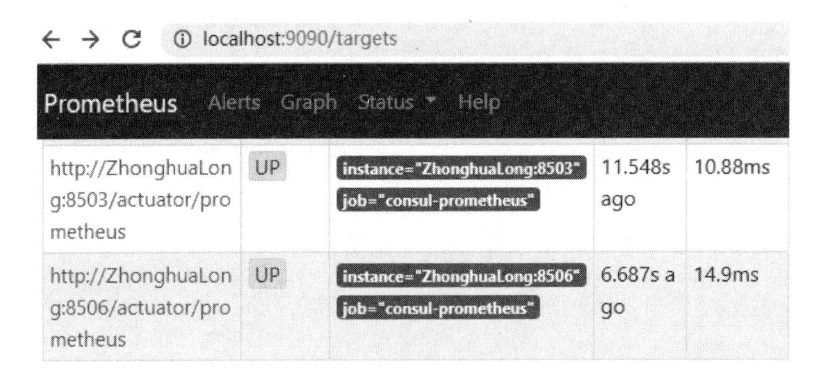

图 14-5 查看监控目标

看到图 14-5 中的信息后即可单击“Graph”菜单查看监控信息，如图 14-6 所示。

图 14-6　查看监控信息

14.9.2　在 Spring Cloud 中集成 Prometheus

在 Spring Cloud 中集成 Prometheus 比较简单：添加相应依赖并启用 Actuator 监控即可。

（1）添加 Actuator、Micrometer 依赖，见以下代码：

```
<!--Actuator 的依赖-->
<dependency>
<groupId>org.springframework.boot</groupId>
<artifactId>spring-boot-starter-actuator</artifactId>
</dependency>
<!--Micrometer 的核心（core）的依赖-->
<dependency>
<groupId>io.micrometer</groupId>
<artifactId>micrometer-core</artifactId>
<version>1.0.5</version>
</dependency>
<!--Micrometer 的注册 registry 的依赖-->
<dependency>
<groupId>io.micrometer</groupId>
<artifactId>micrometer-registry-prometheus</artifactId>
<version>1.0.5</version>
<exclusions>
<!-- 由于 micrometer-registry-prometheus 默认的 core 包是 1.0.1 版本的，与当前的组件版本不适应，所以需要将其排除 -->
<exclusion>
<groupId>io.micrometer</groupId>
<artifactId>micrometer-core</artifactId>
</exclusion>
</exclusions>
</dependency>
```

（2）添加配置信息。

在配置文件中添加以下配置信息，以支持 Prometheus 获取 metrics 信息。

```
management.metrics.export.prometheus.enabled=true
management.endpoints.web.exposure.include=*
management.endpoints.web.exposure.exclude=
management.endpoint.health.show-details=always
management.security.enabled=false
```

14.9.3 用 Grafana 实现可视化监控

1. 安装 Grafana

Prometheus 默认界面的用户体验不是太好，可以使用 Prometheus 官方网站提供的 UI 插件 Grafana。Grafana 可以通过以下步骤来安装：

（1）来到 Grafana 官方，下载安装包。

（2）下载完成后进行安装，安装完成后会自动启动服务。

（3）通过 http://localhost:3000 来到 Grafana 后台，输入用户名（admin）和密码（admin）登录，然后会提示修改密码，重新填入想要的密码即可登录。

（4）进入控制台后，Grafana 会引导用户添加数据源（Data Sources）、仪表盘（Dashboards）和图表（Panel）信息。

注意，在添加数据源时一定要输入 URL 地址，如图 14-7 所示。

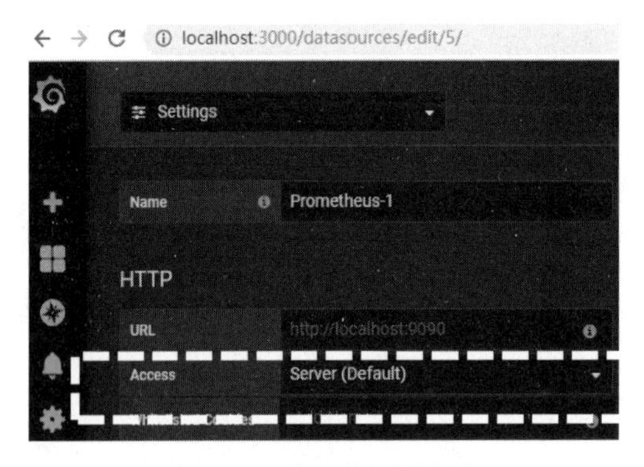

图 14-7　输入数据源地址

2. 设置 Grafana 可视化

Grafana 可视化设置比较简单，里面有很多的示例图，可以根据示例来添加和修改。

第 5 篇　开发运维一体化（DevOps）

第 15 章 基于 Docker、K8s、Jenkins 的 DevOps 实践

一般情况下，运维人员是没有能力编写持续集成、持续部署和自动化运维代码的，因此需要开发人员来编写自动化运维代码。本章介绍基于 Docker、K8s 和 Jenkins 的 DevOps 实践。

15.1 认识 DevOps

15.1.1 软件开发的演变过程

1. 传统开发（Waterfall Development）

传统开发也被称为瀑布式开发（Waterfall Development），即项目开发流程从一个阶段“流动”到下一个阶段，就像瀑布一样。传统的开发模式如图 15-1 所示。

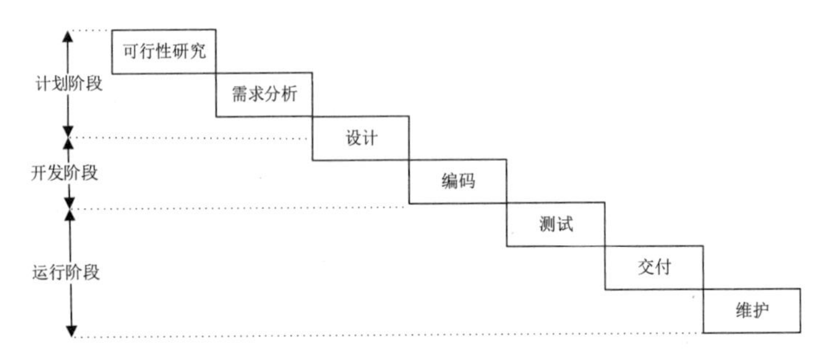

图 15-1　传统开发模式

传统开发模式的具体流程是：

（1）项目立项。（也有公司是先进行可行性研究再立项。）

（2）对项目进行深入研究，编制可行性研究报告、进行市场分析。

（3）编写详细的需求文档。

（4）开发部门根据需求文档编写详细的开发文档。

（5）开发人员分组进行代码的编写。

（6）代码编写完成后，进行测试、交付和维护。

可以看到，在整个阶段中需求基本上没有发生改变。在传统开发中，要做好一个产品，大部分的精力都要花在前期工作上，如前期的市场调研、需求文档编写、开发文档编写和前期的代码编写。

公司要应对快速变化的市场，使用这种开发模式的缺点是非常明显的：即使前期用户调研非常成功、计划书写的科学和详细，也可能因为调研、文档编写、开发耗费太多时间导致不能紧跟市场的变化，做出的产品很容易被淘汰。也许开发尚未完成，市场已经被对手抢占了。

在用户需求和市场极具变化的情况下，传统的开发模式在一定程度上不能满足市场的需求和竞争的要求。因此，为了适应市场的发展，必须不断提高开发效率，改变开发流程，及时跟进用户需求，缩短开发周期。这时，敏捷开发就出现在我们的面前了。

2. **敏捷开发**（Agile Development）

敏捷开发的目标是拥抱变化，认识到需求和市场是变化的，因此需要紧跟市场的步伐。就像传统开发那样，敏捷开发在实施前也需要做需求分析、产品调研。但是，它强调的是敏捷性，尽量减少耗费时间的工作。在敏捷开发指导下，可能需要项目管理人员、相关开发人员、业务部门人员参与需求评审阶段，甚至是各个阶段。

敏捷开发强调：尽早、优先地将尽可能小的、重要的功能在短时间内交付，并在整个项目生命周期中进行持续的改进。

敏捷开发具有以下特征：

- 重要功能优先。
- 小版本迭代开发。
- 功能模块增量开发和交付。
- 开发团队和用户反馈推动产品开发。
- 持续集成。
- 开发团队自我管理。

3. 持续集成（CI）、持续集成交付（CD）和持续集成部署（CD）

持续集成（Continuous Integration）、持续交付（Continuous Delivery）和持续部署（Continuous Deployment）有着不同的软件周期。

（1）持续集成 CI。

持续集成强调在开发人员提交了新代码后立即自动地进行单元测试，根据测试结果判断新旧代码能否正确地集成到一起。

（2）持续交付 CD。

在持续集成后，将集成后的代码部署到仿真环境中，并交付给质量团队或用户进行评审，如果通过了评审，则这些代码可以进入生产阶段。持续交付强调的是部署的能力，它代表着完成的状态。

（3）持续部署 CD。

持续部署是一种方法或结果，在已交付的代码通过评审后可以自动地将其部署到生产环境中。

随着容器技术的出现，上述的开发模式需要进一步演变，以满足市场、开发和运维需求。这种演变是通过技术、跨部门合作、跨流程、融入一种文化来实现的，即 DevOps 模式。DevOps 模式是在更好的团队协作和更快的软件交付需求的基础上产生的。

15.1.2 认识 DevOps

DevOps 是 Development（开发）和 Operations（技术运营+质量保证）的组合词，是一组过程、方法与系统的统称，代表开发与运维一体化。

可以把 DevOps 看作是开发、技术运营和质量保障三者高效协作的交集。它被用来促进三者之间的沟通、协作和整合，以便更快、更可靠地创建高质量的软件。三者之间的关系如图 15-2 所示。

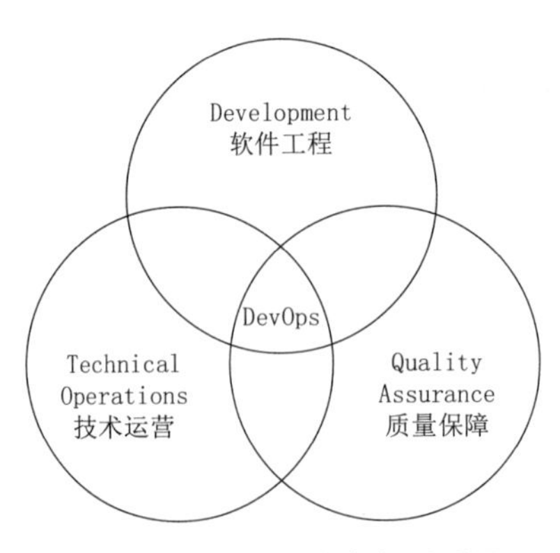

图 15-2　DevOps 与部门关系图

实际上，在传统的瀑布开发或其他开发模式中，也涉及开发和运维团队的协作，但在许多情况下没有帮助更快、更好地交付软件。

在 DevOps 模式中，开发团队和运维团队之间的统一更加有助于快速、高质量、频繁和可靠地构建、测试、发布和交付软件产品，因为 DevOps 工具在自动化软件交付、架构变更、沟通和协作方面扮演了重要的角色。DevOps 打破了开发人员和运维人员之间的隔阂，提高了沟通协作的效率。

在 DevOps 中，开发人员要注意由容器化带来的变化。在没有容器化之前，测试和部署工作都是交给其他团队去完成。而在容器流行后，之前由运维部门负责的环境部署和测试则需要开发人员的参与。因为大多数情况下，运维人员不太会编写容器化文件（Dockerfile），以及实施自动化部署，需要由开发人员来完成。运维工作的一部分现在需要开发人员参与，开发人员的职责延伸了。

如果以项目生命周期视角来看，DevOps 如图 15-3 所示。

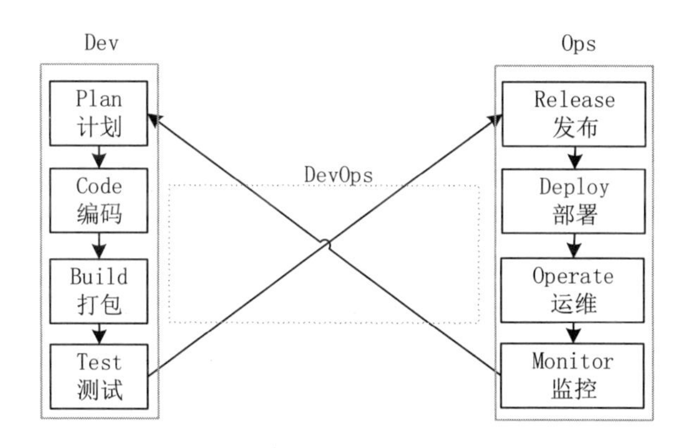

图 15-3　DevOps 与项目生命周期关系图

简单地说，DevOps = 技术 + 运维 + 团队文化 + 流程 + 自动化工具。

通过高度自动化工具、流程和团队协作，可以更快、更频繁、更可靠地构建、测试和发布软件。

15.1.3　开发模式的关系

事实上，我们并不需要完全准确地定义和区分各个开发模式。作为开发人员，也没必要过多地关注这些模式的准确区别，只需要大致了解它们的区别、联系、优势即可。不同的组织、个人对不同模式的理解可能不尽相同。各种模式的目的都是为了更好地完成业务功能和生产任务。

作者理解的传统开发、敏捷开发、持续集成、持续交付、持续部署和 DevOps 关系如图 15-4 所示。

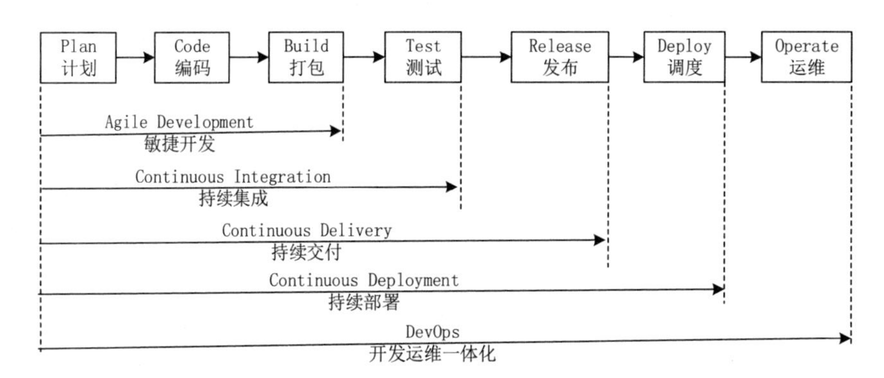

图 15-4 开发模式生命周期

从图 15-4 中可以看出，不同的开发模式在整个项目的生命周期中所包含的阶段并不相同。

不同开发模式和参与部门的关系如图 15-5 所示。

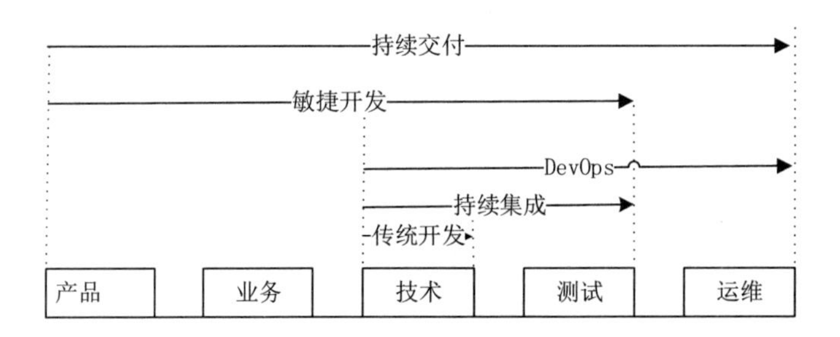

图 15-5 开发模式与部门的关系

对于公司或组织来说，DevOps 模式好处与挑战并行。频繁部署、快速交付及开发测试流程自动化，会成为未来软件工程的重要组成部分。

15.1.4 为什么要践行 DevOps

1. 产品快速迭代的需求

DevOps 是实现业务目标，助力业务成功的最佳实践。

一般而言，几乎没有不需要改进的产品，大多数产品都需要反复的迭代。如果没有采用科学的方法、思维和技术来执行迭代，则可能会出现曲折、拖延或失败。DevOps 为实现快速交付价值，灵活地响应市场和需求的变化提供了依据和方法论。

2. 打通了部门墙

DevOps 打通用户、项目管理、需求、设计、开发、测试、运维等各上下游部门或角色，使开发部门、运维部门和质量保证部门能高效地协作和沟通。

3. 打通了工具链

DevOps 打通了业务、架构、代码、测试、部署、监控、安全、性能等各领域工具链，可以利用各种自动化工具实现自动化流程、自动化部署和监控。

DevOps 是持续构建（Continuous Build，CB）、持续集成（Continuous Integration，CI）、持续交付（Continuous Delivery，CD）的自然延伸，从开发扩展到部署和运维。利用自动化工具可以将开发、测试、发布、部署整合在一起，实现高度自动化与高效交付。

4. 满足市场需求

在当今这个市场需求和技术瞬息万变的时代，为了迎合市场的需求，缩短开发周期，同时又不牺牲软件质量，需要一些新方法来打破部门墙，以满足快速变化的市场需求，改进传统开发的不足。这样能让开发者能够在保证产品质量的前提下，快速、频繁地发布产品，快速响应用户反馈。

5. 技术革新需求

DevOps 旨在使开发团队和运维团队能够进行高效的沟通和协作，从而以快速、可靠地创建出高质量的软件。它强调自动化流程，追求快速、安全和高质量的软件开发、发布和运维，同时让所有利益相关者在一个循环中。

6. 降低风险

采用 DevOps 能够让应用程序发布的风险降低，让代码的出错率降低，主要有以下原因：

- 频繁的迭代使得每次的变化都较少，不会对系统造成巨大的影响。
- 加强了部门的沟通和协作。
- 通过自动化手段实现可重复的部署，并降低出错的可能性。

7. 优化交付过程

交付过程应标准化，可重复、可靠、可视化的进度便于团队人员理解和控制项目的进度。

15.1.5 了解 DevOps 工具

DevOps 工具只起到辅助作用，DevOps 的成功与公司是否有优秀的人才，以及公司的组织架构是否有利于协作密切相关。

在选择工具时，需要将公司的业务需求和技术团队情况结合起来考虑。常用的 DevOps 工具如图 15-6 所示。

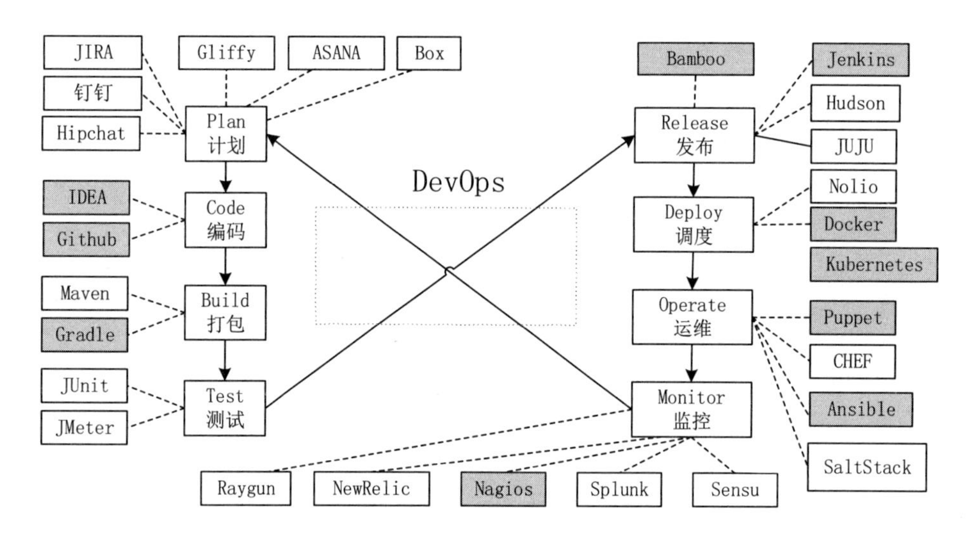

图 15-6　常用的 DevOps 工具

除图 15-6 中所示的工具外，还有以下比较流行的 DevOps 工具。

1. 构建工具

Gradle、Maven、Ant。

2. 自动化运维工具

Ansible、Chef、Puppet、SaltStack、ScriptRock GuardRail。

3. 代码仓库管理

GitHub、GitLab、BitBucket、SubVersion。

4. 虚拟化与容器化

VMware、VirtualBox、Vagrant Docker、Docker、LXC。

5. 持续集成与持续部署

Jenkins、Travis CI、CircleCI。

- Jenkins：基于 Java 开发的一种持续集成工具，用于监控持续重复的工作。它旨在提供一个开放易用的软件平台，使软件的持续集成变成可能。它的前身为 Hudson。
- Travis CI：目前新兴的开源持续集成构建项目。它与 Jenkins 的区别在于，它采用的是 YAML 格式。
- CircleCI：为 Web 应用开发人员提供服务的持续集成平台。主要为开发团队提供测试、持续集成、代码部署等服务。

6. 自动化测试工具

- Appium：一个移动端的跨平台自动化框架，可用于测试原生应用，移动网页应用和混合型应用。可用于 IOS、Android、Firefox。
- Selenium：可以在 Windows、Linux 和 Macintosh 上的 Internet Explorer、Mozilla 和 Firefox 中运行。
- Mock:在测试过程中,对于某些不容易构造或者不容易获取的对象,可以用一个虚拟的 Mock 对象来创建,以便测试方法。Mock 对象就是真实对象在调试期间的代替品。Java 中的 Mock 框架常用的有 EasyMock、Mockito 等。

7. 产品&质量管理

禅道、Confluence、Jira、Bugzila。

- 禅道和 Confluence 主要是产品的需求、定义、依赖和推广等的全面管理工具。
- Jira 和 Bugzilla 用于产品的质量管理和监控能力，包括测试用例、缺陷跟踪和质量监控等。

8. 日志管理

ELK、Logentries。

- ELK：开源日志处理平台解决方案。它由日志采集解析工具 Logstash、基于 Lucene 的全文搜索引擎 Elasticsearch、分析可视化平台 Kibana 组成。
- Logentries：提供各种语言的客户端开发包，可以在云端对应用日志进行分析统计。该平台的服务器端是不开源的，但其各种客户端 API 都是开源的。

9. 监控预警

Datadog、Graphite、Icinga、Nagios、OneAPM、听云、云智慧、睿象。

10. 压力测试

JMeter、Blaze Meter、loader.io。

11. 敏捷管理工具

Trello、Teambition、Worktile、Tower、Jira、Asana、Taiga、Basecamp、Pivotal Tracker。

12. Web 服务器

Apache、Nginx、IIS。

13. 应用服务器

Tomcat、Netty、JBoss。

14. 服务注册与发现

Zookeeper、Etcd、Consul、Eureka、Nacos。

15. 编排工具

Kubernetes（K8s）、Docker Compose、Docker Swarm、Core、Apache Mesos、DC/OS。

16. 数据库

MySQL、Oracle、PostgreSQL 等关系型数据库；Cassandra、MongoDB、Redis 等 NoSQL 数据库。

15.2 认识 Docker

15.2.1 认识虚拟机和容器

1. 什么是虚拟机

虚拟机（VM）是一种虚拟硬件的概念，通常被用来提供虚拟环境以满足软件的需求。简单地说，就是在一台服务器（也可以是个人电脑）上虚拟出多个操作系统。

虚拟机基于虚拟机管理程序。管理的程序可以是在主机操作系统（如 Linux、Windows）上运行的应用程序，也可以是直接基于硬件的系统级应用程序（即不运行在某一操作系统上）。

2. 什么是容器

传统意义上的容器就是存放物品的器物，而软件行业所说的容器是一种轻量的、可执行的独立软件包，它包含软件运行所需的所有内容：业务代码、运行时环境、系统工具、系统库等设置。

软件项目容器化的设计目的是使开发、交付和部署更加容易。

3. 对比容器与虚拟机

容器和虚拟机的对比如图 15-7 所示。

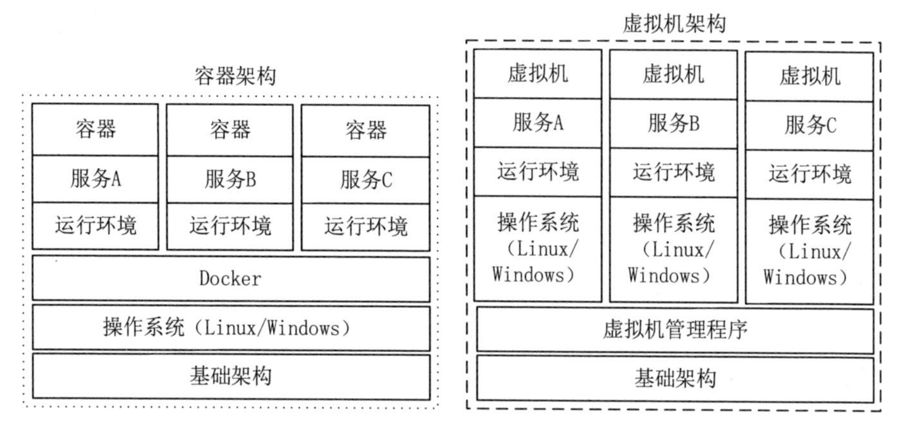

图 15-7 容器架构与虚拟机架构区别图

从图 15-7 中可以看出容器和虚拟机的区别如下。

（1）是否虚拟硬件。

虚拟机先虚拟硬件，然后在其上运行一个完整的操作系统，再在虚拟的操作系统上运行所需的应用程序。

容器虚拟的是操作系统，而不是硬件，因此在容器中没有操作系统的内核，它更容易移植，效率也更高。

（2）占用硬盘空间的大小。

虚拟机占用空间极大。因为它虚拟了硬件，需要将操作系统安装在虚拟出的硬件上，并且操作系统一般都是几个 G、几十 G 的大小。

如果用虚拟机在一台主机上虚拟出 20 个操作系统，则占用的空间是 20 个操作系统的大小。如果使用了“链接”技术，则占用的空间只相当于一个操作系统占用的空间。

容器是一种应用层抽象，可以将其看作是一个普通的单体应用，它将代码和依赖资源打包在一起。多个容器可以在同一台机器上运行，它们共享操作系统内核，但在用户空间中各自作为独立的进程运行。容器镜像的大小通常只有几十 M，与虚拟机相比，它的容量要小得多。

（3）启动速度。

虚拟机在一个基础架构上虚拟出多个操作系统，而操作系统为了保证系统的稳定和可用性会强制抢占硬件资源，因此，即使在资源空闲的情况下，单个操作系统也会占用过多的资源，从而导致虚拟机启动和运行比较缓慢。

容器的资源是由操作系统来分配的，操作系统可以根据容器对资源的需求来动态分配资源，因此容器启动和运行起来比较快。

（4）隔离级别。

虚拟机技术是先虚拟出一套硬件，然后在其上运行一个完整的操作系统。

容器虚拟化的是操作系统而不是硬件，容器之间是共享同一套操作系统资源。因此容器的隔离级别要比虚拟机低。

（5）应用场景。

虚拟机隔离整个运行环境。

容器技术主要用于隔离不同的应用，如隔离数据库、服务的运行环境。

15.2.2 什么是 Docker

Docker 是一个开源的软件部署解决方案和轻量级的应用容器框架，它可以打包、发布、运行任何的应用。即，Docker 是一个管理容器的构建、传输和部署的工具。

Docker 将应用程序和基础设施层隔离，将基础设施当作程序来管理。使用 Docker，可以更快地打包、测试及部署项目，并且可以减少从编写到部署运行代码的周期。Docker 可以将内核容器特性（LXC）、工作流和工具集成，以管理和部署应用。

Docker 能够自动执行重复的任务，例如搭建和配置开发环境，这使得开发人员可以专注于构建软件。

1. Docker 思想

- 集装箱化。
- 标准化（运输方式、存储方式、API 接口）。
- 隔离化。

2. Docker 的用途

Docker 公司的宣传语言“Docker - Build, Ship, and Run Any App, Anywhere”形象地说明了 Docker 的用途。

- Build（构建镜像）：利用 Docker 把业务代码及运行的环境等资源打包成镜像文件。
- Ship（运输镜像）：通过 Docker 把仓库中的镜像运输到运行的主机上。
- Run（运行镜像）：把项目运行在 Docker 容器中，并能对在 Docker 容器上运行的镜像进行管理。

用 Docker 部署应用的过程是：在应用开发完成后，先通过 Docker 构建出镜像文件，然后把镜像文件上传到 Docker 容器中进行部署。在部署后还可以通过 Docker 监控和管理其中部署的应用。

15.2.3　Docker 的特点

1. 轻量

Docker 占用很少的硬件资源。轻量的镜像也会带来传输和部署的方便。

2. 兼容性强

Docker 容器基于开放式标准，能在 Linux、Windows、虚拟主机、裸机服务器和云上运行。

3. 隔离和安全

Docker 容器之间是隔离和安全的，所以部署在 Docker 中的应用的运行环境也是隔离的，即使主机中某个容器出现故障也不会对其他容器产生影响。

4. 一致的运行环境

Docker 的镜像包含业务代码和运行环境，同时它又不提供内核运行环境，所以保证了应用运行环境一致性。

5. 更短的启动时间

快速启动是容器化的优势。Docker 可以做到秒级甚至毫秒级的启动时间。大大地节约了开发、测试、部署的时间。

6. 可扩展性强

Docker 可以做到快速扩展。

7. 迁移方便

Docker 兼容性强，可以非常方便地将镜像迁移到其他系统中。

8. 持续交付和部署

用户可以方便地使用 Docker 进行版本管理、复制、分享、修改、持续集成和持续部署。

15.2.4　Docker 的基本概念

Docker 主要有镜像（Image）、容器（Container）、仓库（Repository）几个概念，如图 15-8 所示（图来自官方）。

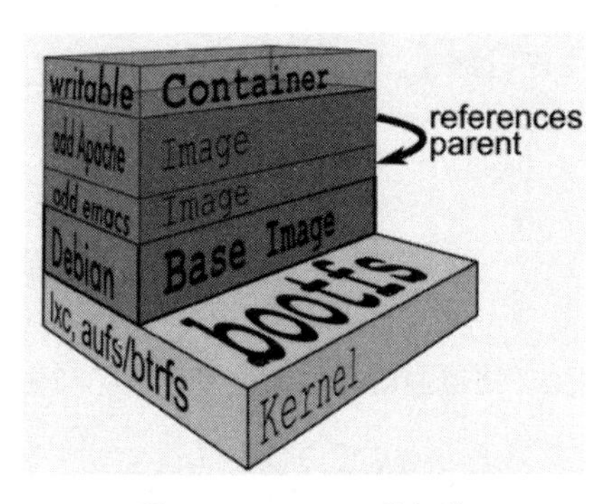

图 15-8　Docker 的架构

1. **镜像**（Image）

在设计 Docker 时，利用 Union FS 的技术将其设计为分层存储架构。镜像实际上是由多层文件系统联合组成的。

在构建镜像时，会一层层构建，前一层是后一层的基础。每一层构建在完成后不会再发生改变，后一层中的任何改变只发生在其自身这一层。这种分层存储方式使得Docker镜像易于复用和定制。

2. **容器**（Container）

容器也采用分层存储，它本质上是系统的进程都运行在自己独立的命名空间中。

在容器中，所有文件的写入操作都应该在数据卷（Volume）或者绑定宿主的目录中。在这些位置上的读写会跳过容器存储层，直接对宿主（或网络存储）执行，这提高了其性能和稳定性。数据卷的生存周期与容器无关，容器消亡后数据卷不会消亡。

3. **仓库**（Repository）

仓库就是存储镜像文件的服务器，它的作用是方便在其他服务器上使用镜像。Docker Registry 就是这样的一个服务。

可以通过"<仓库名>:<标签>"格式来指定具体是这个软件哪个版本的镜像。如果不指定标签，则以 latest 作为默认标签。

仓库分为公开服务和私有服务。

- 公开服务：是指开放给用户使用、允许用户管理镜像的服务。但是，开源的 Docker Registry 镜像只提供了 Docker Registry API 的服务器端实现，支持 Docker 命令，但不包含图形界面，以及镜像维护、用户管理、访问控制等高级功能。
- 私有服务：除使用公开服务外，用户还可以搭建私有 Docker Registry。Docker 官方提供了 Docker Registry 镜像，可以直接用它作为私有服务。

15.3 使用 Docker

15.3.1 在 Linux 中安装 Docker

1. 卸载旧版本

建议将 Docker 安装在 Linux 系统中。在安装系统时会默认安装 Docker，但是默认安装的版本可能比较低，所以可能需要先卸载旧版本再安装最新版本。卸载步骤如下。

（1）卸载软件包：

```
sudo yum -y remove docker-engine
```

（2）删除镜像、卷和配置文件：

```
sudo rm -rf /var/lib/docker
```

2. 设置 Yum 源

可以通过 RPM 包、Shell、Yum 方式安装 Docker。下面介绍如何通过 Yum 方式安装。

（1）安装 yum-utils 工具。

为了便于使用 yum-config-manager 工具设置安装源，需要先安装 yum-utils 工具。安装命令如下：

```
sudo yum install -y yum-utils
```

（2）添加软件源信息。

执行以下命令来添加 Docker 的安装源：

```
sudo yum-config-manager --add-repo http://mirrors.aliyun.com/docker-ce/linux/centos/docker-ce.repo
```

3. 安装启动 Docker

从 2017 年 3 月开始 Docker 分为两个分支版本：

- Docker CE：社区免费版。
- Docker EE。企业版，强调安全，但需付费使用。

（1）更新 Yum 缓存。

在安装前需要先更新 Yum 包索引，见以下代码：

```
sudo yum makecache fast
```

（2）安装 Docker。

```
sudo yum -y install docker-ce
```

执行上面命令行后等待几分钟即可安装完成。

（3）启动 Docker 服务。通过以下命令启动：

```
sudo systemctl start docker
```

（4）测试运行 hello-world 检验安装情况。在安装好 Docker 后，可以运行官方提供的 hello-world 实例，见以下代码：

```
docker run hello-world
```

首次运行 hello-world 测试时一般会出现网络错误，因为在本地会找不到 hello-world 镜像，也无法从 Docker 仓库中拉取镜像。出现这个问题的原因是：Docker 服务器在国外，无法正常拉取镜像。所以需要为 Docker 设置国内镜像加速器。

15.3.2　在 Windows 中安装 Docker

在 Windows 中安装 Docker 步骤如下：

（1）下载。

Windows 7、Windows 8 和 Windows 10 个人版需要利用“Docker Toolbox”来安装，国内用户可以使用阿里云的镜像来下载。Docker Toolbox 是一个工具集，它主要包含以下一些内容。

- Docker CLI 客户端：用来运行 Docker 引擎创建镜像和容器。
- Docker Machine：让用户可以在 Windows 的命令行中运行 Docker 引擎命令。
- Docker Compose：用来管理一台主机的 Docker。
- Kitematic：Docker 的 GUI 版本。
- Docker QuickStart shell：已经配置好 Docker 的命令行环境。
- Oracle VM Virtualbox：虚拟机。

Windows 10 专业版和企业版（Pro or Enterprise）Docker 可以通过在官方网站中单击“Download Desktop and Take a Tutorial”按钮进行下载（注册登录后才能下载）。

（2）下载完成后，单击安装文件即可进行安装。

15.3.3　配置国内镜像加速器

1. 在 Linux 中配置镜像

Docker 镜像加速器推荐使用阿里云加速器。具体配置步骤如下。

（1）来到阿里云镜像控制台，然后单击“镜像加速器”按钮即可查看到加速器地址，如图 15-9 所示。

图 15-9　阿里云的 Docker 镜像地址

（2）在 Linux 系统中的“/etc/docker/”目录新建配置文件“daemon.json”，在 daemon.json 文件中加入以下代码来使用加速器。

```
{
"registry-mirrors": ["https://v0spb12j.mirror.aliyuncs.com"]
}
```

（3）重启后运行以下命令重新载入配置并重启 Docker。

```
# systemctl daemon-reload
# systemctl restart docker
```

（4）再次运行“docker run hello-world”命令，如果成功执行则返回如下信息：

```
[root@localhost docker]# docker run hello-world
Unable to find image 'hello-world:latest' locally
latest: Pulling from library/hello-world
1b930d010525: Pull complete
Digest: sha256:b8ba256769a0ac28dd126d584e0a2011cd2877f3f76e093a7ae560f2a5301c00
Status: Downloaded newer image for hello-world:latest

Hello from Docker!
This message shows that your installation appears to be working correctly.
...
```

2. 在 Windows 中配置镜像

在 Windows 7 、Windows 8、Windows 10 个人版本中，镜像文件的位置为“%programdata%\docker\config\daemon.json”。

在 Windows 10 专业版中，可以在图形化界面中进行设置。

15.3.4 Docker 的常用操作

1. 镜像操作

（1）查看所有已下载的镜像。见以下代码：

```
docker images
```

（2）搜索某一个镜像。见以下代码：

```
docker search nginx
```

（3）下载镜像（会自动下载最新版本）。见以下代码：

```
docker pull nginx
```

如果要使用特定的版本，则可以用以下命令：

```
docker pull nginx: 1.17.8
```

（4）删除镜像。

根据镜像 id（IMAGE ID）删除镜像。可以先用“docker images”命令查询出镜像的 IMAGE ID，见以下信息：

```
[root@localhost ~]# docker images
REPOSITORY          TAG          IMAGE ID          CREATED          SIZE
nginx               latest       f949e7d76d63      7 days ago       126MB
hello-world         latest       fce289e99eb9      9 months ago     1.84kB
```

然后根据 ID 来删除镜像。比如要删除刚刚安装的 Nginx 镜像（由上面查询可知，其 id 是“f949e7d76d63”），则删除命令如下：

```
docker rmi f949e7d76d63
```

2. 容器操作

（1）查看正在运行的容器。见以下代码：

```
docker ps
```

终端输出信息如下：

```
[root@localhost ~]# docker ps
CONTAINER ID   IMAGE   COMMAND   CREATED   STATUS   PORTS    NAMES
846d19562bca   nginx   "nginx -g 'daemon of…"   About an hour ago   Up   About an hour
0.0.0.0:8080->80/tcp   zen_kirch
```

查看所有容器（包括没有启动的）：

```
docker ps -a
```

（2）启动容器。

①普通启动。

如果无法与 Linux 通信，没有做端口映射，则可以使用以下命令来启动：

```
docker run --name myTomcat -d tomcat:8.5-alpine
```

其中，

- --name：自定义容器名。如果不指定，则 Docker 会自动生成一个名称。
- -d：在后台运行容器。

②端口映射启动。做了端口映射后启动方式，见以下命令：

```
docker run --name myTomcat -d -p 8090:8080 tomcat:8.5-alpine
```

其中，

- --name：自定义容器名。如果不指定，则 Docker 会自动生成一个名称。
- -d：在后台运行容器。
- image-name：指定运行的镜像名称及 Tag。
- -p ：用于指定服务器与 Docker 容器进行端口映射的端口。

例如，要启动 Nginx 容器，则可以使用以下代码：

```
docker run -d -p 8080:80 nginx
```

访问 http://localhost:8080/即可看到如图 15-10 所示界面。

图 15-10　Nginx 容器首页

（3）停止容器。

根据容器的 ID 来停止。具体命令如下：

```
docker stop 容器的 ID
```

（4）重启容器。

具体命令如下：

```
docker start 容器 id
```

（5）删除容器。

删除容器需要先停止容器，再进行删除操作。具体命令如下：

```
docker rm 容器 id
```

（6）查看日志。

具体命令如下：

```
docker logs 容器自定义名
```

3. 其他操作

设置 Docker 在启动时自动启动。见以下代码：

```
sudo systemctl enable docker.service
```

重启 Docker。见以下代码：

```
systemctl restart Docker
```

15.4 用 Docker Compose 管理容器

可以先用 Dockerfile、Maven 构建对象，然后用 Docker 的命令操作容器。微服务架构中，容器化部署的服务实例数量庞大，若每个容器都手动启动、重启或者停止，则效率低且容易出错。可以用 Docker compose 工具来高效管理这些容器。

15.4.1 了解 Docker Compose 工具

利用 Docker Compose 可以轻松、高效地管理当前主机中的容器。

Docker Compose 是使用 Python 开发的 Docker 容器编配工具，它用一个 YAML 文件（docker-compose.yml）定义一组要启动的容器，以及容器运行时的属性。

15.4.2 安装 Docker Compose 工具

Docker Compose 可以安装到 Linux、Window 和 Mac OS X 中。可以使用安装包安装，也可以使用 Docker Toolbox 安装，还可以使用 python pip 包来安装。

本书只讲解 Linux 中的安装方法，其他系统的安装方法请参考官方文档。

1. 通过 CURL 方式安装

（1）通过以下命令自动下载适应系统版本的 Compose：

```
sudo curl -L "https://github.com/docker/compose/releases/download/1.24.1/docker-compose-$(uname
-s)-$(uname -m)" -o /usr/local/bin/docker-compose
```

（2）为安装脚本添加执行权限：

```
sudo chmod +x /usr/local/bin/docker-compose
```

（3）查看安装是否成功：

```
docker-compose -v
```

如果安装成功，则输出以下信息：

```
[root@localhost ~]# docker-compose -v
docker-compose version 1.24.1, build 4667896
```

2. 通过 PIP 方式安装

（1）添加 EPEL 源：

在 Shell 中运行以下命令安装 EPEL 源：

```
yum install -y epel-release
```

（2）安装 python-pip：

在 Shell 中运行以下命令安装 Python-pip 软件包：

```
yum install -y python-pip
```

（3）安装 docker-compose：

在 Shell 中运行以下命令通过 pip 安装 docker-compose：

```
pip install docker-compose
```

如果安装过程中出现以下提示信息，则需要执行“pip install --upgrade pip”升级 PIP 工具。（建议多试几次。）

```
[root@localhost ~]# pip install docker-compose
Collecting docker-compose
  Could not find a version that satisfies the requirement docker-compose (from versions: )
No matching distribution found for docker-compose
You are using pip version 8.1.2, however version 19.2.3 is available.
You should consider upgrading via the 'pip install --upgrade pip' command.
```

如果还不行，则尝试更换安装源。例如换成以下代码：

```
python -m pip install --upgrade pip -i https://pypi.douban.com/simple
```

如果依然不行，则尝试在 CentOS 7 中升级 Python 软件包。升级命令如下：

```
sudo yum upgrade python*
```

15.4.3 用 Docker Compose 工具运行容器

1. 打包 Spring Cloud 项目

把 Spring Cloud 项目打包成 JAR 文件。

2. 上传 JAR 包

在 Linux 服务器中创建目录“/root/dockerfiles/”，并上传 JAR 包到此目录中。

3. 编辑 dockerfile 文件

在 Linux 目录“/root/dockerfiles/”中创建 dockerfile 文件（命令：touch dockerfile），并添加以下代码到此文件中：

```
# JDK 是一个包含 JDK 的已有镜像
 FROM java:8
 #作者签名
 MAINTAINER Long
 #简化 JAR 的名字路径
 COPY jar/demo-0.0.1-SNAPSHOT.jar /app.jar
 #执行“java -jar ”命令（CMD：在启动容器时才执行此行；RUN：在构建镜像时执行此行）
 CMD java -jar /app.jar
 #设置对外端口号为 8088
 EXPOSE 8088
```

4. 生成 Docker 镜像

运行以下命令通过 dockerfile 文件生成本项目的镜像。

```
docker build -t demo .
```

上面命令后的“.”不能丢失。

15.5 管理镜像

15.5.1 用 Docker Hub 管理镜像

Docker Hub 是 Docker 官方维护的仓库，其中存放着很多优秀的镜像。它提供认证、工作组结构、工作流工具、构建触发器等工具来简化的工作。

使用 Docker Hub 可以通过以下步骤。

（1）到 Docker Hub 网站注册自己的 Docker Hub 账号。

（2）在 Linux 服务器中登录自己的账号，见以下代码：

```
docker login --username=myusername
```

（3）上传镜像到 Hub 仓库中，见以下代码：

```
docker push myusername/tagname:latest
```

15.5.2　创建私有仓库

如果需要创建自己的私有仓库来管理镜像，则可以通过以下步骤来实现。

（1）使用以下命令创建 Registry 容器：

```
docker run --name docker-registry -d -p 8088:8088 registry
```

执行上方命令会启动一个 Registry 容器来提供私有仓库的服务。

（2）使用命令“docker ps”可以看到私有仓库的运行情况，如图 15-11 所示。

```
[root@localhost ~]# sudo systemctl start docker
[root@localhost ~]# docker run --name docker-registry -d -p 8088:8088 registry
Unable to find image 'registry:latest' locally
latest: Pulling from library/registry
c87736221ed0: Pull complete
1cc8e0bb44df: Pull complete
54d33bcb37f5: Pull complete
e8afc091c171: Pull complete
b4541f6d3db6: Pull complete
Digest: sha256:8004747f1e8cd820a148fb7499d71a76d45ff66bac6a29129bfdbfdc0154d146
Status: Downloaded newer image for registry:latest
c5d5b14ba8ce07e1fbee713bee75c1b343a087b3fb50245b94bd73e411f6b7e8
[root@localhost ~]# docker ps
CONTAINER ID        IMAGE               COMMAND                  CREATED
     STATUS              PORTS                              NAMES
c5d5b14ba8ce        registry            "/entrypoint.sh /etc…"   35 seconds ago
     Up 33 seconds       5000/tcp, 0.0.0.0:8088->8088/tcp   docker-registry
```

图 15-11　启动私有仓库

从图 15-11 可以看到，容器已正常启动，私有仓库已创建并启动完毕，对外提供的服务通过 8088 端口映射到 Docker-Registry 的 8088 端口。

15.6　认识 Docker Swarm、Kubernetes（K8s）和 Jenkins

15.6.1　Docker Swarm

1. 什么是 Docker Swarm

Docker Swarm 是 Docker 官方提供的一款编排工具，通过一个入口统一管理 Docker 主机上的各种 Docker 资源。

只需执行一条命令即可启用 Docker Swarm，因为在 Docker 引擎中已经集成了它（只有在 Docker 1.12 之后的版本中才可以）。

2. 相关概念

（1）节点（Node）。

运行 Docker 的主机可以独立运行，也可以将其加入已有的 Docker Swarm 集群成为 Docker Swarm 集群的一个节点（Node)。

节点分为管理节点（Manager）和工作节点（Worker）。

- 管理节点：用于 Docker Swarm 集群的管理。管理节点负责集群控制面（Control Plane），进行诸如监控集群状态、分发任务到工作节点等操作。Docker Swarm 命令基本上只能在管理节点上执行（节点退出集群命令“docker swarm leave”可以在工作节点上执行）。一个 Docker Swarm 集群可以有多个管理节点，但只有一个管理节点是 Leader，Leader 是通过 Raft 协议实现的。
- 工作节点：任务的执行节点。工作节点接收来自管理节点的任务并执行。管理节点默认也作为工作节点。可以通过配置让服务只运行在管理节点上。

（2）任务（Task）。

Docker Swarm 中最小的调度单位，是一个单一的容器。

（3）服务（Services）。

服务是指一组任务的集合，它定义了任务的属性。服务有以下两种模式。

- Replicated Services：按照一定规则在各个工作节点上运行指定个数的任务。
- Global Services：在所有工作节点上各运行 1 个任务。

两种模式通过“docker service create”命令的“mode”参数指定。

（4）集群。

Docker Swarm 可以将一个或多个 Docker 节点组织起来，这些节点可以是物理服务器、虚拟机、树莓派或云实例。在可靠的网络相连情况下，用户可以通过 Docker Swarm 自主地添加或删除节点。

Docker Swarm 默认内置了以下组件。

- 加密的分布式集群存储（Encrypted Distributed Cluster Store）。
- 加密网络（Encrypted Network）。
- 公用 TLS（Mutual TLS）。

- 安全集群接入令牌（Secure Cluster Join Token）。
- 简化数字证书管理的 PKI（Public Key Infrastructure）。

（5）编排。

Docker Swarm 提供了用于部署和管理复杂微服务应用的丰富 API，通过将应用定义在声明式配置文件中，即可使用原生的 Docker 命令来完成部署。还可以使用简单的命令执行滚动升级、回滚、扩容、缩容操作。

Docker Swarm 中的最小调度单元是服务。它基于容器封装了一些高级特性，当容器被封装在一个服务中时（此时容器被称为一个任务或一个副本），服务中增加了诸如扩缩容、滚动升级和简单回滚等特性。

Docker Swarm 的配置和状态信息保存在一套位于所有管理节点上的分布式 ETCD 数据库中。该数据库运行于内存中，并保持数据的最新状态。该数据库几乎不需要任何配置，可以作为 Docker Swarm 的一部分被安装，无须管理。

15.6.2　Kubernetes（K8s）

1. 什么是 Kubernetes

Kubernetes 简称为 K8s。K8s 是取 Kubernetes 的首字母和末字母，然后中间省略的 8 个字母用数字 8 代替而来。

K8s 是一个开源系统，用于自动部署、扩展/收缩和管理容器。Docker 是 K8s 内部使用的底层组件之一。K8s 支持 Docker、Rocket 这两种容器技术。K8s 将构成应用的容器按逻辑单位进行分组，以便于管理和发现。

K8s 有以下功能：

- 自动化容器的部署和复制。
- 随时扩展或收缩容器规模。
- 将容器组织成组，并且提供容器间的负载均衡。
- 升级容器的版本。
- 提供容器弹性，如果容器失效则将其替换。

2. 相关概念

（1）集群。

集群由一组节点（Node）和 K8s Master 构成。完整的 K8s 集群架构如图 15-12 所示。

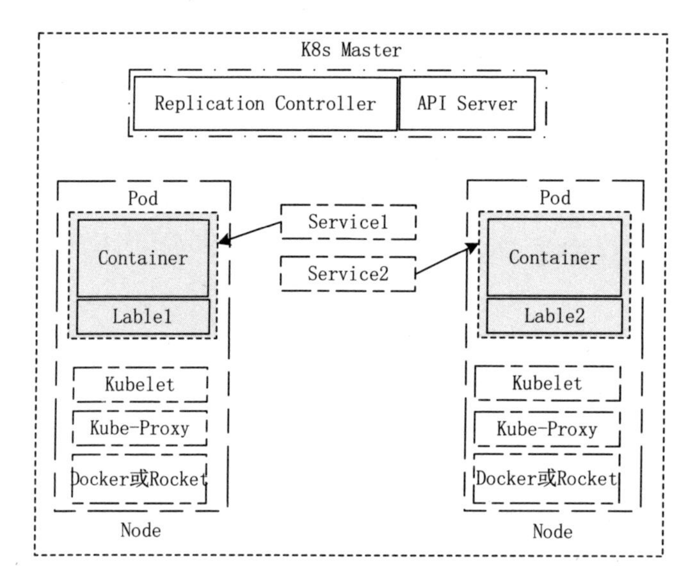

图 15-12　K8s 集群架构图

（2）K8s Master。

一个集群拥有一个 K8s Master，它的组件有 Replication Controller、API Server。

- Replication Controller：用来创建和复制 Pod。
- API Server：提供和集群交互的 REST 端点。

（3）Node。

Node 代表节点，是安装了 K8s 的物理平台或者虚拟机器上的平台。每个节点都运行 K8s 的以下关键组件。

- Kubelet：主节点代理。
- Kube-Proxy：Service 使用其将链接路由到 Pod。
- 容器：K8s 支持 Docker 和 Rocket 容器。

（4）Pod。

Pod 位于节点上，包含一组容器和卷。同一个 Pod 中的容器共享同一个网络命名空间，这些容器使用 localhost 互相通信。K8s 支持“卷”的概念，可以使用持久化的卷类型。

（5）Lable。

Pod 可以有 Label，用来传递用户定义的属性。

（6）Replication Controller。

Replication Controller 确保在任意时间内都有设定数量的 Pod 副本在运行。在创建 Replication Controller 时需要指定 Pod 模板、Pod 副本数量和 Lable。

- Pod 模板：用来创建 Pod 副本的模板。
- Label：Replication Controller 用来监控 Pod 的标签。

（7）Service。

因为 Pod 是短暂的，重启时 IP 地址可能会改变，所以需要 Service 来管理 Pod。Service 用来定义一系列 Pod，以及访问这些 Pod 的策略的一层抽象。Service 通过 Label 找到 Pod 组，并使 Pod 副本实现负载均衡。

15.6.3　Jenkins

1. Jenkins 是什么

Jenkins 的功能依赖运行在其上的插件，它拥有许多不同功能的插件。或许正是这种设计，让 Jenkins 变得非常的流行。

具体来说，Jenkins 是一个开源的、可扩展的 CI 和 CD 软件，用于自动化各种任务，包括软件的构建、测试和部署。它采用 Web 界面，可以处理多种类型的持续构建和集成。

Jenkins 支持各种运行方式，可以是系统包、Docker，也可以是独立的 Java 程序。

2. Jenkins 的工作流程

Jenkins 的工作流程如图 15-13 所示。

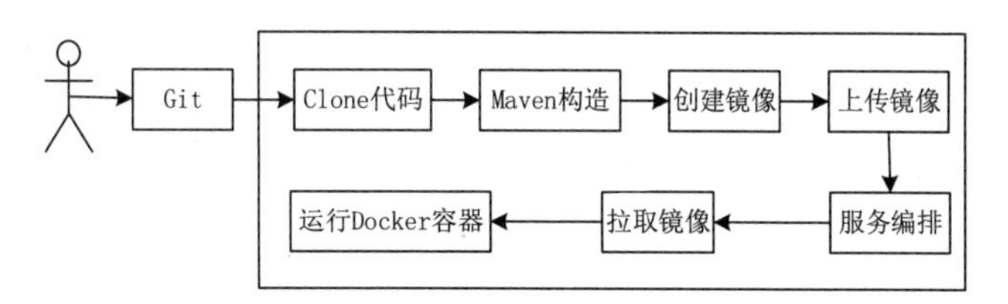

图 15-13　Jenkins 的工作流程

（1）开发人员提交代码到 Git。该动作触发在 Git 的 WebHook 中用 Jenkins 构建的地址。

（2）Jenkins 启动 CI/CD 的过程，从 Git 服务器 Clone 代码到 Jenkins 所在的服务器。

（3）执行 Maven 构造，以编译、构建 Spring Cloud 代码。

（4）用 dockerfile 创建镜像。

（5）上传 Docker 镜像到仓库。

（6）进行服务编排。

（7）拉取镜像。

（8）运行 Docker 容器。

3. Jenkins 的特性

Jenkins 具有以下特性。

- 可持续集成和持续交付。
- 易于安装部署：可以快速实现安装部署。
- 方便配置：可以方便地通过 Web 界面进行配置和管理。
- 支持丰富扩展插件：如 Git、Svn、Maven、Docker 等，还可以开发适合自己团队使用的工具。
- 消息通知及测试报告：集成 RSS/E-mail，可以通过 RSS 发布构建结果或当构建完成时生成测试报告通过 E-mail 进行通知。
- 分布式构建：Jenkins 能够让多台计算机一起构建、测试。
- 能够管理和跟踪构建环境。

15.6.4 比较 Docker、Compose、Swarm、K8s 和 Jenkins

一下子了解这么多 DevOps 的概念是容易糊涂的，因此本节介绍它们的区别。

1. Docker

其他相关的容器技术都是以容器（Docker 或 Rocket）为基石的。

2. Docker Compose

Docker Compose 用于管理容器，但是 Docker-Compose 只能管理当前主机上的 Docker，不能启动其他主机上的 Docker 容器。

3. Docker Swarm

由于 Docker-Compose 只能管理当前主机上的 Docker，因此如果需要管理多台主机的 Docker 容器，则会就遇到问题。此时，需要使用 Docker Swarm，它可以在多主机中，启动容器、监控容器状态、保持容器的按设定的数量，以提供服务和实现服务间的负载均衡。

4. Kubernetes（K8s）

K8s 角色定位是和 Docker Swarm 相同。它是一个跨主机的容器管理平台，由谷歌公司研发。而 Docker Swarm 则是由 Docker 公司研发的。即，它们是相同的产品，只是开发的公司不一样。

目前，K8s 已经成了很多大型公司企业默认使用的容器管理技术。K8s 不仅是作为一个应用运行环境，还具有构建持续集成环境的功能。但要注意的是，Docker 容器引擎还是整个容器领域技术的基础，K8s 需要使用 Docker 和 Rocket 这类容器作为基础。

5. Jenkins

Jenkins 支持各种实现 CI、CD 和自动化各种任务的运行方式，包括构建、测试和部署软件。它可以通过系统包、Docker、K8s 或单独的 Java 程序来实现。

Jenkins 和 Docker 的持续集成通常是：在 Docker 中启动 Jenkins，然后通过 Jenkins 来完成自动化部署。许多人认为这样做没有必要，因为复杂了，但是这样做对于无数需要开发和维护 7×24 小时运行的软件开发和维护人员来说是极为好的方式。

Jenkins 和 K8s 的持续集成通常是：将 Jenkins 作为 K8s 的 Pod 来使用，或者放在 Kubernetes 集群之外运行。

实际上使用开发工具 IDEA 工具的插件 Docker integration 也能在一定程度上满足了部署 Docker 的要求。

推荐阅读 3

京东购买二维码

作者：李金洪　　书号：978-7-121-36392-4　　定价：159.00 元

完全实战的人工智能书，700 多页

这是一本非常全面的、专注于实战的 AI 图书，兼容 TensorFlow 1.x 和 2.x 版本，共 75 个实例。

全书共分为 5 篇：

第 1 篇，介绍了学习准备、搭建开发环境、使用 AI 模型来识别图像；

第 2 篇，介绍了用 TensorFlow 开发实际工程的一些基础操作，包括使用 TensorFlow 制作自己的数据集、快速训练自己的图片分类模型、编写训练模型的程序；

第 3 篇，介绍了机器学习算法相关内容，包括特征工程、卷积神经网络（CNN）、循环神经网络（RNN）；

第 4 篇，介绍了多模型的组合训练技术，包括生成式模型、模型的攻与防；

第 5 篇，介绍了深度学习在工程上的应用，侧重于提升读者的工程能力，包括 TensorFlow 模型制作、布署 TensorFlow 模型、商业实例。

本书结构清晰、案例丰富、通俗易懂、实用性强。适合对人工智能、TensorFlow 感兴趣的读者作为自学教程。